自然人文统一性理论
The Unified Theory of Nature and Humanities

获国家社会科学基金项目一般项目"认知变换不变性的哲学源生机制研究
中央高校基本科研业务费——交叉科学研究项目基础研究专项（项目编号：CCNU24JC038）资助

数理心理学
——心身热机电化控制学

The Mathematical Principles of Psychology
—The Psychosomatic Electrochemical Cybernetics of Human Heat Engine

高 闯◎著

图书在版编目（CIP）数据

数理心理学．心身热机电化控制学 / 高闯著．
长春：吉林大学出版社，2025.5． -- ISBN 978-7-5768-4950-9

Ⅰ．B841.2

中国国家版本馆 CIP 数据核字第 2025F9C870 号

书　　名：	数理心理学：心身热机电化控制学
	SHULI XINLIXUE：XIN-SHEN REJI DIANHUA KONGZHIXUE
作　　者：	高　闯
策划编辑：	卢　婵
责任编辑：	卢　婵
责任校对：	甄志忠
装帧设计：	叶扬扬
出版发行：	吉林大学出版社
社　　址：	长春市人民大街 4059 号
邮政编码：	130021
发行电话：	0431-89580036/58
网　　址：	http://press.jlu.edu.cn
电子邮箱：	jldxcbs@sina.com
印　　刷：	武汉鑫佳捷印务有限公司
开　　本：	787mm×1092mm　　1/16
印　　张：	25
字　　数：	330 千字
版　　次：	2025 年 5 月　第 1 版
印　　次：	2025 年 5 月　第 1 次
书　　号：	ISBN 978-7-5768-4950-9
定　　价：	168.00 元

版权所有　翻印必究

序

"数理心理学：心身热机电化控制学"，这个术语并不见于传统的心理学、生物学，笔者为何会提出这个分支？这需要回到数理心理学发展的总逻辑中。

数理心理学以"人"为研究对象，它的普适性的信息模式为 SOR（stimulus-organism-response，刺激 - 有机体 - 反应）。从功能上讲，S-O-R-S 构成了一个功能逻辑闭环，这引出了以下几个基础问题。

（1）人的精神功能本质是什么？这个问题由"精神因果律"来回答，即由数理心理学已经确立的两个分支——心理空间几何学和人类动力学——来回答。

（2）O 的信息加工本质是什么？这个问题由"认知因果律"来回答。

（3）S-O 的信息加工本质是什么？这是心物问题，它由"心物神经表征信息学"来回答。

（4）O-R 的信息控制本质是什么？这是心身问题，它由"心身热机电化控制学"来回答。

S-O 和 O-R 的联系的逻辑链条依赖人的神经、生化的通信系统，即在神经和生化的通信系统中，可以寻求到人的精神功能得以实现的信息逻辑，这可以解决人的精神功能系统的底层运行逻辑问题。

心物与心身的问题的解决，使以精神功能为统摄的构建成为可能。人的通信机制的问题和人的信息通信系统紧密相关，植根于生物学的"神经科学""生物化学"。此外，通信功能单位的联系涉及生物学的"人体生理学""动物生理学",以及生物学与心理学交叉的"神经心理学""心理物理学"等学科。因此,建立心理学和生物学统一性的桥梁成为一个必须面对的科学课题。

在神经科学中,利用膜片钳技术、动物有创实验等,进行了心理物理与神经编码研究,发现了功能柱等重要成果,标志着神经和心理物理量之间的关联被发现。在各个神经通道,感觉器的换能机制与编码关联关系也取得了一系列重要突破,这些成果展示了心物关系在神经层面的具体作用。

在心身关系中,低级反射弧、人体神经拮抗关系、人体脏器工作模式、脏器调谐和自主神经之间调谐关系等方面的发现,均取得了重要成果。内感系统、反馈系统等的结构模型逐渐清晰。

如何建立"心物""心身"的统摄逻辑,这一问题为这些学科带来新的发展挑战。一旦发现这个总逻辑,就意味着在生物学上发现了统摄生物机制的总逻辑,也意味着在心理学上也发现了支撑心理功能机制的总逻辑。两者的总逻辑构成了心理学与生物学的统一性问题。由于牵涉众多学科,这个研究过程异常复杂和困难。

"心物神经表征信息学"是一门探索"心物"关系的学科,它对神经通信、心理、生物结构的三个连接点进行研究。它的逻辑证明了一个事实:寻找心理学与生物学统一性逻辑的方向和路线是可行的。

"心身热机电化控制学"是探索"心物"关系的进一步深化,植根于物理学、生物化学、通信科学的底层理解,并在生物材料的基础上,讨论人体生理的动力控制问题。这一学科的发展再次证明,心理学与生物学的统一性逻辑确实可以实现。

"心身热机电化控制学"遵循一个基本的思路,即人体是一个依赖神经、生化通信控制的生物机械系统,其运动系统的驱动依赖热机系统提供的能量。"心身热机电化控制学"包括以下关键内容。

(1)人体机械原理:通过将人体视为一个机械系统(包括运动系统、热机系统、能源供给系统),深入地理解各系统如何相互作用,共同维持生命活动的稳定性和效率。

（2）人体程控原理：将人体视为一个信息控制系统，基于数字逻辑控制，实现系统间的协同运作，并调谐人体动力系统的谐振荡。

（3）身心动力原理：在上述两个系统基础上，建立谐振荡调谐机制，通过外界刺激信号、高级精神信号、人体生长信号等，实现动力控制。

（4）人体机械动力原理：在上述机制基础上，脏器之间的协同作用使人体形成了一个机械动力系统。通过机械动力学原理进一步构建基于脏器的机械系统模型，并在此模型基础上，推演中医的五行模型、六气、脏象学、食物的性质，揭示中医理论中的关键概念。

在这项工作的推进过程中，中国古代整体论性质的科学和现代生物学之间的逻辑关系浮现，中医体系的数理本质被揭示。正是由于中国唯象学具备完备的体系，使得中国古代整体论性质的科学与现代生物学产生了深层次的联系和对接。这直接推动了中国古代整体论性质的科学与现代生物学的进一步完善和发展。当然，这些探索仍处于初级阶段。

对心物和心身通信机制的研究不仅和数理心理学的统一性工作联系在一起，而且它已经渗透到生物学领域，揭示了生物学的统一性路径。这一工作，使笔者感到兴奋和激励。对统一性问题需要保持审慎，理由如下。

（1）对生物学专业知识掌握得薄弱，可能造成笔者犯基本的常识性错误。尽管笔者一直尝试用各种方法弥补这一不足。

（2）笔者一直致力于平衡生物学、物理学、功能学之间的关系，这使得笔者在多个学科间穿梭。多学科知识的跨越，是笔者面临的最大挑战。

尽管存在这些不足，笔者仍在沿着自己开辟的小径前行，努力完成这本书，并解决数理逻辑上的理论构建问题。行文中，可能存在各样的问题，期望读者给予指正，以便在未来对其进行修正。

高　闯
2022 年 7 月于武汉
2023 年 1 月修于菏泽
2023 年 9 月再修于武汉

目 录

第一部分 概 论

第1章 心身动力概论 ·· 2
   1.1 人体属性 ·· 3
   1.2 心身热机电化控制学学科界定 ······················ 4

第2章 心身问题简史 ·· 7
   2.1 心身哲学 ·· 7
   2.2 人体生理学发展史 ···································· 13

第二部分 人体机械原理：热机系统

第3章 心身认知控制原理 ·· 16
   3.1 心身控制模型 ·· 17
   3.2 心身认知控制 ·· 18

第4章 人体组织热机 ·· 23
   4.1 人体热机模型 ·· 23
   4.2 人体热机循环 ·· 26

第 5 章　人体机械运动系统换能 ·········· 30

5.1　骨骼肌换能方程 ·········· 30

5.2　人体机械动力原理 ·········· 34

5.3　人体机械运动系统做功 ·········· 39

第 6 章　人体热机油控原理 ·········· 42

6.1　骨骼肌油控开关 ·········· 42

6.2　其他肌肉油控开关 ·········· 47

第三部分　人体机械原理：循环供能系统

第 7 章　人体循环供能方程 ·········· 52

7.1　血液储能与供能 ·········· 52

7.2　人体供能方程 ·········· 55

第 8 章　人体油控官能方程 ·········· 64

8.1　心肺官能方程 ·········· 64

8.2　排泄官能方程 ·········· 67

8.3　消化与输送官能方程 ·········· 69

第四部分　人体程控原理：电化通信

第 9 章　生化环路量子通信原理 ·········· 76

9.1　生物分子作用 ·········· 76

9.2　生化环路复生循环原理 ·········· 80

9.3　生化信号调制原理 ·········· 86

第 10 章　生物元器件 ·········· 91

10.1　生化信号放大原理 ·········· 91

10.2　生化放大器 ·········· 93

第 11 章　人体生化程控模型 97
　11.1　生化识别与控制器件 97
　11.2　人体生化程控模型 99
　11.3　体液量子通信 101
　11.4　人体信息程控模式 103

第 12 章　人体反馈控制原理 106
　12.1　反馈控制模型 106
　12.2　人体信息反馈属性 110

第 13 章　神经数电原理 116
　13.1　神经编码方程 117
　13.2　神经元加法方程 122
　13.3　神经元乘法方程 127
　13.4　神经轴突通信方程 133
　13.5　神经突触控制方程 134

第五部分　人体程控原理：调谐控制

第 14 章　心脏供能控制 142
　14.1　心脏自节律传导系统 143
　14.2　心脏节后控制系统 148
　14.3　心脏反馈控制系统 155

第 15 章　自主神经控制 162
　15.1　交感神经和副交感神经控制模式 162
　15.2　交感神经和副交感神经程控模式 165
　15.3　自主神经协同模式 173

第 16 章　内分泌控制系统 177
　16.1　代谢振荡调谐 177

16.2　激素调谐模型 ·· 180

第六部分　人体程控原理：调谐叠加原理

第 17 章　人体调谐叠加端口 ·························· 186
17.1　丘脑电化转换端口 ···································· 186
17.2　代谢信息变换 ·· 189

第 18 章　人体动力调谐原理 ·························· 193
18.1　人体系统调谐模型 ···································· 193
18.2　人体调谐叠加原理 ···································· 196

第七部分　心身动力原理：行为调谐模式

第 19 章　人体调谐行为模式 ·························· 200
19.1　人体谐振动模式 ······································· 200
19.2　人体生物钟节律调谐 ································ 203
19.3　生物钟节律行为 ······································· 206

第 20 章　心身调谐行为模式 ·························· 209
20.1　心身动力关系模型 ···································· 210
20.2　心身行为模式模型 ···································· 213

第八部分　心身动力原理：心身驱力

第 21 章　心身动力端口假设 ·························· 216
21.1　杏仁核功能假设 ······································· 217
21.2　杏仁核高级认知调谐假设 ························· 219
21.3　心身调谐端口假设 ···································· 222

第22章　心身动力 ································ 225

22.1　心身动力适配方程 ·················· 225
22.2　功与劳 ································ 227

第九部分　人体机械动力原理：生物热机

第23章　人体机械热机模型 ····················· 232

23.1　广义热机 ······························ 232
23.2　人体热动系统机械模型 ·············· 235
23.3　代谢热机 ······························ 242
23.4　生化量子通信方程 ··················· 249
23.5　人体热机阴阳属性 ··················· 252
23.6　植物体热机阴阳属性 ················ 254

第24章　热机谐振属性 ························· 258

24.1　人体热机拮抗动力 ··················· 258
24.2　内热机平衡 ··························· 262
24.3　脏器谐振模型 ························ 273

第25章　人体热力环境 ························· 278

25.1　地球生态环境表征 ··················· 278
25.2　热力环境周期表征 ··················· 283
25.3　人体热力环境调谐 ··················· 288

第26章　人体脏腑通信模型 ··················· 295

26.1　人体脏器通信模型 ··················· 295
26.2　人体脏器调制关系 ··················· 299
26.3　人体外周运动系统 ··················· 304
26.4　人类象学 ······························ 309

第27章 人体脏器五行作用关系 ·················· 318
27.1 人体热机相互作用关系 ·················· 318
27.2 人体热机功率模型 ···················· 325
27.3 食物热力属性假设 ···················· 328

第28章 人体热动能量 ······················ 331
28.1 血脉功率方程 ····················· 331
28.2 营卫信能方程 ····················· 337
28.3 能量耗散过程 ····················· 340

第十部分 人体机械动力原理：心身行为

第29章 心身关系 ························ 344
29.1 人体感官 ······················· 344
29.2 人体感官制动行为描述 ·················· 353
29.3 肌肉中枢控制 ····················· 357
29.4 资源守恒律 ······················ 361

第30章 心理与生物学统一性 ··················· 366
30.1 精神功能统一性 ···················· 367
30.2 认知闭环统一性 ···················· 373
30.3 东西科学统一性 ···················· 379

参考文献 ··························· 382

后　　记 ··························· 385

第一部分

概 论

第1章　心身动力概论

"心身热机电化控制学"是一个新学术术语。在心理学科学中，心身问题并未形成独立的分支学科体系。数理心理学要把心身热机电化控制学作为一个分支学科体系，就要搞清楚它所要阐述对象、范畴、性质，以及和整个数理心理学逻辑架构之间的关系，这就构成了本书的逻辑起点。因此，在本章中，我们将从以下逻辑中，确立这个分支学科的数理逻辑。

（1）在数理心理学的内生逻辑中，建立心身热机电化控制学的内在逻辑，它是功能学意义上的逻辑。

（2）在人体生理学的内生逻辑中，建立心身热机电化控制学的内在逻辑，即人体的生物属性性质，使得人体的生理功能机制逻辑得以建立。

（3）在心理功能和生理功能的逻辑联系中，建立心身热机电化控制学的内在逻辑。

以上述三点为基点，以它们之间功能逻辑作为链条，就可以把各个学科对人的功能的理解串联在一起，形成对人的"心身关系"的理解内核。这个内核被揭示后，就可以在数理机制上，建立关于人的心身功能的数理架构，这将是革命性质的，因为它将在统一性的数理逻辑上，关联起心理学、人体生理学、神经控制、心身哲学等关键学科。

1.1 人体属性

人体具有两种特定属性：物理性和生物性。在这两个属性上，人体依赖低级控制系统和高级控制系统，实现自控和心理认知信号控制，并和心物关系形成认知闭环逻辑[1]。把人体作为研究物质对象，从人的精神功能角度构建它的功能，就构成了心理学、人体生理学连接的关键。

1.1.1 人体生理属性

从生理性质上，人的系统被分为运动系统、骨骼系统、消化系统、循环系统、呼吸系统、泌尿系统、神经系统、内分泌系统、生殖系统。依赖这些系统的功能，人体得以维持生物体的存在。[2]

人类生理系统实现了人类与物质世界相互作用中的供能、控制、机械运动、精神活动。生理是人类个体进行主观活动的物质基础，生理属性也就构成了人的第一个基本属性。

1.1.2 人体物理属性

由生物属性材料构成的生物体，其运作在客观上遵循物理性约束，即人体的各个器官、脏器的生理性活动遵循物理、化学规律，使得它具有物理属性，因此对人体器官、脏器等进行的研究也就衍生出了生物物理学、生物化学、生物信息学等。

例如，人的视光学系统遵循物理几何光学和量子光学，实现对光信号向电信号的物质变换；人的听觉系统利用机械振动原理、流体力学原理等，实现振动信号向电信号的转变[3]；在人的循环系统中，血液的流动满足流体力学。在人的任意一个生理性质脏器中，生理性物质运作均受对应物理规律来支配。在对心身关系运作进行分析时，物理性是必然要考虑的机制。

---

[1] 高闯. 数理心理学：人类动力学 [M]. 长春：吉林大学出版社，2022.
[2] 左明雪. 人体及动物生理学 [M]. 北京：高等教育出版社，2015.
[3] 赵南明，周海梦. 生物物理学 [M]. 北京：高等教育出版社，2000.

人体的物理性、生物性是人的身体控制中重点考虑的两个基本属性，决定了人的生理的功能的特性。这些特性变量，又必然和人的心理量之间形成互动。

1.1.3 人体信息控制属性

人体除具有上述两种生物属性外，还具有自动反馈的信息特性，它的控制源于低级控制系统和高级控制系统。

低级控制系统对人体的控制基于接收内、外环境中的事件刺激信号，形成自动化的反馈系统。反射弧是一种普遍性的反馈系统，这一系统反应高效，即便在没有高级认识参与的情况下，人体仍能自动对外界事件信号进行反馈，可以自动避险、快速捕捉信号。

高级控制系统具有心源性质，即在人的高级认知（如经验、推理、判断、决策）参与情况下需要身体各个系统协同参与，形成了心身之间的互动。这一机理，我们将在后续的研究中逐步给出基本理论框架。

综上所述，在建构心身关系理论时，人所具有物理性、生物性、信息控制属性，是我们需要考虑的三个基本属性。

1.2 心身热机电化控制学学科界定

通过分析人所具有的三个基本属性，我们可以在人体的物质系统上建立关于人的心身控制的数理的信号关系。这个分支，我们称为"心身热机电化控制学"。下文将根据上述的三种性质，对心身热机电化控制学研究对象、基本问题定义、数理框架进行界定。

1.2.1 研究对象

1.2.1.1 人体机械系统

从功能学角度看，人体具有一个由骨骼系统和附着在其上的肌肉和皮肤构成的机械系统，通过肌肉收缩和舒张活动，实现机械运动。机械系统是人类物质性的个体与世界发生相互作用的物质通道，即通过人体机械运动的制动[1]动作，实施各类事件操作，与世界发生物理互动。在生理学上，把机械系统，称为"运动系统"。

1.2.1.2　人体供能系统

人体机械系统、控制系统的运行，均需要物质、能量系统的支撑。在人体中，它们由人体的供能系统来实现物质、能量的供应。高闯在《数理心理学：人类动力学》中提出，人体供能系统是由消化系统、循环系统、呼吸系统等构成的，是一个可以往复循环的系统。[2]

1.2.1.3　人体控制系统

人体机械系统受神经系统和内分泌系统的控制。神经系统和内分泌系统是人体的两大信号系统，共同构成人体的控制系统。控制系统按照控制层级，又分为低级控制系统和高级控制系统，从而实现在不同层级上对人体的控制。神经系统和内分泌系统之间的协同作用，实现了两个信号系统之间的协同控制。

1.2.2　定义

心身热机电化控制学以人体机械系统、控制系统、供能系统为研究对象，揭示了人体控制系统对机械系统、供能系统的作用关系，也就是心、身二者之间的作用关系。

1.2.3　基本问题

结构与功能是任何研究需面对的基本问题，因此研究由人体机械系统、控制系统、供能系统构成的心身系统的基本结构、功能，就是"心身热机电化控制学"所研究的基本问题。这个基本问题包含以下四个层面。

---

[1]　人体的运动系统，是由肌肉与骨骼连接形成的杠杆系统。它受神经电信号系统控制而产生各类机械动作。在神经控制下形成的各类动作，构成了运动系统的"制动"。

[2]　高闯. 数理心理学：人类动力学［M］. 长春：吉林大学出版社，2022.

（1）人体机械系统的基本结构和功能：这在生理学中，已经得到完整的揭示。

（2）人体控制系统的基本结构和功能：在神经科学和生理学中，神经信号控制、体液信号控制的信息结构和功能的经典实验已经积累了大量成果。

（3）人体供能系统的基本结构和功能：在生理学研究中，供能系统的运作器官组成及其功能得到了大量研究。

（4）心理结构与功能：基于认知系统的功能与结构，心理学相对完备地揭示了心理的基本结构——感觉、知觉、思维。通过这些结构，实现心理信号的加工和信号的结构化。数理心理学的心理空间几何学、人类动力学对心理结构和功能进行了大量研究，使它成为了一个相对结构化的数理体系。

基于上述四个基本结构，就可以把四种形式的结构与功能联合在一起，形成统一的心身关系的动力学机制，因此，心身系统的结构和功能，也就构成了心身热机电化控制学基本的结构和功能问题。

1.2.4　数理框架

心身关系是人与物质世界相互作用中形成的基本关系之一。建立心身关系的数理机制，在统一性机制处理上，具有以下三方面重要的意义。

（1）实现心理结构、生理结构关系的统一：通过建立心身关系的数理架构，不仅可以实现生理学与心理学的结构和功能的交融，而且标志着精神功能学向前迈进了一大步。

（2）认知心身哲学的重新再认识：心身关系与心物关系构成了人在认知世界中的逻辑闭环，这个逻辑闭环构成了人类经验的来源渠道，它是知识唯物性的重要验证通道。心身关系一旦确立，就可以进一步推进哲学对自身的再认知。

（3）心身动力性的数理架构的确立：建立数理意义的心身关系架构，是数理心理学在统一性上的又一关键进展。心身关系架构对数理心理学的统一性构想，将起到关键理论的支撑作用，并再次在数理意义上证明：心理学的实验唯象学时代的结束，统一性理论时代已经到来。

第 2 章　心身问题简史

对心身问题的研究具有久远的历史，它的学理涉及东西方人文历史和现代科学史，因此，对心身问题的历史追溯并不是一个简单的问题。本书将重点放在心身问题在现代的发展上，梳理它的基本脉络。

心身问题的研究具有两种学科性质：①久远历史；②多学科交融。当把人定为研究对象来研究心身问题时，多学科的交融性就转换为对象机理问题，这就需要对它的本质进行物质对象机理意义上的追问。

在东西方科学发展过程中，沿袭了不同的知识逻辑脉络，这就为对"心身"的解读带来了一定挑战。但是，对象一致性使其内部机理必然保持一致。对心身问题进行历史进程的梳理，将为我们对这一问题的知识梳理和建构带来便利。心身问题涵盖以下领域。

（1）哲学关于心与身的问题的研究。

（2）生物生理学关于身的研究。

（3）神经科学关于身的控制的研究。

（4）心理学关于心身映射的研究。

这四个关键领域构成了心身关系问题认知的四个关键认识方向。

2.1　心身哲学

对于心身问题，东西方哲学均孕育了丰富的知识体系，涵盖两个层面的知识观念。

（1）精神功能学层面：探索在人与世界互动中，人的心与身之间的功能学关系，对近代心理科学发展的取向产生影响，如具身认知。

（2）人体运作的功能特性：在中国的哲学体系中尤为显著，促进了中医的发展。高闯在《数理心理学：心理空间几何学》中，揭示了八卦图的数理含义，标志着这一研究方向的开端[①]。

因此，以心身作为一个契机，区分东西方哲学性质上的差异具有非常重要的意义。我们并不把哲学问题极度复杂化，而是沿着一条极简路线来寻找它的逻辑，这可能并不符合一般哲学性的思考逻辑。

2.1.1 认知哲学本质

我们把西方哲学归结为四个基本问题：物质论、认识论、知识论和伦理论。

（1）物质论：回答自然界物质本质方面的问题，如物质构成、运动等的相关理论。

（2）认识论：个体对知识和知识获得所持有的信念，主要包括有关知识结构和知识本质的信念、有关知识来源和知识判断的信念，以及这些信念在个体知识建构和知识获得过程的调节和影响作用。长期以来，认识论和知识论往往被关联在一起，并被认为其领域大于知识论的领域，这符合人类认知的规则。

（3）知识论：回答人类知识的本质、起源和范围。

（4）伦理论：回答人与社会相处的基本关系。

心理学对哲学问题研究较晚。在认知科学兴起后，心理学对哲学问题的研究才得到较好的发展。认知科学提供了最基础的人的信息加工的基础理论，以及对认知等人的思维过程的解析，使对这个问题的研究得以深入。

上述四个基本问题，如果从认知过程来讲，则对应了人类认知的对象、

---

① 高闯. 数理心理学：心理空间几何学［M］. 长春：吉林大学出版社，2021.

认知的信息加工、经验、认知的动机与目的。这使西方哲学的数理性质显露出来：它的本质是研究"人的认知过程"的哲学。由此，我们把这个过程称为"认知哲学问题"。

如果这一逻辑存在的话，这就直接把西方哲学的一个内核之一和人的认知加工联系在了一起，为从认知的机制角度来理解哲学问题，提供了基本支撑。

2.1.2　东方哲学本质

东方哲学的主要数理逻辑与西方的并不相同，它找到一个更具普适性的方法：通过极简的图示方式将数理逻辑可视化出来。"八卦图"是这一可视化的精华。在这个图示中，包含了古天文学、人的生理、人格、社会组织运作的基本动力的划分。高闯在《数理心理学：心理空间几何学》中阐述了这一哲学基本思想①。

由于八卦图包含了心身关系，本书将从现代科学角度重新对这一古老哲学思想进行解读。通过这种方式将它的编码学和功能学意义显现出来。心身关系又蕴含在"五行"理论中，从现代科学角度对这个问题进行阐述，将使得它的数理含义得以显现。本书并不追寻它们产生的历史顺序，而是寻找它们之间的数理性。

2.1.2.1　事件结构式

对八卦图数理含义的解读是从事件结构式开始的。事件结构式表现为三种基本形式：物理事件结构表达式、生物事件结构表达式、心理与社会事件表达式[2][3][4]。

---

① 高闯. 数理心理学：心理空间几何学［M］. 长春：吉林大学出版社，2021.
② 高闯. 数理心理学：人类动力学［M］. 长春：吉林大学出版社，2022.
③ 高闯. 数理心理学：心物神经表征信息学［M］. 长春：吉林大学出版社，2023.
④ 高闯. 数理心理学：广义自然人文信息力学［M］. 长春：吉林大学出版社，2024.

$$\begin{cases} E_{\text{phy}} = w_1 + w_2 + i + e + t + w_3 + c_0 \\ E_{\text{bio}} = w_1 + w_2 + i + e + t + w_3 + \text{bt} + c_0 \\ E_{\text{psy}} = w_1 + w_2 + i + e + t + w_3 + \text{bt} + \text{mt} + c_0 \end{cases} \quad (2.1)$$

式中，w_1、w_2、i、bt、mt 均表示具有物质意义的客体。其中 i 表示相互作用的物质介质；bt 表示行为目标物；mt 表示内在动机目标物；t 表示客体 w_1、w_2 发生相互作用的时刻；w_3 表示客体 w_1、w_2 发生相互作用时的空间位置；c_0 和 e 则表示事件结构式中，客体 w_1 和 w_2 发生相互作用时，事件在开始计时 t_0 时的特征值和在时间 t 时的特征值。

每个目标物均具有三类属性：物理属性、生物属性和社会属性。它的属性可以用一个属性集合 P 来表示。

$$P = \{p_i | i = 1, \cdots, N\} \quad (2.2)$$

式中，N 表示属性的总个数。每个属性是一个独立变量，则它的属性就构成了一个属性空间 R^N。

设在事件结构式中，除 c_0 和 e 之外，事件结构式的每个要素 w_1、w_2、i、bt、mt、w_3 均统一用 c_i 和 e_i 表示，其中 i 表示第 i 个要素。若特征值用 $v_j(t, w_3)$ 来表示，则 c_i 和 e_i 可以表示为

$$c_i = \begin{pmatrix} v_1(t_0, w_3) \\ \vdots \\ v_j(t_0, w_3) \\ \vdots \\ v_m(t_0, w_3) \end{pmatrix} \quad (2.3)$$

$$e_i = \begin{pmatrix} v_1(t, w_3) \\ \vdots \\ v_j(t, w_3) \\ \vdots \\ v_m(t, w_3) \end{pmatrix} \quad (2.4)$$

则初始值 c_0 和结果效应 e 就可以表示为

第 2 章　心身问题简史

$$c_0 = \begin{pmatrix} c_1(t_0, w_3) \\ \vdots \\ c_j(t_0, w_3) \\ \vdots \\ c_m(t_0, w_3) \end{pmatrix} \quad (2.5)$$

和

$$e = \begin{pmatrix} e_1(t, w_3) \\ \vdots \\ e_j(t, w_3) \\ \vdots \\ e_k(t, w_3) \end{pmatrix} \quad (2.6)$$

从这个关系式中,我们就得到了事件结构式的表达形式,即信息结构式中的任意一个要素均可以用属性值、时间 t 和 w_3 来表示。属性即客体的物质属性,我们称为"物元";时间和空间信号,我们分别称为"时元"和"位元"。这三类信号合称为"三基元"。

2.1.2.2　八卦图中的事件结构

八卦图具有三基元结构,也就是时间 t、空间 w_3、客体 w_1 和 w_2 构成了三个基本内核,并通过一些基本规则确定客体与客体之间的相互作用性质,对相互作用的结果进行预测[1]。

2.1.2.2.1　八卦图中的时间

在八卦图中,二十四节气、时辰是两个要素,通过它们可分别表示"年""日"两个时间变量。通过这个时间变量,可以确定时间,从而实现计时,这是古天文学在八卦图上的体现。

2.1.2.2.2　八卦图中的方位

在八卦图中,包含了空间的方位信息,用东、西、南、北来进行标记,并根据方位信息把八卦图分为四项,也就是能量周期四项。在太阳和地球

---

[1] 高闯. 数理心理学:心理空间几何学[M]. 长春:吉林大学出版社,2021.

构成的物理系统中，这一方位法和太阳能量的变化周期又合并在一起。例如，太阳从东开始升高，能量开始上升；到南的方位时，太阳能量达到最大，而后太阳能量开始降低。这和春分、夏至、秋分的年度变化相对应。因此，在八卦图上，东的方位对应春分，南的方位对应夏至，西的方位对应秋分，这种对应关系在古代天文学中有着重要的视觉和科学表现，体现了"万物皆循环"的自然哲理。

2.1.2.2.3　八卦图中的客体

在太阳和地球形成的系统中，太阳和地球构成了相互作用的两个要素，即客体 w_1 和 w_2，这两个要素在八卦中往往被称为"乾"和"坤"，有时也称为"天"和"地"。古人将这两个要素放置在八卦图的两极上，以表示它们是相互作用的要素。

上述的三个要素构成了先天八卦的内核，而后天八卦的逻辑也基本如此。通过 w_1 和 w_2、时间 t、空间 w_3 的初始值 c_0 的设置，我们可以根据相互作用的规则 i 来预测世界的结果 e，这便是古人的智慧。

2.1.2.3　八卦图中的心身关系

把人的生理要素放置在由八卦图构成的动力系统中，也就构成了古人对人的生理因素相互作用的理解，这需要结合现代生理学来说明。

在不考虑精神系统的情况下，人体的运作主要是依靠能量系统的驱动：人体将摄入的外界能量转换为人体所需的能量，代谢掉一部分能量后，其他能量用于维持人体的运行。因此，消化系统负责人体能量摄入和排出，循环系统负责血液运输，肺循环则负责氧化物获取和废气排出。从功能学角度看，任何系统所承担的功能都是为能量供应服务的。

根据先天八卦对能量的设置，我们可以发现在循环系统中，心脏能量最高，被放置在南的位置；血液经过循环回流之后到达肺时，其能量达到了最低，因此，肺被放置在八卦图的底端，也就是能量比较低的位置。其他脏器也分别被放置在不同的位置上。这一机理揭示了中国"五行"的内在本质：它只是一种形式上的编码学。脏器在八卦图上的位置，是它在能量供应中所起到的作用,也就是它的功能学意义,这一理论阐明了八卦图的数理本质与人体生理学的是一致的,展现了中西医的相通之处。因此,将东方医学与西方医学对立起来的做法是不恰当的。

关于八卦图中更深层次的哲理,将在相关的哲学论题中进一步探讨。

2.1.3 心身哲学关系

在现代的哲学关系研究中,心身哲学往往和心物哲学联系在一起。本书不纠结于心身思辨的争论,而是从认知角度出发,探讨心物和心身的认知方向。如果把心物理解为自下而上的加工,而心身则是自上而下的加工,这两个信息流构成了闭环的控制系统,从而产生了闭环和开环的信息控制问题。在这一闭环关系中,物、心构成了人类认知中的两个关键要素,前者具有客观性,后者则具有主观性。

认知到的信息以"谁"作为参照,是唯物主义与唯心主义的根本分歧点。本书中根据生物学、控制论、信息学、神经科学等一系列知识,建立心身的唯物性质的关系,这就使得心身的哲学关系以"实实在在"的人的物质工作的机制为基础,从人自身的实验科学、理论科学中分离出来。

2.2 人体生理学发展史

哲学对人的心身关系的探索主要集中在人的精神功能学层次上,而心身关系的建立,显然不能仅停留在精神功能层次,必须追溯到它的物质基础的底部。人体生理学介入这一问题,也就存在必然的合理性。

人体生理学在东西方均有独立的发展历程。在解剖学的基础之上,东西方各自发展了关于人体的理论,这就出现了两个不同发展的路径,形成东西两大生理体系理论:东方的整体论医学和西方的还原论医学。因此,对人体生理进行认知的理论和历史,出现了两个基本的知识链条。

2.2.1 中国整体生物学

虽然我们难以确切追溯中国古代解剖学的发展历程,但是中国古代科学在对人体解剖学认知的基础上，形成了关于人体整体的知识体系，《黄帝内经》是这一成熟体系的典型代表[1]。这个体系集成了天文学、人文地理、热力学、机械力学、心理学等的知识体系，并建立人体与天文、人文地理、植物药理、机械动力、心理动力之间的逻辑关系；在脏器的基础上，形成了阴阳理论、五行理论、脏相理论、气动理论、经络理论等整体论，实现对人体整体的理解。这一整体论具有系统性和完备性，在实践中不断发展，形成了多个分支学派，代表了中国古典科学中最系统的唯象学科学体系。

2.2.2 西方整体生物学

在西方，人体生理学是生物学的关键分支学科。人体生理学的科学分支学科，可以追溯到文艺复兴时的解剖学。从维萨留斯对人体进行解剖开始，西方逐渐建立了关于人的生理系统的官能理论。生化科学的发展则进一步推动了人们对人体内部的生物信息控制机制的理解。这就为心身问题的"身"的要素奠定了坚实的生理学与生化学的基础。

西方采用还原论的方式，把生物学推向细胞生物、生物化学、基因科学，并在此基础上构建生物学的信息系统。我们可以看到，东西方科学在人体生理学上存在一个共同点，即脏器解剖是知识的起点。在此基础上，东方科学走向人的整体，西方则利用还原论方法走向更加细致的亚层。

这就意味着，东西方科学实现了在知识层次上的彼此互补[2]。近年来，西方生物科学多次提及"涌现"一词，旨在实现从还原论层次向整体论层次的过渡。而整体论的知识体系已经被中国古代科学建立。

从科学角度看，在生物学领域，还原论性质的人体生理的唯象学和整体论性质的人体生理学体系的统一，将是人体的心身动力机制与原理的又一次突破。

---

[1] 李爱勇. 黄帝内经[M]. 北京：民主与建设出版社，2021.

[2] 高闯. 数理心理学：广义自然人文信息力学[M]. 长春：吉林大学出版社，2024.

第二部分

人体机械原理：热机系统

第 3 章　心身认知控制原理

人与物质世界的交互主要体现在从外界获取信息和对外界信息进行响应两方面，前者构成心物关系，后者构成心身关系。

任何社会化互动都是通过人体机械系统来实现的，即人体机械系统是人的精神活动的物质外化，确切地讲，人的精神事件均需要通过机械系统的物理性质来显现。

人体机械系统是人的精神世界与物质世界相互作用的物质接口。从人体机械系统的物理属性出发，深入到人体内部系统，建立心与身的关系，就构成了一个基本的数理逻辑。为构建这一整体逻辑，人体生理学蓄积了基本的原始材料，包括人体结构及结构功能学、人体生理的生化机制。

同时，在心理学领域，心理的结构和功能学的唯象学研究也累积深厚。高闯在《数理心理学：心理空间几何学》《数理心理学：人类动力学》中，通过这一数理性质，找到了心身关系的一个切入点[1][2]。从这一切入点出发构造心身关系，具备了前期的理论框架的基础，这也构成了本书探索的始点之一。

---

[1] 高闯. 数理心理学：心理空间几何学 [M]. 长春：吉林大学出版社，2021.
[2] 高闯. 数理心理学：人类动力学 [M]. 长春：吉林大学出版社，2022.

3.1 心身控制模型

人具有三种性质：物理性、生物性和精神性。物理性是后两者的约束条件，这就意味着，从物理性出发，可建立关于人的统一性的心身关系的基本逻辑。

机械性的研究曾经引起哲学和心理学的争议。探讨机械性需要回到人体的结构学和人的物质对象的源头，进行数理研究，而不仅是进行思辨。

3.1.1 人体机械系统

人体的生物材料构建了具有机械性质的机械系统，实现人体的"机械运动""能量供给"，因此，也就派生了机械系统和供能系统。人体对这两个系统进行控制和保护，就会产生相对应的控制系统和免疫系统等。本书对人体系统的探讨并不局限于生理学对人体系统的划分，而是在更高层次的功能学上构建它的功能学理论。

我们首先来讨论人体机械系统的构成。物理意义的机械系统需要完成各类动作，一般具有往复循环的特性。人体中具有机械意义的系统主要包括人体机械运动系统、供能机械系统。

3.1.1.1 人体机械运动系统

人体由骨骼和附加在上面的骨骼肌肉组成的人体机械系统，称为"人体机械运动系统"，在神经的控制下完成机械运动。机械运动的物理动作实现与物质世界的互动，实现人的目标物指向的动机活动，也就是社会化事件。

3.1.1.2 供能机械系统

人体机械系统需要物质与能量供应。能量供应的系统需要生物体不断地摄入外界物质与能量，并排出代谢物质，实现能量对人体的供给。在人体中，消化系统、血液循环系统、排泄系统、肺循环系统，共同构成了人体的能量供应系统,这个系统依赖心脏和肺的机械弹性振动、消化系统的蠕动、血管系统血液的流动、排泄系统的渗透等生化机制,实现人体的供能。

3.1.2 人体机械系统反馈控制关系

本书把人体的系统简化为图 3.1 所示的形式,并用这个关系建立心身关系的基本逻辑。在这个系统中,包含了人体运动机械系统、人体供能机械系统两个基本系统。人体的供能系统对人体的所有系统进行供能。在此基础上,人体的低级控制系统对这两个系统进行信号监控和控制,而高级控制系统则实现对低级控制系统的信号进行控制与反馈。

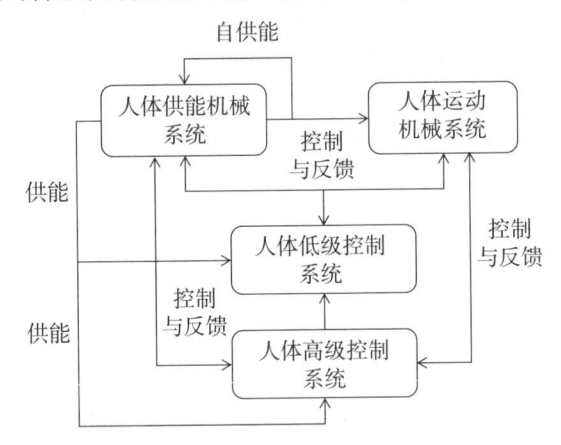

图 3.1 人体机械系统逻辑关系

图 3.1 展现了人体心身控制的反馈的逻辑关系,因此,我们把这个模型称为"心身控制关系模型图"。基于这一数理逻辑,我们将在后面的章节中,逐步建立各个系统的数理逻辑关系,并建立心身控制的基本数理逻辑关系的理论架构。

3.2 心身认知控制

《数理心理学:人类动力学》已经建立了关于人的心身之间的基本逻

第 3 章　心身认知控制原理

辑框架，即心理对于人体控制的基本逻辑路线[①]。这就构成了心身控制的总逻辑，即以精神功能为统摄建立了关于精神功能、人体信息控制、人体供能的总逻辑。在这一逻辑架构下，结合人体的生理学理论建立人体心身控制的数理道路就打通了。

人体生理学已经建立了关于人体运作的生化逻辑关系，并勾勒了它的基本逻辑路线图，包括生物体内能量代谢的路线、肌肉运作的生化机制。前者阐述了人体运作的能量流逻辑，而后者阐述了人体机械运动系统的肌肉促发的生化逻辑。我们从机械的基本逻辑出发，建立数理架构，因此，心身控制的数理逻辑包含精神功能统摄总逻辑、人体生理供能总逻辑、人体机械动力总逻辑和人体信号控制逻辑等四个数理逻辑。

3.2.1　精神功能统摄总逻辑

高闯提出了人体精神运作的总逻辑，如图 3.2 所示。在这个结构中，人的精神活动包括感觉、知觉、思维等一系列精神活动。这个精神结构的本质是对进入人的认知系统的当前事件、历史事件、未来事件的信息的处理[②]。

在事件处理的基础上，人类个体基于某种目的将执行未来事件，从而驱动人的低级控制系统对人体供能系统进行控制，影响当前的能量控制状态，使人体对机械运动系统快速供能，以进行社会事件的处理，这在人类动力学中是一个反馈性质的动力控制系统，也被称为"情绪控制系统"。虽然这个系统存在一些漏洞，但它的逻辑性和方向性为心身关系的控制指明了方向。它将成为我们构造心身控制逻辑关系的一个总逻辑。在这个总逻辑下，我们将它细化为三个子逻辑。

（1）所有精神活动依赖能量的供应，这构成了供能系统的总逻辑。

（2）人体的机械系统接收到能量后，其制动状态将发生改变，这构

[①] 高闯. 数理心理学：人类动力学 [M]. 长春：吉林大学出版社，2022.

[②] 同上。

成了机械系统的工作总逻辑。

（3）所有的系统均需要控制系统的控制。高级控制系统对感知觉、思维进行控制，低级控制系统则对供能、人体运动进行控制，形成低级的生理性控制。

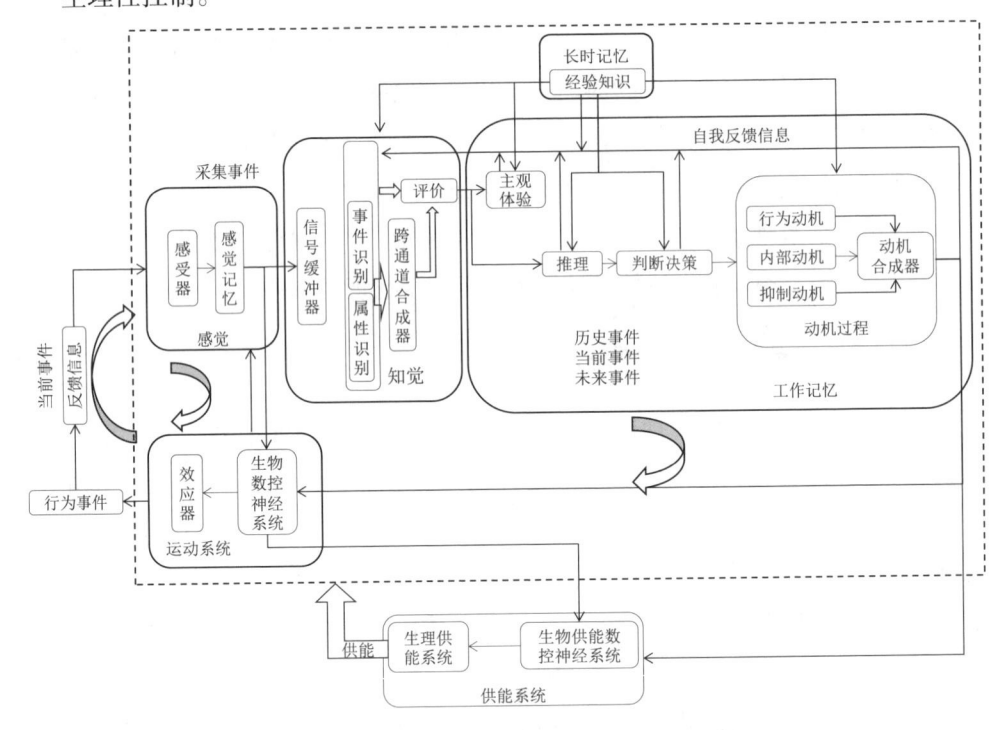

图 3.2　人体精神运作总逻辑

注：个体参与各种社交事件，这时的事件为当前事件，经感觉器采集后进入认知系统。知觉对事件进行解码，获得事件的物理属性、事件结构要素信息，并给予社会属性，也就是评价。由评价诱发主观体验，被识别的事件经其他认知环节继续提高信息量。在评价中，当前事件和历史信息比对形成反馈性评价，并对执行的事件进行纠偏、纠错，经判断、决策后进入事件的执行，也就是人的动机动力的执行，促发行为制动和供能系统。整个过程就构成了情绪的过程。同样，人类个体还可以对自我信息进行监控，形成自我反馈的监控体系。

3.2.2 人体生理供能总逻辑

在图 3.1 中，任意一个系统的制动均离不开能量的供给，能量遍布于人体的所有生物子系统中。若把人体视为一个开放系统，则这个系统就包含了能量的摄入、运输、转化、储存等一系列的机制，从而构成一套供能的基本逻辑。

在生物学中，人体（含动物）供能的基本逻辑，可以表示为人体消化系统摄入外部能量，通过血液循环系统把能量运输到人体四周，实现能量供应，并通过静脉运回代谢废物。肺循环可实现废气的排放和氧气的补入，排泄系统则实现代谢废物的排出。这个过程构成了人体供能的总逻辑，这个总逻辑是心身控制数理逻辑的重要组成部分。生理学已经实现了关于这一逻辑的基本性构建（见图 3.3），这为我们建立人体供能的数理逻辑奠定了基础。[①]

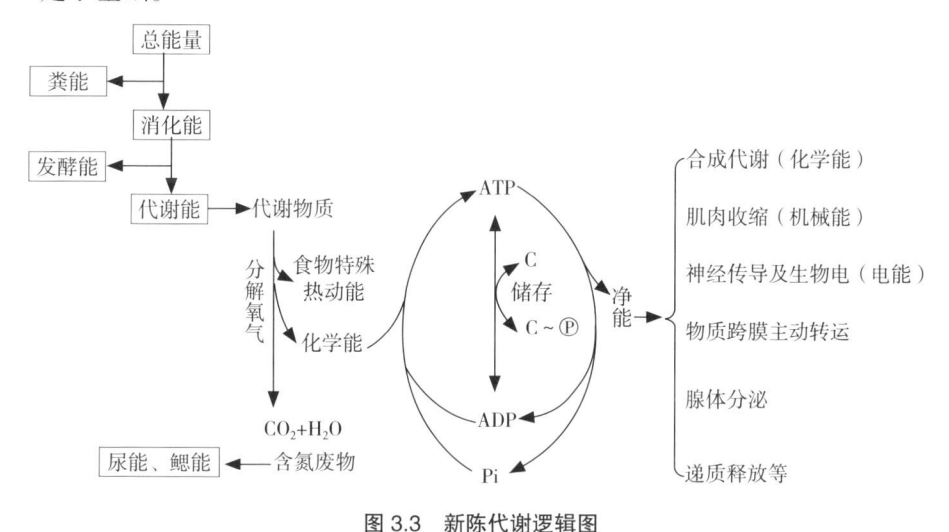

图 3.3　新陈代谢逻辑图

3.2.3 人体机械动力逻辑

人体肌肉组织，在接收到神经信号的情况下进行收缩运动，并接收来

---

① 左明雪. 人体及动物生理学［M］. 北京：高等教育出版社，2015.

自血液的供能，在生化的基础上实现热力的供应，这就包含三个逻辑关系：神经信号耦合控制、人体细胞供能、血液"生物燃料"的输送。

人体机械动力逻辑在人体生理学中也已经建立了它的基本框架（见图3.4），成为我们理解人体机械系统运作的生化机制的关键。[①] 本书将在此基础上，对人体机械系统进行动力系统的构建，建立其与神经控制、血液供能之间的数理逻辑。

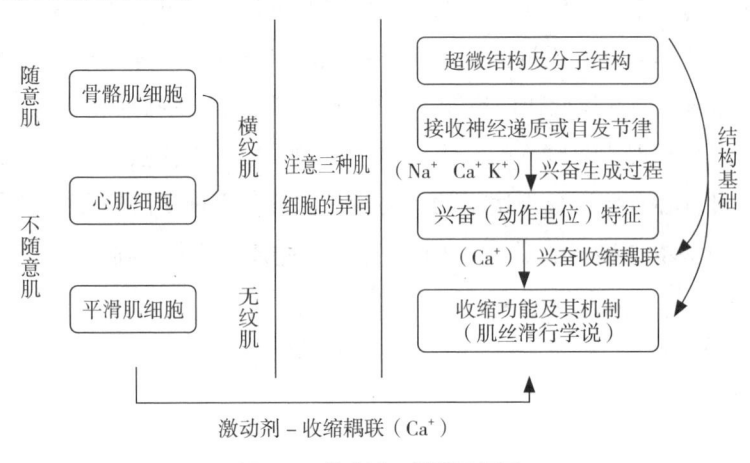

图 3.4　激动剂－耦联逻辑图

3.2.4　人体信号控制逻辑

人体的上述功能是由不同的生理系统来完成的，这就需要在低级和高级阶段对这些系统进行协同和协调，使它们之间按照某种约束相互配合，构成有机的系统，主要由神经系统和体液的环路信号来对这些系统进行协同和协调。

---

① 左明雪. 人体及动物生理学［M］. 北京：高等教育出版社，2015.

第 4 章　人体组织热机

生物细胞形成了具有特定功能的组织、器官。这些组织、器官相互联系，形成具有特定功能的系统，如机械运动系统、供能系统、免疫系统、生殖系统、认知系统。这些系统都建立在器官和组织之上，成为往复循环的运动机构。根据物理学的相关理论，往复运动需要持续输入和消耗能量，换言之，组织、器官完成自身功能时，就构成了一个动力组织，持续将其他形式的能量转换为器官、组织所需的能，这就构成了一个热动力过程。我们把这个热动过程称为"人体组织热机"，简称"人体热机"。

人体生理学对人体组织中能的转化建立了普遍形式的转化机制。本书将建立人体热机的普适性模型，为后续人体机械属性的分析奠定动力学基础。

4.1　人体热机模型

在人体中，细胞按照某种规则组织在一起，形成具有某种功能的器官、组织。这些器官、组织往往是一个独立功能单位。本书把生物的组织、器官简化出来，将其视为一个动力系统单位，就可以忽视具体的组织形态，从而建立普适性的工作原理，并为后续更加复杂的机制的介入，提供更为清晰的逻辑。

4.1.1 热机模型

热机模型是物理学的基本概念。为了更好地确立人体热机模型，我们首先回顾物理学的热机模型。

普通热机包含四个冲程：吸气、压缩、点火、排气，如图 4.1 所示。热机工作时，需要供能的介质，也就是油料。热机在吸气冲程中完成氧气的吸入，并在压缩冲程中完成油料的配注。在此基础上，热机开始点火，油料的热能释放，驱动热机快速旋转对外输出机械能，并排出废气。这就构成了热机的一个制动过程。这个过程不断往复下去，就形成了一个循环过程。

吸气　　　压缩　　　点火　　　排气

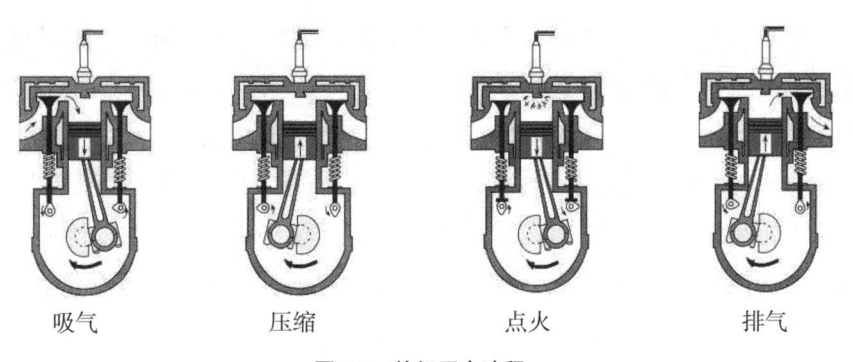

图 4.1　热机四个冲程

4.1.2　人体热机模型的要素

人体的组织、器官同样可以看作一个热机，它与物理的热机不同之处为换能机理不同。我们把人体组织、器官看成一个热机系统，它具有热机运作的要素：燃料的注入、化学燃烧、神经点火控制、废料排出、热动循环，如图 4.2 所示。

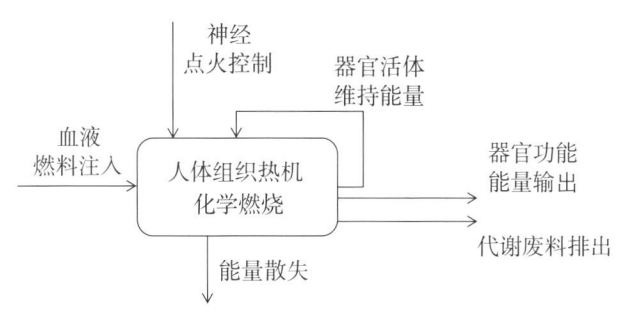

图 4.2 人体热机模型

注：把组织、器官视为一个热机，它通过燃烧把化学能转换为器官的输出能。在这个热动力过程中，血液负责燃料的输入和代谢废物的排出，神经负责对该热机进行点火启动。在此过程中还伴随着器官活体的能量消耗、燃烧过程中的能量散失。

4.1.2.1 燃料注入

人体组织、器官接收来自血液循环系统的能量。在一般情况下，血液中的能量并不为组织、器官直接使用，而需要生化反应对血液中输送来的能量进行转换，因此，血液就承担了"热机燃料"的角色。

4.1.2.2 化学燃烧

血液中的能量进入组织、器官之后，通过生化反应释放出化学能。在人体中，这主要是通过 ATP 的水解实现的。水解释放的化学能，使器官、组织功能得以发挥。生化反应构成了化学的"燃烧过程"。在后文中，我们将基于人体生理学的生化机制，确立这一关系。

4.1.2.3 神经点火控制

在组织中进行的化学燃烧也需要一个"启动"机制。人体受神经控制，即神经传递的电脉冲充当了点火角色，并和生化燃烧过程产生耦合。神经点火启动的机制，我们将在后续章节，结合生理生化机制来确立。

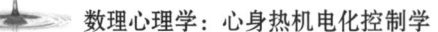

4.1.2.4　废料排出

人体在代谢过程中会产生废料，如二氧化碳等，这些都需要排出。它往往通过毛细血管网中的静脉血来携带，并运输到器官的外部。

在人体热机中，能量的输入和输出均依赖血液作为介质，这和血液的流体性质紧密相关。

4.1.2.5　热动循环

任何一种形式的热机都需要循环装置，这样才能不断地进行能量的对外输送。在物理热机中，热动循环是依靠气缸的往复运动来实现的；在人体热机中，则依赖 ATP 燃料物质的燃烧和复原来实现。这个过程，我们将在下文中建立。

在上述工作的基础上，人体热机反复运作，实现能量源源不断地输出，以满足以下三点。

（1）器官做功：器官输出能量的形式之一。

（2）器官自身使用：细胞需要保持良好工作状态，以维持活体意义器官的功能，这就需要器官满足自身消耗，这是器官输出能量的性质之一。

（3）热动损失：热力学的能量变换过程总是会伴随着能量的散失，散热是各类器官均绕不开的一个关键环节。

由此，我们把人体的组织、器官等效为一个热机，称为"人体热机模型"。

4.2　人体热机循环

人体热机需要不断往复运作，才能实现器官和组织的功能，在这一过程中伴随能量源源不断输出。热机循环的机制依赖于人体组织、器官内部的生化原理，即主要依赖 ATP 的燃烧和复原，实现热机循环。

人体生理活动的主要能量来源是 ATP，它广泛存在于人体的组织细胞中，是人和动物体内的高能化合物。依赖于 ATP 的变化，生物体实现了生理性活动中大部分能量转换。

ATP可以作为人体的储能物质，也可以作为人体的供能物质。ATP在生理条件下水解为ADP和Pi，释放能量。所释放的能量提供给人体各种生理活动需要。同样，ADP吸收营养物质在体内氧化分解释放能量，重新转换为ATP。这就构成了一个能量供应的循环过程，如图4.3所示。

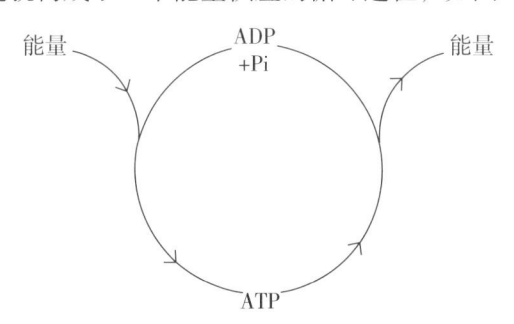

图4.3 ATP和ADP能量转换过程

这个循环过程，可以用化学式的形式来表达为

$$\text{ATP} \underset{\text{合成酶}}{\overset{\text{水解酶}}{\rightleftharpoons}} \text{ADP+Pi+能量} \tag{4.1}$$

我们把这个过程，称为"人体热机循环"。

4.2.1 人体热机功率与效率

从血液输入热机的能量就是转换为ATP的能量，同时，还要考虑到神经的"点火"能量也是能量输入的一部分。这两部分的能量在转换过程中统一记为dw_{Egi}，器官功能输出能量（如机械能）记为dw_{Ego}，自身存储能量记为dw_{Egs}，散失的能量记为dw_{Egw}，器官组织维持自身营养的能量记为dw_{Egu}。

根据能量守恒，dw_{Egi}则满足以下关系：

$$dw_{Egi} = dw_{Egs} + dw_{Egw} + dw_{Egu} + dw_{Ego} \tag{4.2}$$

式（4.2）对时间求微分，则可以得到

$$\frac{dw_{Egi}}{dt} = \frac{dw_{Egs}}{dt} + \frac{dw_{Egw}}{dt} + \frac{dw_{Egu}}{dt} + \frac{dw_{Ego}}{dt} \quad (4.3)$$

化简，可以得到

$$p(t)_{Egi} = p(t)_{Egs} + p(t)_{Egw} + p(t)_{Egu} + p(t)_{Ego} \quad (4.4)$$

式中，$p(t)_{Egi} = \dfrac{dw_{Egi}}{dt}$，$p(t)_{Egs} = \dfrac{dw_{Egs}}{dt}$，$p(t)_{Egw} = \dfrac{dw_{Egw}}{dt}$，$p(t)_{Egu} = \dfrac{dw_{Egu}}{dt}$，$p(t)_{Ego} = \dfrac{dw_{Ego}}{dt}$。这个方程，我们称为"人体热机功率方程"。

而输出的功率是器官功能的一种反映，我们把输出功率和输入能量之比定义为"人体热机效率"，表示为

$$\eta_{Eg} = \frac{p(t)_{Ego}}{p(t)_{Egi}} \quad (4.5)$$

它是人体热机能量转换的一个关键量度。

4.2.2 人体热机循环的意义

人体热机循环的建立从数理意义上，使人体运作的功能学机理得以显现。在数理科学上，具有以下几个关键意义。

4.2.2.1 人体机械动力属性显现

人体具有机械属性，这是人作为物质客体与世界进行物理作用的接口。人体热机模型又是这一动力内核的核心体现。人体热机循环的生化机制是它的动力支撑。因此，人体热机模型及其循环系统的确立，为在更高的功能层次上理解人体运作提供了核心支撑，并为未来揭示植物、动物、人之间的动力差异提供了一个突破口。

4.2.2.2 人体动力系统逻辑显现

人体热机循环围绕人体热机模型运行，它需要各种附属的系统。能量燃料的注入、废物的排出、器官功能的输出，都在底层的数理逻辑中显现

出来。从这一功能性出发，并配合人体的生化机制、生物物理的结构，人体总体逻辑系统将围绕人体热机循环的逻辑控制，在数理机制上实现统一建构。

4.2.2.3 人体认知控制逻辑显现

人体的认知系统包含三个关键环节：心物关系、心身关系、高级精神认知。心身是在其他两者基础上，驱动人的机械系统，也就构成了认知的闭环。认知反馈控制将因为人体动力的数理逻辑的突破而得到突破。

4.2.2.4 人体热机换能

人体热机循环从数理上揭示了热机换能过程中，神经点火、血液供能、能量输出之间的数理逻辑关系。这将从系统角度，建立官能和生化之间的数理逻辑，并为在更高层次上建立人体的供能机制奠定基础。

以上这四点突破，使人体的数理逻辑架构逐步形成完备的逻辑体，也使数理心理学理论分支向前进了一大步。

4.2.3 人体热机附属过程

如果把ATP的水解过程视为人体热机燃烧过程，则人体热机就存在一个复位过程。复位过程本质上是血液能量注入的过程，即血液中的能量被转换到ATP的过程，换句话说，也就是ADP吸收能量生成ATP的过程。在人体热机循环的基础上，我们还要分析血液能量注入人体热机的过程，这显然是一个生化过程。并且，人体组织、器官代谢的各类产物，也需要被排出。因此，这个过程包含两个基本部分。

（1）血液燃料注入：人体热机反应需要源源不断地注入能量，能量主要来源于血液。

（2）废料排泄：人体热机反应之后要把产生的废料排出去，如二氧化碳。废料主要通过血液循环系统向外进行排泄，以废气和废液的形式从身体中排除。

第 5 章　人体机械运动系统换能

人体热机燃烧输入的能量，使化学能转换为组织器官进行功能活动的能量，确切地说，就是转换为生物组织的机械能或其它能量，如骨骼肌的收缩、心肌的伸缩、平滑肌的收缩。

机械能主要有两个关键输出方向。

（1）人体对外做功：通过人体的机械运动系统，把人体热机的能量转换为对外的机械能，驱动人体对外做功，这是人类社会化活动中人的精神事件物化的端口。

（2）人体血液循环系统供能：通过脏器的机械运动（如心肌跳动），实现对人体的能量输送。

在人体机械运动系统中，依赖肌肉的拉伸实现化学能向机械能的转换，是运动系统转换能量的主要形式，也是人体热机对外能量输出的主要形式。因此，在这一章，我们将主要建立关于人体热机的机械运动系统的机械能输出的关键机制。

5.1　骨骼肌换能方程

骨骼肌承担了将人体热机化学能转换为进行肌肉收缩的机械能的责任。人体的肌肉细胞含有 ATP 和 ADP，也就是说在肌肉细胞的内部可以实现 ADP 和 ATP 的往复循环变换，因此，肌肉细胞是人体热机的载体。同时，肌肉细胞在人体热机工作中，利用人体热机提供的能量，使肌肉细胞收缩和舒展，从而实现了机械能变换。我们可以利用这种机制，来建立骨骼肌中机械能的变换机制。

5.1.1 骨骼肌换能方程

骨骼肌输出的机械能，我们表示为 $p(t)_m$，则根据能量守恒，可以得到

$$p(t)_{Ego} = p(t)_m \tag{5.1}$$

把这个值，代入人体热机功率方程，则可以得到

$$p(t)_{Egi} = p(t)_{Egs} + p(t)_{Egw} + p(t)_{Egu} + p(t)_m \tag{5.2}$$

由于它是人体骨骼肌的化学能转换方程形式，为了和其他机械能转换区分开来，我们统一加上标 SK 进行区分，则式（5.2）改写为

$$p(t)_{Egi}^{SK} = p(t)_{Egs}^{SK} + p(t)_{Egw}^{SK} + p(t)_{Egu}^{SK} + p(t)_m^{SK} \tag{5.3}$$

这个方程，我们称为"骨骼肌换能方程"。这个方程建立了人体内部的能量输入和骨骼肌机械能输出之间的数理关系。

5.1.2 骨骼肌机械机构

骨骼肌换能方程描述了骨骼肌工作的换能机制，它对我们理解人体供能的底层逻辑带来了便利。在此基础上，我们可以建立骨骼肌工作内在的人体生理学的数理逻辑。首先，我们关注骨骼肌的机械结构，确立它的机械工作的机理。在人体生理学中，这一机制已经得到了有效揭示。

人体的骨骼肌可以被分解为肌束、肌纤维、肌原纤维。根据人体生理学的相关理论，肌原纤维有规则地排列，呈现出明暗交替条纹。暗条纹称为"A 带"（A band）；在 A 带中间有个浅色的区域，称为"H 带"（H band）；在 H 带的正中间有条颜色较深的线，称为"M 线"；两个 A 带之间的浅色区域，称为"I 带"（I band）；I 带正中间是一个颜色较深的线，称为"Z 线"（Z line），也称为"Z 盘"（Z disk），Z 线把 I 带一分为二；在两个相邻 Z 线之间的区域，就构成了肌肉的功能单位——

肌节，如图 5.1 所示。

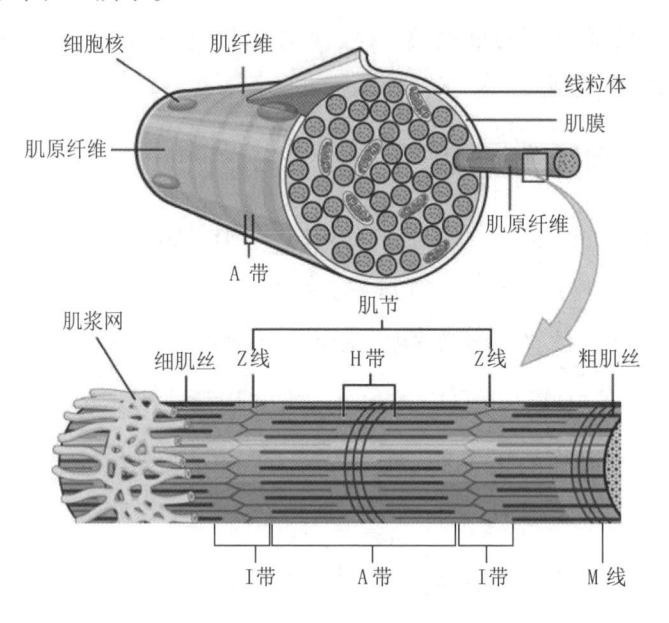

图 5.1　肌肉的结构构成

I 带和 A 带由较细的肌丝组成，分为粗肌丝（thick filament）和细肌丝（thin filament）两种。粗肌丝形成 A 带，它被肌联蛋白限制在 Z 线上。肌联蛋白从 Z 线一直延伸到 M 线，起到连接粗肌丝作用。细肌丝从 Z 线延伸出，它的长度也就是 I 带长度。粗细肌丝交叉分布，在横断面上，形成了不同的结构。在二者的交叉区域，粗肌丝由呈六边形的细肌丝包围。

5.1.3　骨骼肌机械能换能

粗细肌丝通过相互作用，使它们之间可以发生相对位移，从而引起肌肉收缩，把化学能转换为机械能，这依赖于肌丝特殊的分子结构。

如图 5.2 所示，粗肌丝由肌球蛋白组成，它是一端具有两个头的杆状结构。[1] 球头从粗肌丝的表面延伸出来，形成横桥。粗肌丝的桥头和细肌

---

[1] LEVY M N, KOEPPEN B M, STANTON B A. Principles of physiology [M]. Elsevier Health Sciences, 2005.

第 5 章 人体机械运动系统换能

丝的肌动蛋白上的不同位点相结合,从而使肌肉可以收缩和放松。细肌丝则由肌动蛋白、原肌球蛋白和肌钙蛋白组成,前两者和肌肉的收缩有关系,因此,也称为"肌动蛋白"。

粗肌丝上的桥头沿着细肌丝的方向从一个位点移动到另外一个位点,并可以往复循环运动,这个过程也就称为"横桥周期"。具体地讲,它包含下述四个基本过程,如图 5.3 所示。

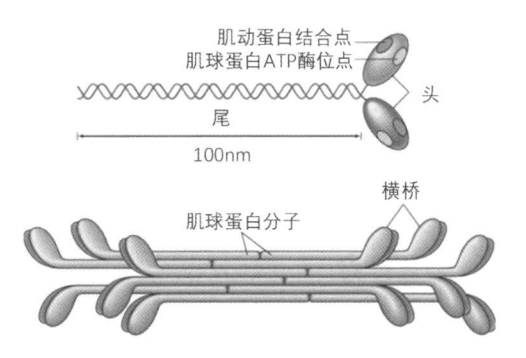

图 5.2 肌球蛋白分子结构

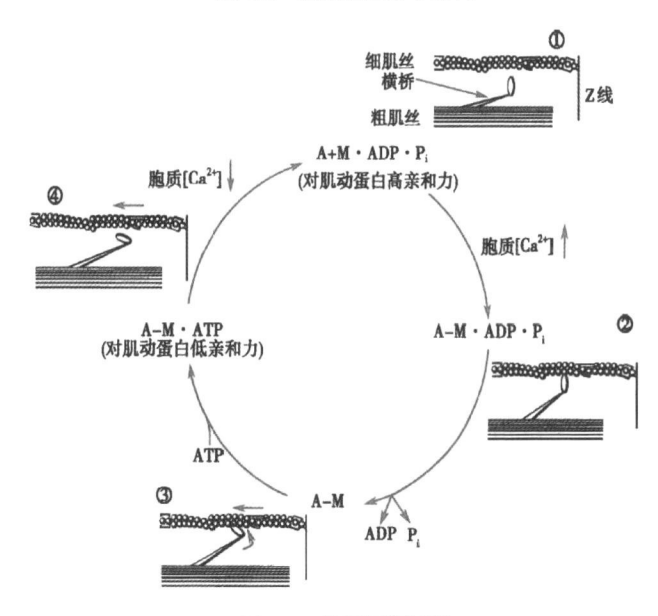

图 5.3 横桥周期过程

注:A 为肌动蛋白;M 为肌球蛋白;A-M 为肌动蛋白与肌球蛋白结合物。

5.1.3.1 ATP 水解过程

肌球蛋白的前端结合位点承担了水解 ATP 的角色，它将 ATP 水解成 ADP 和 Pi。横桥头竖起并与肌丝的方向呈 90°，这个机械转动过程，使得桥头沿着肌动蛋白向前移动。这时，水解的能量存储在肌球蛋白上（ADP 和 Pi 仍然附着在该蛋白上而没有释放），竖起的状态使得桥头具有较高的势能。

5.1.3.2 横桥形成过程

在肌肉中，兴奋性导致 Ca^{2+} 释放（这个过程是神经点火的过程，我们将在后文讨论），钙离子和肌钙蛋白结合，导致肌球蛋白双螺旋结构扭转，新的和桥头相结合的位点显露，新的横桥形成。

5.1.3.3 机械能释放过程

Pi 从肌球蛋白头释放，横桥头的弯曲程度发生变化，恢复到与细肌丝呈 45° 的状态，拖动细肌丝向 M 线滑动，这时，桥头势能得以释放，ATP 水解的能量转变为很小摆动的机械能，也就是肌肉的机械能。

5.1.3.4 ADP 结合过程

ADP 结合为 ATP 吸收能量。当 ATP 和肌球蛋白位点结合时，粗肌丝和细肌丝中的肌球蛋白和肌动蛋白的亲和力变弱，导致肌球蛋白头和肌动蛋白解离，肌肉将处于放松状态。这时横桥摆动的一个周期完成。

从上述的四个过程中，可以清晰地看到骨骼肌的粗肌丝与细肌丝发生相对运动，以及化学能转换为肌肉的机械能的过程。因此，骨骼肌是一个化学能转换为机械能的天然的换能装置。骨骼肌利用横桥的往复摆动的方式，实现人体热机的化学能转换为机械能。

5.2 人体机械动力原理

人体的骨骼和附着肌肉构成了人体最为基础的机械运动系统。人与物质世界互动并对物质世界进行改造，这需要依赖人的机械运动系统。机械

第 5 章　人体机械运动系统换能

运动系统是人的生物机械性质的体现，这一工程性质使人与物质世界的互动具有了连接桥梁。在数理上，对这一工程性质进行数理描述是心身关系理论架构的切入点。机械的原理是由物理学与工程学来支撑的，在物理学的领域具有普遍性的物理学数理原理做支撑。从机械系统出发对机械运动系统能量的生化供应、神经信息控制进行探索时，就会由于机械原理的清晰而能够建立人的机械、生化、神经之间的联系。因此，本书将利用物理学的原理来建立人体机械原理，并在功能学上恢复它和人的社会化改造之间的数理关系，为后续深入的心身工作原理建立统一性的、数理性的机制。

人体机械运动系统由骨、骨连结、骨骼肌三种器官组成。人体骨架在神经支配和供能系统提供能量的情况下，由于附着的肌肉开始收缩，产生杠杆运动，对外进行物理做功。从功能学角度看，人类的运动系统本质是对外做功的机械系统，即任意形式的社会功能的完成，仍然依赖于机械系统的做功来实现。

5.2.1　人体机械运动系统力学

人体机械运动系统由骨骼构成的骨架构成。肌肉附着在人体的运动骨架上，拉动人体的骨骼进行杠杆运动。杠杆力学是人体运动遵循的普遍性力学形式。利用杠杆，人体可以做杠杆形式的各种运动。

人体的杠杆分为三种类型：等臂杠杆、省力杠杆、费力杠杆。不同的身体部位，采用了不同的杠杆类型，从而表现出不同的效率。例如，人的脚是省力杠杆类型，人的脑袋在脊柱上的支撑是等臂杠杆类型，如图 5.4 所示。

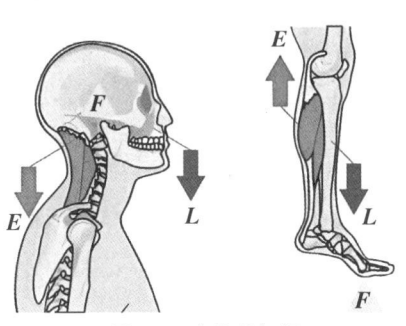

图 5.4　人体的杠杆

数理心理学：心身热机电化控制学

设杠杆的支点为 F，每个杠杆的动力矩和阻力矩分别记为 E 和 L，则总的力矩 M 可以表示为动力矩和阻力矩的和：

$$M = \sum(E+L) \qquad (5.4)$$

这个性质是由物理学的特性决定的。由于力臂的存在，人体可以利用杠杆的机制，对外进行做功。如图 5.5 所示，胳膊在举起小球的过程中，以胳膊的连接点为支点，上臂的肌肉拉力形成动力矩对抗球体形成的阻力矩。重物被提起的过程中，它的能量的变化是由拉力实现的。

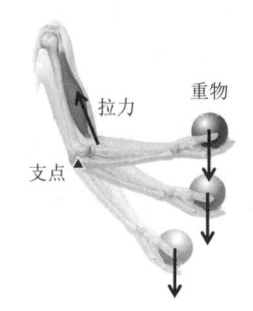

图 5.5　胳膊的杠杆原理

利用人体的机械杠杆的运作，人类就可以完成各种形式的机械运动的动作，并和自然界发生相互作用，实现社会交互的功能。在《天工开物》（见图 5.6）中，记载了大量劳动人民利用人体机械运动系统，对外进行物理做功，进行社会化劳作的场景。①

图 5.6　《天工开物》中人体劳作情景

（资料来源：https://www.sohu.com/a/864265099_121617554）

---

① 宋应星. 天工开物译注［M］. 上海：上海古籍出版社，2008.

第 5 章　人体机械运动系统换能

人体利用力矩对外施加力的作用对外做功，从而形成了各种各样的做功动作。

对于动力臂和阻力臂，我们统一写为 m；阻力或者动力统一写为 F；其对应的力臂的长度为 l。根据物理学的相关理论，各量满足以下关系：

$$m = F \cdot l \quad (5.5)$$

也就是说，有了力臂，人类个体就可以利用力臂对外产生动力作用。正是由于这一连接，产生了作用的端口。人类与物质世界的相互作用和社会化的活动均依赖这个接口。

5.2.2　人体机械循环运动特性

人体机械运动系统是一个可循环可复位系统，它通过附着在骨骼上的一对拮抗肌（见图 5.7）来实现，即机械的杠杆在向某个方向运动时，又可以利用与之拮抗的肌肉再把它拉回到原初状态。

高闯在《数理心理学：人类动力学》中提到了这个功能现象，并实现了对人体机械运动系统数理描述上的突破，这就使得生理学上的拮抗性，在回归到机械系统性质时，功能意义得以揭示[①]。

图 5.7　胳膊的拮抗肌

5.2.3　人类身体运动自由度

肌肉和骨骼合成在一起构成了运动的构件；把不同的杠杆的构件连在一起就构成了更为复杂的机械系统。机械运动系统可以完成复合动作。对机械系统的动作特性进行描述，就需要借助工学的机械原理理论。

自由度是描述机械结构具有确定运动时所必须给定的独立运动参数的

[①] 高闯. 数理心理学：人类动力学［M］. 长春：吉林大学出版社，2022.

数目，它分为两类：平面机构自由度和空间机构自由度。

人体骨骼如果看作一个刚体（即不发生弹性性别），则它也就可以看作一个杆构成的工程器件，称为"杆件"。

在平面运动情况下，杆体只在平面内运动，它一般具有三个自由度：平面上的任意一个点 A 的坐标 (x,y)、通过 A 点的与面的垂线 AB、杆体与横坐标的夹角 θ。这三个参数，决定了杆体状态。当 n 个构件联系在一起时，则 n 个构件的自由度的计算公式可以表示为

$$df = 3n-(2p_l-p_h) \tag{5.6}$$

式中，p_l 为低副约束数；p_h 为高副约束数。

5.2.4 人体自由度

人的身体，主要包含四个关键的自由度：首-腹自由度、骨-足自由度、口-手自由度、目-耳自由度，如图5.8所示。在这四个自由度基础上，又细分了其他自由度。在这些自由度的基础上，人体可以自由地运动，完成各种形式的动作。

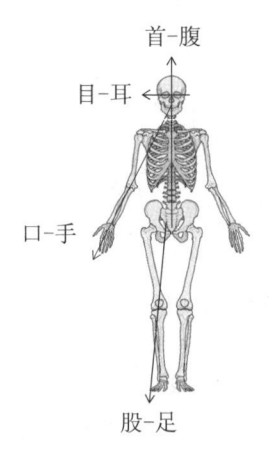

图 5.8　人体自由度

5.2.4.1　首-腹自由度

人体的两个关键部分，就是头和腹部，它们依靠人的脊柱联系在一起，

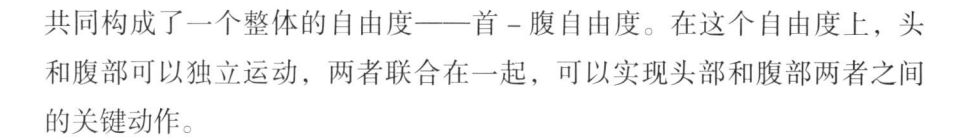

共同构成了一个整体的自由度——首-腹自由度。在这个自由度上,头和腹部可以独立运动,两者联合在一起,可以实现头部和腹部两者之间的关键动作。

5.2.4.2 股-足自由度

人体大腿和脚之间构成了一个关键的自由度,它和首-腹自由度连接在一起,形成稳定的结构,可以实现人的站立、前行等复杂动作。

5.2.4.3 口-手自由度

人的手和臂构成了一个独立的自由度。把这个自由度和身体连接在一起,就可以形成新的动作体系。为表达这个自由度和头-首自由度的关系,选择这两个自由度的两个关键点。这里选择手和口两个点,就形成了口-手自由度。

5.2.4.4 目-耳自由度

目和耳是人的两个重要感觉器官,我们把这两个器官合在一起,并和头连接在一起,将这个自由度称为"目-耳自由度"。它是信息整合的基础。[1]

在上述运动自由度的基础上,人体依赖机械运动系统的杠杆。杠杆使人体机械运动系统能够对外进行力的作用,社会化活动得以产生,即人类的社会化活动是以物理力的输出为基础,在物理力输出的情况下,才可能产生行为活动的动作。人体机械运动系统是人类社会活动的机械基础。

5.3 人体机械运动系统做功

人体机械运动系统利用杠杆的原理,对外输出力,并表现出力学属性,

---

[1] WANG Z, CAI Z, CUI L, et al. Structure design and analysis of kinematics of an upper-limbed rehabilitation robot [C] //MATEC Web of Conferences,2018,232: 02033.

这就和物理的世界有了物质的接口。也就是说，在这一普遍的形式下，人体机械运动系统利用力学属性，与物理世界发生相互作用。因此，我们就可以讨论人在从事各种事件时被外化为物理作用的部分，也就是利用人体机械运动系统对世界发生的物理性作用，描述人做功的属性和特征。

5.3.1 人体机械运动系统动力性

人体机械运动系统对外做功所产生的动力，满足物理学力的定义，即人对其他物体施加的力，满足物理学力的要素的定义，包含力的大小、方向、作用点、施力与受力物体。

如图 5.9 所示，人沿斜面向上推动一个箱子时，沿着斜面方向上的力为 F，沿着力的方向，物体移动的一个微小的位移为 ds，则人对物体做的功 dw 为

$$dw = F \cdot ds \tag{5.7}$$

则人做的总功为

$$w = \int F \cdot ds \tag{5.8}$$

在单位时间内，人对物体做的实时功率 $p(t)$ 就可以表示为

$$p(t) = \frac{dw}{dt} = F \cdot \frac{ds}{dt} = F \cdot v \tag{5.9}$$

式中，v 表示物体的运动速度。

图 5.9 力的要素

这个公式展现了人作为物理性质的机械运动系统对外输出能量的性质。人体机械运动系统使人类具有了与物质世界进行物理性互动的通道。

5.3.2 人体机械运动系统功率

人体机械运动系统对物质世界发生相互作用，伴随着能量的输出，这部分能量的输出转换为对其他物体做的功。在动力学过程中，考虑到时间因素，功率就成为首选的描述指标。由于它是由人的身体对外作用引起的，可把这个功率写为 $p(t)_{pb}$。

$$p(t)_{pb} = \frac{dw}{dt} = \boldsymbol{F} \cdot \boldsymbol{v} \quad (5.10)$$

可以看出，由人体机械运动系统对其他物体做的功，完全满足物理学的规律。本书采用功率作为描述指标是由人体机械描述的总方程来决定的。在后文中，将会看到这个指标的便利性。

这个功率是由人体的肌肉输出出来的。根据物理学的能量守恒，我们就可以得到一个关键关系：

$$p(t)_{pb} = p(t)_m^{SK} \quad (5.11)$$

这样，骨骼肌的换能方程就可以进一步表示为

$$p(t)_{Egi}^{SK} = p(t)_{Egs}^{SK} + p(t)_{Egw}^{SK} + p(t)_{Egu}^{SK} + p(t)_{pb} \quad (5.12)$$

这个关系就是人体机械运动系统在处理各种社会化行为时，对人体外的物质客体所做的功的数理联系。通过这个数理关系式，本书揭示了人类社会化行为的制动行动的能耗和人体生理的耗能之间的数理联系。

综上所述，本书找到了人体机械运动系统的物理学特性——力学特性、机械特性、循环运动特性。它的这种特性是依靠人体供能系统提供的能量来进行支撑的，这就为人的供能系统的输出提供了数理基础。

第 6 章　人体热机油控原理

转化为人体机械运动系统的机械能是人体热机的能量去向之一。此外，人体热机的能量又可转换为内部脏器的机械能，使它们源源不断地为人体热机提供能量，或者说是"油料"。

人体热机释放能量的强度可以通过控制人体热机的反应强度实现调节。这个问题，我们称为"人体热机油控问题"。这部分是通过神经和肌肉的连接来实现的。在这里，本书将分为以下两种情况展开讨论。

（1）人体机械运动系统即热机的控制：通过骨骼肌对外输出的热机系统实现油控。

（2）给热机供能的供能系统的控制：主要通过心肌和平滑肌两类肌肉实现油控。

由于这些控制之间存在相通性，我们在上一章的基础上，首先建立骨骼肌的热机油控机制，再建立关于心肌和平滑肌的油控机制。

6.1　骨骼肌油控开关

人体骨骼肌肉热机系统通过横桥周期运动，把人体热机释放的化学能转换为肌丝的机械能，并通过人体杠杆系统实现人的动力的输出，转换为人体机械运动系统的机械能，最终转换为人体对外做的功。人类个体利用这一物理属性，实现各类社会化运作。

人体机械运动系统的热机需要点火装置，才能实现对能量变换的控制。

第 6 章　人体热机油控原理

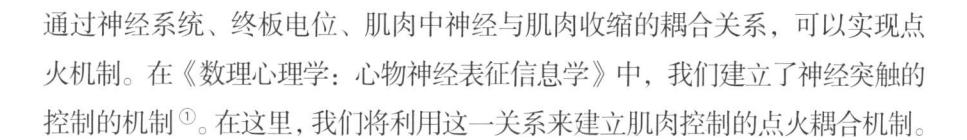

通过神经系统、终板电位、肌肉中神经与肌肉收缩的耦合关系，可以实现点火机制。在《数理心理学：心物神经表征信息学》中，我们建立了神经突触的控制的机制[①]。在这里，我们将利用这一关系来建立肌肉控制的点火耦合机制。

6.1.1　骨骼肌神经控制收缩过程

肌肉运动依赖神经元和骨骼肌之间的特殊的生理结构，包括以下三个过程。

（1）运动神经元释放的信号，经与肌肉肌膜系统连接的终板进行信息传递。

（2）动作电位在肌膜系统的传递与信号控制。

（3）肌肉系统 ATP 热机运行促发。这个过程，我们在前文中已经进行了讨论。

6.1.1.1　终板电位促发

神经的运动神经元与肌肉连接，在生理学中，它的接头称为"运动终板"（moto end plate）。运动神经元末端存在大量突触囊泡，内含乙酰胆碱，而终板膜上则存在乙酰胆碱的受体。运动神经元的电位到达突触末梢时，引起囊泡中的电解质释放，如图 6.1 所示。

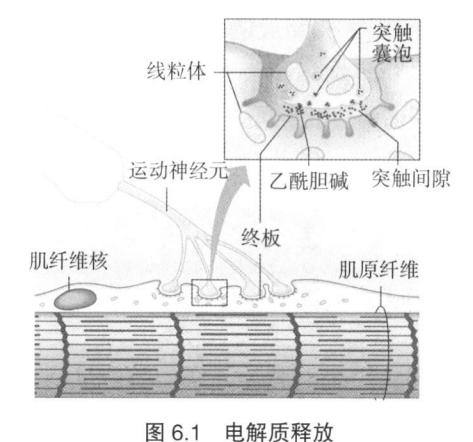

图 6.1　电解质释放

---

① 高闯. 数理心理学：心物神经表征信息学［M］. 长春：吉林大学出版社，2023.

6.1.1.2 兴奋－收缩偶联过程

骨骼肌被肌膜包围，分为两个系统：外膜系统和内膜系统。外膜系统是骨骼肌的外层，它包绕着骨骼肌，含有纤维状物质形成的网状支持结构，可以传导神经的兴奋信号。内膜系统则是由微管结构构成，包含横管和纵管两种。纵管构成网状结构，也就是肌质网。纵管在 Z 线附近变宽，并形成终池。横管和纵管形成三联体结构，如图 6.2 所示。

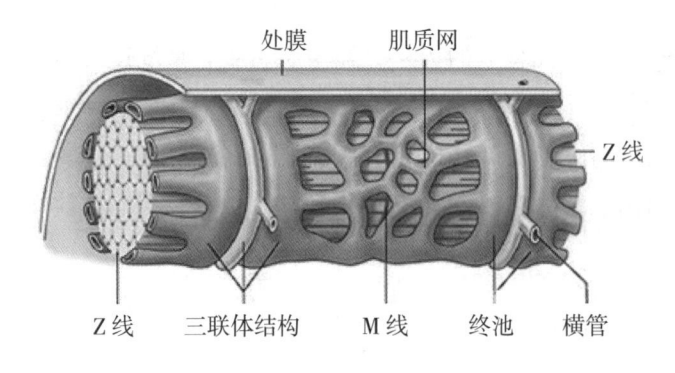

图 6.2 肌膜系统

利用这种结构，神经实现与肌肉的收缩耦联。由神经元传递的兴奋性电位一旦达到了肌细胞膜的阈电位水平，立即促发动作电位，并沿着肌细胞进行传播。在这个过程中，横管系统兴奋后激活横管上的 Ca^{2+} 的通道，实现肌质网上 Ca^{2+} 的释放，被释放的 Ca^{2+} 使基质中的 Ca^{2+} 浓度升高。这个过程直接影响钙离子和肌钙蛋白结合，进而影响到横桥形成，对人体热机反应的强度实现精确控制。

它的再集聚过程，我们将不再复述，有兴趣者可以参考人体生理学的相关介绍。

6.1.2 骨骼肌肌膜放大器

设运动神经元每释放一个电脉冲，携带的电量是 Q_o^{EP}，它的发放频率为 f_o^{EP}。肌肉膜处于静息电位时，肌肉膜具有的电量为 Q_i^R，它的充电频率为 f_i^R。当这两部分电量叠加并通过肌膜系统输出时，设肌膜系统的动作

第6章 人体热机油控原理

电位的每个脉冲的电量为 Q_o^M，肌肉膜发放的频率为 f_o^M。

根据物理学的电量守恒定律，可以得到

$$Q_o^{EP} f_o^{EP} + Q_i^R f_i^R = Q_o^M f_o^M \tag{6.1}$$

令 $I_o^{EP} = Q_o^{EP} f_o^{EP}$，$I_i^R = Q_i^R f_i^R$，$I_o^M = Q_o^M f_o^M$，则式（6.1）可以修改为

$$I_o^{EP} + I_i^R = I_o^M \tag{6.2}$$

这就构成了基尔霍夫节点方程形式，即 I_o^{EP}、I_o^M 分别构成了输入到肌膜的输入电流和输出电流。从该式可以看出，由于肌膜静息电位的增加，引入了静息电流 I_i^R。单位时间内输入的电荷的量被放大，即输入的电流 I_o^{EP} 被放大为 I_o^M。由此，定义骨骼肌的放大率为 A^{SK}：

$$A^{SK} = \frac{I_o^M}{I_o^{EP}} = \frac{Q_o^M f_o^M}{Q_o^{EP} f_o^{EP}} \tag{6.3}$$

以运动神经元的突触作为输入，肌膜系统的输出作为输出，肌膜系统与运动神经元就构成了一个电信号的放大器。它输出的电粒子是 Ca^{2+}，而输入的电粒子则是乙酰胆碱。为了表示这个放大器，我们用 SKM 表示骨骼肌的肌膜放大器，如图 6.3 所示。

图 6.3　肌膜放大器

由于输出的电粒子是 Ca^{2+}，设它的浓度为 $\rho_{Ca^{2+}}$，并同时设输出到细胞质的体积为 V^{SK}，则

$$\rho_{Ca^{2+}} = \frac{1}{2V^{SK}} Q_o^M f_o^M \tag{6.4}$$

由于发放频率也是一个时间函数，则 Ca^{2+} 浓度也是一个随时间推移而发生变化的函数，它需要在实验科学中给予测量。

6.1.3 放大率关系

令 $Q_i^R = j_r Q_o^M$，则根据 $Q_o^{EP} f_o^{EP} + Q_i^R f_i^R = Q_o^M f_o^M$，可以得到

$$Q_o^{EP} f_o^{EP} = Q_o^M f_o^M - j_r Q_o^M f_i^R \qquad (6.5)$$

若不存在多峰动作电位叠加在一个静息电位上，则意味着肌膜输出的频率和静息电位的充电频率相等，也就是 $f_o^M = f_i^R$，则可以得到

$$Q_o^{EP} f_o^{EP} = (1 - j_r) Q_o^M f_o^M \qquad (6.6)$$

由此，可以得到放大率为

$$A^{SK} = \frac{1}{1 - j_r} \qquad (6.7)$$

若存在在一个静息电位上的脉冲信号叠加，则肌膜输出的频率和静息电位的充电频率不相等。设肌膜输出的频率是静息电位的 n_r^{SK}，则可以得到

$$f_o^M = n_r^{SK} f_i^R \qquad (6.8)$$

并沿用关系 $Q_i^R = j_r Q_o^M$，把这两个关系代入 $Q_o^{EP} f_o^{EP} + Q_i^R f_i^R = Q_o^M f_o^M$，则可以得到

$$Q_o^{EP} f_o^{EP} = \frac{(n_r^{SK} - j_r)}{n_r^{SK}} Q_o^M f_o^M \qquad (6.9)$$

由此，可以得到在这种情况下的放大率为

$$A^{SK} = \frac{n_r^{SK}}{(n_r^{SK} - j_r)} \qquad (6.10)$$

这两种形式的放大率需要在实验科学中验证。

6.1.4 神经油控开关模型

由运动神经元作为输入，肌膜系统组成的放大系统，本质上构成了一个油控的点火和油门装置，我们称为"油控点火开关"。这一机制基于以下几个事实。

（1）钙离子控制：钙离子是肌动蛋白工作的介质，控制了横桥的

循环，因此，控制了钙离子也就控制了人体热机的热能释放，进而影响到对机械能的释放。这就是钙离子启动的作用，这个事实在人体生理中也得到了证实。

（2）钙离子浓度控制：钙离子不仅可以影响到启动，它的浓度也影响着人体热机的反应的"烈度"，即钙离子数量越大，参与反应的横桥数量也就越多，肌肉收缩的张力也就越大。这在人体生理学中也得到了证实。

我们把肌膜构成的放大器称为"骨骼肌油控开关"。从这个机理上，我们也可以看出神经系统与机械系统之间的控制关系。神经系统本身传输的能量不足以使得肌肉对外进行做功，它依赖于对人体热机的控制，使得神经信号到达机械系统时人体热机同步启动能量，实现信号和热机的能量供应耦合。这样，才能实现"心身合一"的机械系统控制。

6.2　其他肌肉油控开关

人体中的消化系统、泌尿系统的部分肌肉是由平滑肌来构成的。在生物结构上，平滑肌的结构与肌肉的结构并不相同；在神经支配上，它不受运动神经元支配，而受自主神经支配，属于不随意肌。与骨骼肌相类似，平滑肌仍然依靠横桥周期的活动实现肌肉收缩，Ca^{2+}作为耦联因子。这就为我们从骨骼肌的点火控制中建立关于平滑肌的点火控制确立了基本点。

6.2.1　平滑肌结构

人的呼吸道、消化道、血管、泌尿系统等的主要组织成分，是由平滑肌组成的，它们依赖平滑肌的收缩实现自身的功能。

平滑肌细胞内部充满了平行排列的粗肌丝和细肌丝，这些肌丝间存在着类似骨骼肌的 Z 线以及肌丝附着点的结构（称为"致密体"）。

平滑肌具有一个菱形框架，它由相邻的致密体间的中间丝连接而成。通过这个框架，肌细胞通过螺旋扭曲实现收缩，如图 6.4 所示。

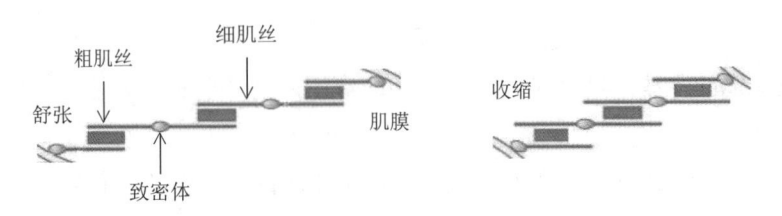

图 6.4 平滑肌舒张和收缩两个状态

6.2.2 平滑肌油控开关

平滑肌的肌丝由肌球蛋白构成，与骨骼肌不同，它的肌球蛋白横桥中的 ATP 的活性较低，因此，它的促发机理包括以下步骤。

（1）Ca^{2+} 与肌调蛋白结合形成钙 – 钙调蛋白复活物。

（2）钙 – 钙调蛋白激活肌球蛋白轻链激酶。

（3）肌球蛋白轻链激酶对肌球蛋白头部的一对调节轻链进行磷化作用。

（4）ATP 被激活。

平滑肌细胞没有骨骼肌的横管，细胞膜内陷形成袋状的凹陷。在凹陷区域外包含有比较多的 Ca^{2+}，这些 Ca^{2+} 通过细胞膜上的门控电路与肌质网发生耦合，从而诱发平滑肌发生收缩反应。

这一机制与骨骼肌相类似，因此，我们可以把这个生化机制简化为一个放大器，则可以得到平滑肌放大器的油控开关模型，用 SM 来表示。

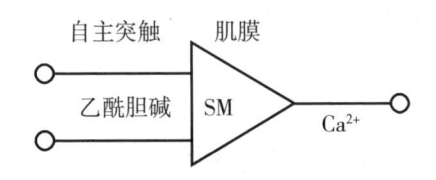

图 6.5 平滑肌油控开关

根据电量守恒，可以得到电量守恒方程：

$$Q_o^{AT} f_o^{AT} + Q_i^R f_i^R = Q_o^{SM} f_o^{SM} \qquad (6.11)$$

式中，Q_o^{AT} 和 f_o^{AT} 表示由自主神经输入的每个电脉冲的电量和发放的频率；静息电位的电量为 Q_i^R，充电频率为 f_i^R；平滑肌得到的电量为 Q_o^{SM}，发放

的频率为 f_o^{SM}。

同理，也可以得到释放 Ca^{2+} 的浓度表达式为

$$\rho_{Ca^{2+}} = \frac{1}{2V^{SM}} Q_o^{SM} f_o^{SM} \quad (6.12)$$

式中，V^{SM} 表示平滑肌肌纤维的体积。由于发放频率也是一个时间函数，则 Ca^{2+} 浓度也是一个随时间推移而发生变化的函数，它需要在实验科学中给予测量。

按照同样的推理方式，可以得到平滑肌的放大率为

$$A^{SM} = \frac{1}{1 - j_r^{SM}} \quad (6.13)$$

式中，A^{SM} 表示平滑肌的放大率。或者

$$A^{SM} = \frac{n_r^{SM}}{\left(n_r^{SM} - j_r^{SM}\right)} \quad (6.14)$$

式中，$f_o^{SM} = n_r^{SM} f_i^R$。这两种形式的放大率需要在实验科学中验证。

心脏是血液循环系统中的关键脏器，它承担了泵的角色，把血液中的物质和能量不断地输送到人体各个部位中的热机中去，为各个脏器提供能量。热机中的化学燃烧需要血液循环系统提供的能量。心脏接收到能量之后，也要将一部分能量转换为自身的机械能，才能实现心脏的跳动操作。心肌工作的数理原理，就成为我们结论的关键。

6.2.3 心肌油控开关

心肌的控制机制仍然来源于 Ca^{2+}，它的具体生化机制，我们将不再展开论述。依据上述的简化模型，我们可以把这个生化机制简化为一个放大器，得到心肌放大器的油控开关模型，用 MM 来表示，如图 6.6 所示。

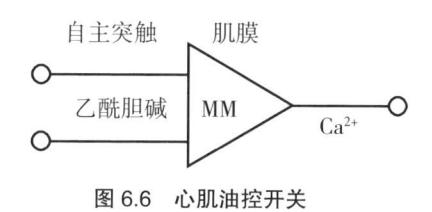

图 6.6 心肌油控开关

根据电量守恒，同样可以得到电量守恒方程：

$$Q_o^{AT} f_o^{AT} + Q_i^R f_i^R = Q_o^{MM} f_o^{MM} \quad (6.15)$$

式中，Q_o^{AT} 和 f_o^{AT} 表示由自主神经输入的每个电脉冲的电量和发放的频率；静息电位的电量为 Q_i^R，静息电位充电频率为 f_i^R；心肌得到的电量为 Q_o^{MM}，发放的频率为 f_o^{MM}。

同理，也可以得到释放 Ca^{2+} 的浓度表达式为

$$\rho_{Ca^{2+}} = \frac{1}{2V^{SM}} Q_o^{MM} f_o^{MM} \quad (6.16)$$

式中，V^{MM} 表示心肌肌纤维的体积。由于发放频率也是一个时间函数，则 Ca^{2+} 浓度也是一个随时间推移而发生变化的函数，它需要在实验科学中给予测量。

按照同样的推理方式，可以得到心肌的放大率为

$$A^{MM} = \frac{1}{1 - j_r^{MM}} \quad (6.17)$$

式中，A^{MM} 表示平滑肌的放大率。或者

$$A^{MM} = \frac{n_r^{MM}}{\left(n_r^{MM} - j_r^{MM}\right)} \quad (6.18)$$

式中，$f_o^{MM} = n_r^{MM} f_i^R$。这两种形式的放大率需要在实验科学中验证。

第三部分

人体机械原理：循环供能系统

第 7 章　人体循环供能方程

人体功率方程给出了人体的两个关键性系统的能耗和人体摄入能量、环境吸热之间的数理关系。它在事实上把人体"功能性质"的"人体供能系统""人体机械系统"用功能性质区分了出来，而不限于生理性质的"生化关系"。人体的供能系统是由诸多器官组成的，从而形成一个可循环、可持续，并相互之间协同合作的关系，这就需要对人体的器官进行功能控制，进而实现对人体的能量控制。这就意味着，我们在建立功率方程的基础上，还要与器官功能联系在一起，建立具有官能①意义的控制方程，这样就为研究人体的信号控制建立了桥梁。

在这一章，我们将沿着人体的功能机制，从供能逻辑深入器官官能，并尝试建立它的供能官能原理。由于人与动物之间的普适性，这一基本逻辑在动物上具有普适的延展性。

7.1　血液储能与供能

参与到人体供能的生理系统包括：

（1）食物的摄入系统，如人体的消化系统。它负责从外界获取能量。

（2）能量转移和输送系统，如人体的血液循环系统。在能量转移

---

① 官能是生化控制和神经控制的对象。

和输送过程中，心脏和与之相联系的血管系统负责血液中能量的输送。

（3）人体新陈代谢的排出系统，如：肺循环系统、泌尿系统、消化系统中的排泄。它们负责把人体代谢的废料输送出去，并把人体需要的其他成分输送进来，如肺循环把氧携带到人的循环系统中来。

平滑肌细胞内部充满了平行排列的粗肌丝和细肌丝，这些肌丝间存在着类似骨骼肌的Z线以及肌丝附着点的结构（称为"致密体"）。

7.1.1 血液供能影响因素

心脏通过射血，把血液中携带的物质、能量运输到人体各个系统中，与组织器官进行能量交换。心脏充当射血的动力压力泵，血管充当向外输送和回流的管道。因此，心脏、血管构成了向组织、器官输送能量的通道，即对人体进行物质供应和能量供应最直接的物理通道，也就是说它是人体热机最直接的原料提供者。

将血液看成一个系统，影响它的能量变化的因素主要有以下几个。

（1）血液自身的储能。

（2）心脏、肺对血液循环系统的能量注入。

（3）消化系统对血液循环系统的能量注入。

（4）血液循环系统的能量在毛细血管处对外输出。

（5）血管自身的耗能。

（6）与血管相连接的其他系统的能量散失。

这就需要我们对上述各个因素进行有效的讨论。

7.1.2 血液储能

血液中蕴含了人体生理需要的物质和能量，这些能量向组织器官输送。设血液中，单位体积的能量密度为 $\rho_b(v,t)$，它是血管体积和时间的函数；沿着血液流动的方向一个体积的微元为 dv_b，则在这个微元内具有的能量为

$$dw_b(t) = \rho_b(v_b, t) dv_b \tag{7.1}$$

式中，dw_b 表示单位体积内血液所含的能量。在人体内，沿着血管方向进行积分，则可以得到人体内血液总能量为

$$w_b(t) = \int \rho_b(v_b, t) dv_b \quad (7.2)$$

这个公式，我们称为"血液能量表达式"，它是我们理解血液与人体器官、脏器进行能量交换的基础。

7.1.3 血管末端能量输出功率

血液通过血管末梢的网状结构，将血液中的能量与生物组织发生交换，从而完成能量的输出。血液中携带的能量物质通过细胞热机合成为 ATP，转换为细胞所需要的能量物质。

设在一个微小时间 dt 内，由血液转换为 ATP 所吸收的能量为 dw_{bo}，而血液每搏输出能量为 E_o^{BV}，单位时间内心脏跳动次数为 f_o^{CA}，则可以得到它的输出功率为

$$p_{bo} = \frac{dw_{bo}}{dt} = E_o^{BV} f_o^{CA} \quad (7.3)$$

这是所有从血管末端的血液中获取物质、能量的组织、器官的功率表述。这个功率涵盖了静脉和动脉所涉及的所有血管末梢经过的系统。

7.1.4 血液储能意义

血管管状结构构成了人体储存血液的容器。在这个容器中，它为能量的存储提供了一个天然的储备机构。在此基础上，我们就可以研究以下关键问题。

（1）血液中能量的输入。

（2）血液中能量对组织、器官的输出。

在此基础上，建立关于人体血液能量变化的功能联系。由于血管构成的结构连接了所有的组织、器官，这就为利用血液能量关系建立各种组织、器官之间的生理底层，提供了一个基本的"数理逻辑"。在后续讨论的内

容中，我们将逐步呈现这一功能逻辑。

7.2 人体供能方程

血液是一种能量介质，通过物质交换实现能量向人体组织、器官运输。血液需要不断往复循环，才能实现能量的不断传输，这就需要这个系统是能量输入和输出的开放系统。它需要我们对以血液为中介传递介质，能量的输入和输出关系进行构建，确立它们之间的数理关系。血液循环系统和肺循环系统是人体重要的两个循环系统。它们把氧、营养物质通过射血输送到人体的毛细血管，完成对组织器官的营养物质、能量供应。并且，肺循环系统还将氧的代谢物——二氧化碳排出体外。

为了建立人体供能控制逻辑，我们将把上述系统分别关联，而不限于按照生理学理论对系统进行划分。

7.2.1 心脏供能官能方程

心脏、肺是具有机械特性的生物脏器，即通过自身弹性形变和恢复，实现血液输入和输出。

在正常情况下，心脏每次收缩所射出的血量，称为"每搏输出量"。正常情况下，左右心室的每分输出量近似相等。人的心脏包含4个脏室，它的输出包含对肺的射血和对人体周边的射血。

设血液中单位体积内的能量为能量密度。人体的心脏有4个脏室，承担了不同的能量供应的功能。设每搏输出量为 V_h，从组织、器官回流到心脏的静脉能量密度为 ρ_{hl}，心脏单位时间内跳动的次数为 f_o^{CD}（也就是频数）。则血液从组织、器官回流到心脏的功率 p_{hi} 为

$$p_{hi} = \rho_{hl} V_h f_o^{CD} \tag{7.4}$$

这也是心脏输入到肺的血液的能量功率。经肺回流后，向组织、器官射血的能量密度为 ρ_{ho}，则心脏单位时间内输出的功率为

$$p_{ho} = \rho_{ho} V_h f_o^{CD} \tag{7.5}$$

这样，我们就得到了心脏的功率总输出。从式（7.5）出发，我们就可以分析循环过程中的能量变化过程。在这个过程中，能量在功率方面出现了差异，这是肺与外界进行了气体交换，发生了生化反应的结果。这个差值，我们记为 p_l，则可以得到

$$p_l = p_{ho} - p_{hi}$$
$$= (\rho_{ho} - \rho_{hl})V_h f_o^{CD} \quad (7.6)$$

在肺循环中，我们将根据肺的动力活动特征，找到肺的能量交换规则。此外，心脏自身维持弹性循环运动也需要能量，它是由冠状动脉完成的。设心室循环一次，由心脏泵到冠状动脉的单位时间内的血量为 V_{ca}，对心脏提供能量供应的物质的能量密度记为 ρ_{ca}，则输入到冠状动脉的能量功率可以表示为

$$p_{ca} = \rho_{ca} V_{ca} f_o^{CD} \quad (7.7)$$

令心脏每搏的冠状动脉输出功率 $E_{ca} = \rho_{ca} V_{ca}$，则式（7.7）就可以改写为

$$p_{ca} = E_{ca} f_o^{CD} \quad (7.8)$$

以冠状动脉输出功率为基础，输入的能量是心脏的能耗基础。单位时间内，心脏对外输出的总功率为 p_h。需要去除掉心脏自身的能量消耗，则心脏对外输出的总功率可以修正为

$$p_{ho} = \rho_{ho} V_h f_o^{CD} - \rho_{ca} V_{ca} f_o^{CD} \quad (7.9)$$

这部分能量，一部分驱动心脏自身新陈代谢与机械运作，另一部分作为热能散失掉。这样，我们就得到一个方程组，来描述心脏的供能：

$$\begin{cases} p_{ho} = \rho_{ho} V_h f_o^{CD} - \rho_{ca} V_{ca} f_o^{CD} \\ p_l = (\rho_{ho} - \rho_{hl}) V_h f_o^{CD} \end{cases} \quad (7.10)$$

这个方程组，我们称为"心脏供能官能方程"。它描述了心脏的两个供能的官能过程：①对外进行物质和能量的供应驱动；②驱动肺循环进行能量的附加。这是最为直接的两个供能过程。

在这个方程组中，$\rho_{hl} V_h f_o^{CD}$ 是和心脏静脉输入有关系的一个项，消

化系统的物质输入和该项有关。我们将在下面的消化系统的供能功能部分中进行讨论。

7.2.2 肺供能官能方程

肺接收来自心脏的动脉血。血液在肺部进行气体交换，排出二氧化碳，并吸收氧气，实现氧和血液的结合，为毛细血管中的能量反应做好了物质储备。在这个反应过程中，仍然具有化学能的交换。对于肺而言，输入的血液和输出的血液存在能量差，这是由气体的交换引起的。它的能量差用 $(\rho_{ho} - \rho_{hl})V_h f_o^{CD}$ 来表示。在上文中，我们已经得到了它的表述形式。

这个能量差的产生是因为肺进行了物质交换。肺可以看成一个弹性体，可以反复做弹性往复运动，实现肺部气体的呼入和呼出。在这个过程中，肺利用生化原理实现气体交换。

在人体生理学中，每次吸入和呼出的气体容积基本相等，这个气体容积称为"潮气量"（tidal volume），记为 V_{lt}。根据人体生理学理论，进入到肺的空气，并不全部进入到肺泡进行交换，还有一部分停留在无效的腔体中。设肺泡进行气体交换的生理无效腔体量为 V_{ln}，单位时间内呼吸的频率为 f_{lb}，则单位时间内肺的通气量为 $(V_{lt} - V_{ln})f_{lb}$。设交换过程中，肺进行气体交换时，单位体积内的能量密度为 ρ_{li}（它是和氧气、二氧化碳交换的生化反应关联的一个数）。同样，对于呼出过程，单位体积内排出的能量密度为 ρ_{lo}，则肺的能量输入总功率 p_l 可以表示为

$$p_l = \rho_{li}(V_{lt} - V_{ln})f_{lb} - \rho_{lo}(V_{lt} - V_{ln})f_{lb} \tag{7.11}$$

化简可以得到

$$p_l = (\rho_{li} - \rho_{lo})(V_{lt} - V_{ln})f_{lb} \tag{7.12}$$

这就是肺进行气体交换时，它的能量的增加量，也是肺的功能的数理描述。这个方程，我们称为"肺供能官能方程"。令 $E_{lb} = (\rho_{li} - \rho_{lo})(V_{lt} - V_{ln})$，则上式可以简化为

$$p_l = E_{lb} \cdot f_{lb} \tag{7.13}$$

又由于 $p_1 = (\rho_{ho} - \rho_{hl})V_h f_h$，则可以得到下述关系：

$$(\rho_{li} - \rho_{lo})(V_{lt} - V_{ln})f_{lb} = (\rho_{ho} - \rho_{hl})V_h f_o^{CD} \quad (7.14)$$

这就得到了心肺之间能量之间的关系。这个关系，我们称为"心肺供能约束关系"。

同样，肺也要进行代谢过程的能量消耗、散热。为便于表示，设肺循环一次，消耗的能量和散失的能量分别为 E_{lu}、E_{lw}。肺进行代谢的功率就可以表示为

$$p_{lu} = (E_{lu} + E_{lw})f_{lb} \quad (7.15)$$

7.2.3 消化供能官能方程

消化系统是人体的能量摄入系统。人体的消化器官包括口腔、胃、小肠、大肠、肝脏、胆囊等。人体依靠消化器官和与消化器官相接的血管，完成水、维生素、蛋白质等营养素的吸收。

每种物质在吸收过程中，血液每次循环携带的能量为 E_{di}（i 表示吸收的第 i 种物质），则摄入物质的总功率 p_{di} 就可以表示为

$$p_{di} = \sum_i E_{di} f_o^{CD} \quad (7.16)$$

这部分能量经过血管吸收后，进入人的血液循环系统。这个方程反映了人的消化系统的供能过程，我们称为"消化供能官能方程"。这部分能量对静脉血液进行能量输入，并转移到动脉血液中。

考虑到部分被摄入的能量以脂肪等形式存储起来，设转换为脂肪的能量的功率为 p_{ds}，每搏转换的能量为 E_{ds}，则存储的功率可以表示为

$$p_{ds} = E_{ds} f_o^{CD} \quad (7.17)$$

则直接进入血液的能量输入功率就可以重新表示为

$$p_{di} = \left(\sum_i E_{di} - E_{ds}\right) f_o^{CD} \quad (7.18)$$

这个方程，我们称为"消化供能功效官能方程"。令 $E_d = \sum_i E_{di} - E_{ds}$，则上

式可以简化为

$$p_{di}=E_d f_o^{CD} \quad (7.19)$$

同样，消化系统也需要维持自身生理活动，需要消耗一部分能量，并对外进行散热。设每经历一次血液输入消耗和散失掉的热能为 E_{du} 和 E_{dw}，整个过程消耗掉的总功率为 p_{du}，则可以得到

$$p_{du}=(E_{du}+E_{dw})f_o^{CD} \quad (7.20)$$

7.2.4 泌尿供能官能方程

泌尿系统是人体的血液过滤系统，它负责将人体血液中的代谢物通过肾脏内部的过滤结构进行物质渗透。渗透意味着在这个过程中发生了能量的消耗或增加。我们把输入到肾脏的能量密度记为 ρ_{ki}，单位时间内输入的体积为 V_{ki}，从肾脏输出的能量密度记为 ρ_{ko}，单位时间内输出的体积为 V_{ko}，被排掉的尿液的体积为 V_{kw}，尿液的能量密度为 ρ_{kw}。根据能量守恒，满足

$$\rho_{ko}V_{ko}f_h=\rho_{ki}V_{ki}f_o^{CD}-\rho_{kw}V_{kw}f_o^{CD} \quad (7.21)$$

化简为

$$p_{ko}=p_{ki}-p_{kw} \quad (7.22)$$

式中，$p_{ko}=\rho_{ko}V_{ko}f_o^{CD}$，$p_{ki}=\rho_{ki}V_{ki}f_o^{CD}$，$p_{kw}=\rho_{kw}V_{kw}f_o^{CD}$。这个方程，我们称为"泌尿供能官能方程"。

泌尿系统的器官，同样需要进行新陈代谢活动。设在新陈代谢过程中，单位时间内消耗的能量记为 E_{ku}，消耗的功率记为 p_{ku}，则满足以下关系：

$$p_{ku}=E_{ku}f_o^{CD} \quad (7.23)$$

7.2.5 其他系统官能方程

人体还存在其他消耗能量的系统，如大脑的神经系统、免疫系统等。这类系统消耗的总功率记为 p_{ou}，每搏消耗的能量为 E_{ou}，则这些系统消耗的总功率可以表示为

$$p_{ou}=E_{ou}f_o^{CD} \quad (7.24)$$

这个方程，我们称为"其他系统供能官能方程"。

7.2.6 血液循环功率方程

在一个微小时间 dt 内，血液循环系统的输入能量为 dw_{bi}，输出能量为 dw_{bo}，原有存储的能量总和为 w_b。根据能量守恒，这个系统中的总能量 w_T 满足以下关系：

$$w_T = w_b + (dw_{bi} - dw_{bo}) \quad (7.25)$$

这个式子也可以表示为

$$w_T - w_b = dw_{bi} - dw_{bo} \quad (7.26)$$

令 d$w_T = w_T - w_b$，则上式可以重写为

$$dw_T = dw_{bi} - dw_{bo} \quad (7.27)$$

两边同时对时间求微分，则可以得到

$$\frac{dw_T}{dt} = \frac{dw_{bi}}{dt} - \frac{dw_{bo}}{dt} \quad (7.28)$$

令血液变动功率 $p_T(t) = \frac{dw_T}{dt}$，血液能量输入功率 $p_{bi}(t) = \frac{dw_{bi}}{dt}$，血液输出功率 $p_{bo}(t) = \frac{dw_{bo}}{dt}$，则上式可以改写为

$$p_T(t) = p_{bi}(t) - p_{bo}(t) \quad (7.29)$$

或者改写为

$$p_{bi}(t) = p_T(t) + p_{bo}(t) \quad (7.30)$$

在式（7.30）中，可以清楚地看到对血液输入的能量和对外输出的总能量。这个方程，我们称为"血液循环功率方程"。

根据血液循环功率方程，对于人体而言，输入到血液的能量主要由消化器官和肺来提供；而血液输出的能量，则供应各个组织、器官。尚未被讨论的能量，我们记为其他项，留待未来进行分析。由此，我们可以把

上述各项分别进行分解讨论。

7.2.6.1 能量输出的分解

根据上述的讨论，毛细血管输出的总能用于各个组织、器官的能量的使用、散失。考虑到血液循环系统、呼吸循环系统、消化系统、机械运动、其他系统的输出总能量，可以表示为

$$p_{bo}(t) = p_{ca} + p_{lu} + p_{du} + p_{ku} + p_{ou} + p_{ds} \qquad (7.31)$$

7.2.6.2 能量输入的分解

血液循环系统、呼吸循环系统、消化系统承担的是能量的输入，则其能量输入的项又可以分解为

$$p_{bi}(t) = p_l + p_{di} \qquad (7.32)$$

7.2.6.3 总功率的矩阵表示

把式（7.31）和式（7.32）改写为矩阵的表示形式，则可以得到

$$\boldsymbol{p}_{bi}(t) = \begin{pmatrix} E_{lb} & E_d \end{pmatrix} \begin{pmatrix} f_{lb} \\ f_h \end{pmatrix} \qquad (7.33)$$

和

$$\boldsymbol{p}_{bo}(t) = \begin{bmatrix} E_{ca} & (E_{lu}+E_{lw}) & (E_{du}+E_{dw}) & E_{ku} & E_{so} & E_{ds} \end{bmatrix} \begin{pmatrix} f_o^{CD} \\ f_o^{CD} \\ f_o^{CD} \\ f_o^{CD} \\ f_o^{CD} \\ f_o^{CD} \end{pmatrix} \qquad (7.34)$$

式（7.33）、式（7.34）将人体供能系统中的能量输入和输出、血液储能和输出均显现了出来。

（1）每搏的功率输入、每搏的消耗，这个量是人体器官所具有的"供能能力"的体现。

（2）器官工作的频率。它既包含了心脏的跳动频率，也包含了肺的

呼吸的频率,这是心、肺控制的指标的关键。

因此,人体器官之间的协同就需要通过心脏跳动频率和肺的呼吸频率来实现,这就为在整体上建立器官之间的协同关系奠定了数理基础,如图 7.1 所示。

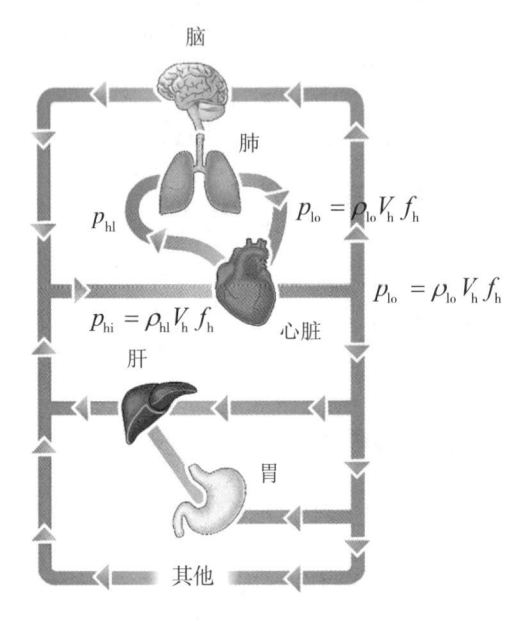

图 7.1 人体循环示意

7.2.7 人体器官的工作能力与控制要素

血液循环功率方程,揭露了人体器官的工作能力和控制要素,这是非常重要的两个指标。

在血液循环功率方程中,如果把每搏消耗和输出的能量用 $E(t)_g$ 来表示,而活动的频率统一记为 f_g,则输入和输出能量的任意一个子项 p_g 均可以表示为

$$p_g = E(t)_g f_g \quad (7.35)$$

即输入和输出能量的子项具有统一的表述形式。而 $E(t)$ 是由器官的功能组织结构来决定的,是它的功能能力大小的一个反映。因此,这个项,我们

称为"发展项",是由人在成长过程中发展起来,并伴随终身的一个项。同样,f_g 也是一个伴随着人体供能性发生变化的一个项。人体可以通过对频率的控制,实现器官的功率 p_g 的瞬态变化,这就为适应实时的现实生活中各类场景的变动提供了可能。这个项我们称为"控制项"。

第 8 章　人体油控官能方程

在第二部分中，我们将人体看成一个做往复循环运动的机械运动系统，建立了人体的数理的总逻辑，这是它的机械原理的关键数理描述。因此，人体的供能的总功率表达式也就得以显现。

在这一逻辑下，人体的供能系统向各个部位进行供能，实现各个脏器的功能。而器官又是人体供能系统中的一部分。因此，在人体机械与供能总关系搞清楚之后，我们就需要在这一逻辑基础上建立每个器官的官能。这样，就可以找到每个器官在接收输入的能量后，如何根据自身生物结构在整个系统中发挥作用。因此，我们在第二部分机械运动系统工作机制的基础上建立每个器官的官能机制。

人体供能系统，具有心脏泵血、呼吸换氧、肾脏与膀胱泌尿排泄、消化系统的吸收等功能。在这一章，我们将把关键性器官功能的数理关系建立起来。人体信号控制系统往往是通过神经控制和体液控制来实现对器官的控制，这就找到了神经控制和体液控制的基本数理逻辑。这一章，我们将主要建立关于心脏的官能方程。

8.1　心肺官能方程

心脏承担着对人体泵血的功能。从工程学角度看，心脏就是一个泵血的压力泵。尽管不同动物的脏室和循环模式存在差异，但是其核心原理都是利用心脏肌肉的弹性作用，吸入液体并把液体挤压出去。

8.1.1 心脏油控与官能方程

心脏作为机械系统，它将外界输入的能量转换为肌肉做功的机械能。输入心脏的能量主要源于冠状动脉。能量经心肌的热机，转换为心脏的机械能。将心脏视为一个整体系统，其能量输入主要通过冠状动脉直接渗透。因此输入心脏的总功率为 P_{bi}^{CA}，由神经输入的能量记为 P_{ni}^{CD}。心脏对外做功每搏输出的机械能为 E_o^{CD}，单位时间内跳动的次数为 f_o^{CD}。由于在心脏中还有细胞进行能量存储，则存储的功率为 P_s^{CD}，心脏散失流失的能量功率记为 P_w^{CD}，心脏自身营养消耗的功率记为 P_{nm}^{CD}。根据能量守恒，可以得到以下关系：

$$P_{bi}^{CA}+P_{ni}^{CD} = E_o^{CD} f_o^{CD}+P_s^{CD}+P_w^{CD}+P_{nm}^{CD} \tag{8.1}$$

如果还存在其他形式的能量，则表示为 P_{oth}^{CD}，式（8.1）就可以修正为

$$P_{bi}^{CA}+P_{ni}^{CD} = E_o^{CD} f_o^{CD}+P_s^{CD}+P_w^{CD}+P_{nm}^{CD}+P_{oth}^{CD} \tag{8.2}$$

在式（8.2）中，等号左侧是血液能量和神经能量，代表了心脏的"油控机制"。因此，这个方程，我们称为"心脏油控方程"。

把式（8.2）进行整理，则可以得到

$$\left(P_{bi}^{CA}+P_{ni}^{CD}\right)-\left(P_s^{CD}+P_w^{CD}+P_{nm}^{CD}+P_{oth}^{CD}\right) = E_o^{CD} f_o^{CD} \tag{8.3}$$

在式（8.3）中，等号右侧代表心脏的"机械能"的输出，它为血液不断从心脏泵出提供的机械能。因此，这个方程我们称为"心脏官能方程"。

从式（8.3）中，我们清晰地看到，心脏的输出能量是离散化的控制，即节律控制，也就是通过泵血的频率 f_o^{CD} 实现心脏的核心控制。

尽管式（8.2）、式（8.3）是由同样一个方程变形得到，但它们所表达的含义并不完全相同。在后面的神经控制中，我们将看到它们的数理含义的差异性。

8.1.2 外呼吸油控与官能方程

在供能过程中，由人体热机运动产生的废气需要排到热机的外部；而热机燃烧则需要吸进氧气。这个过程依赖呼吸作用。在人体内部，呼吸作用分为两个部分：外呼吸和内呼吸。

在外呼吸中，肺是重要换气器官，实现人体对外的废气排出和氧气进入。内呼吸则依赖毛细血管网渗透，实现循环系统与体内的氧气和废气的互换。

肺的呼吸作用依赖呼吸肌的收缩和舒张。呼吸肌的拉动使得胸廓扩大和缩小，形成大气与肺泡之间的压力差，从而形成呼吸的原动力。呼吸肌包括吸气肌和呼气肌。呼气肌和吸气肌协同作用完成一次吸气和排气动作，构成一次呼吸循环。对吸气肌和呼气肌进行能量输入，也就构成了肺呼气功能实现的关键内核。我们将肺及呼吸肌视为一个系统，则这个系统具有机械特性，不断往复运作实现呼与吸动作。

在这个系统中，输入到呼吸肌的总功率记为 P_{bi}^{LU}，由神经输入的能量记为 P_{ni}^{LU}。呼吸肌每完成一次呼吸动作，对外做功的机械能（吸气肌和呼气肌的总机械能）为 E_o^{LU}，单位时间内呼吸的次数为 f_o^{LU}。在肌肉中还有细胞进行能量存储，则存储的功率为 P_s^{LU}。在呼吸活动中，由肌肉散失流失的功率记为 P_w^{LU}，呼吸肌自身营养消耗的功率记为 P_{nm}^{LU}。根据能量守恒，可以得到以下关系：

$$P_{bi}^{LU}+P_{ni}^{LU} = E_o^{LU} f_o^{LU}+P_s^{LU}+P_w^{LU}+P_{nm}^{LU} \tag{8.4}$$

如果还存在其他形式的能量，则可以表示为 P_{oth}^{LU}，则式（8.4）就可以修正为

$$P_{bi}^{LU}+P_{ni}^{LU} = E_o^{LU} f_o^{LU}+P_s^{LU}+P_w^{LU}+P_{nm}^{LU}+P_{oth}^{LU} \tag{8.5}$$

在式（8.5）中，等号左侧是血液能量和神经能量，代表了外呼吸系统的"油控机制"。因此，这个方程，我们称为"外呼吸油控方程"。

把式（8.5）进行整理，则可以得到

$$\left(P_{bi}^{LU}+P_{ni}^{LU}\right)-\left(P_s^{LU}+P_w^{LU}+P_{nm}^{LU}+P_{oth}^{LU}\right)=E_o^{LU} f_o^{LU} \tag{8.6}$$

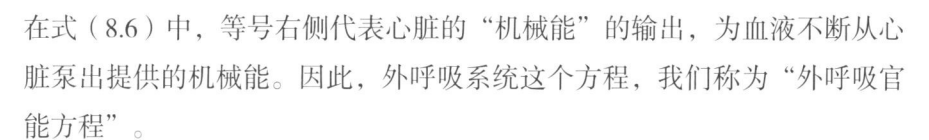

在式（8.6）中，等号右侧代表心脏的"机械能"的输出，为血液不断从心脏泵出提供的机械能。因此，外呼吸系统这个方程，我们称为"外呼吸官能方程"。

同样，尽管式（8.5）、式（8.6）是由同样一个方程变形得到，它们所表达的含义并不完全相同。在后面的神经控制中，我们将看到它们数理含义的差异性。

8.1.3 呼吸功

呼吸肌能够克服弹性阻力和非弹性阻力对外做功，实现肺通气。在人体生理学中，这个功被称为"呼吸功"，通常以单位时间内压力变化乘以容积变化来计算，这是热力学的做法。根据外呼吸官能方程，我们得到了呼吸功的另外一种表述形式 $E_o^{LU} f_o^{LU}$。

8.2 排泄官能方程

人的循环供能系统的废料排泄由泌尿系统完成。泌尿系统包括肾脏、膀胱等。调节肾脏血流的主要是平滑肌和交感神经。在人体生理学中，交感神经和平滑肌对肾脏的作用称为"缩血管作用"。

8.2.1 肾脏油控与官能方程

缩血管作用发生在肾脏的入球小动脉和出球小动脉中。我们把肾脏及其调节系统（交感神经、平滑肌）视为一个整体系统。

在这个系统中，由血液输入到肾脏平滑肌生理活动的总功率记为 P_{bi}^{KI}，由交感神经输入的功率记为 P_{ni}^{KI}。肾脏平滑肌和交感神经协同，每完成一次收缩和舒张的周期动作，对外做功的机械能为 E_o^{KI}，单位时间内做功的次数为 f_o^{KI}。在肌肉中还有细胞进行能量存储，则存储的功率为 P_s^{KI}。在机械运动中，由肌肉散失流失的功率记为 P_w^{KI}，肾脏及平滑肌自身营养消耗的功率记为 P_{nm}^{KI}。根据能量守恒，可以得到以下关系：

$$P_{\text{bi}}^{\text{KI}}+P_{\text{ni}}^{\text{KI}} = E_{\text{o}}^{\text{KI}} f_{\text{o}}^{\text{KI}}+P_{\text{s}}^{\text{KI}}+P_{\text{w}}^{\text{KI}}+P_{\text{nm}}^{\text{KI}} \tag{8.7}$$

如果还存在其他形式的能量，则可以表示为 $P_{\text{oth}}^{\text{KI}}$，则式（8.7）就可以修正为

$$P_{\text{bi}}^{\text{KI}}+P_{\text{ni}}^{\text{KI}} = E_{\text{o}}^{\text{KI}} f_{\text{o}}^{\text{KI}}+P_{\text{s}}^{\text{KI}}+P_{\text{w}}^{\text{KI}}+P_{\text{nm}}^{\text{KI}}+P_{\text{oth}}^{\text{KI}} \tag{8.8}$$

在式（8.8）中，等号左侧是血液能量和神经注入能量，代表了肾脏系统的"油控机制"。因此，这个方程，我们称为"肾脏油控方程"。

把式（8.8）进行整理，则可以得到

$$\left(P_{\text{bi}}^{\text{KI}}+P_{\text{ni}}^{\text{KI}}\right)-\left(P_{\text{s}}^{\text{KI}}+P_{\text{w}}^{\text{KI}}+P_{\text{nm}}^{\text{KI}}+P_{\text{oth}}^{\text{KI}}\right) = E_{\text{o}}^{\text{KI}} f_{\text{o}}^{\text{KI}} \tag{8.9}$$

在式（8.9）中，等号右侧代表肾脏的"机械能"输出，为血液从心脏中进出的调节提供机械能。因此，这个方程，我们称为"肾脏官能方程"。

8.2.2 膀胱油控与官能方程

膀胱是排泄系统的储尿装置，支配膀胱的神经和肌肉有很多种类，它们构成拮抗系统，共同完成循环动作。支配膀胱的神经包括盆神经、腹下神经、阴部神经。盆神经属于副交感神经，与排尿肌相连接，可以使排尿肌收缩、尿道括约肌舒张，以利于排尿动作完成。腹下神经兴奋时使括约肌收缩，阻止排尿。阴部神经是高级神经的活动通道，可以阻止排尿。

把上述器件看成一个系统，则在这个系统中，由血液输入到膀胱肌肉的生理活动的总功率记为 $P_{\text{bi}}^{\text{BL}}$，由神经输入的功率记为 $P_{\text{ni}}^{\text{BL}}$。排尿属于周期性活动，每完成一次收缩和舒张的周期动作，对外做功的机械能为 E_{o}^{BL}，单位时间内做功的次数为 f_{o}^{BL}。在肌肉中若存在细胞进行能量存储，则存储的功率为 P_{s}^{BL}。在机械运动中，由肌肉散失流失的功率记为 P_{w}^{BL}，膀胱及膀胱肌肉自身营养消耗的功率记为 $P_{\text{nm}}^{\text{BL}}$。根据能量守恒，可以得到以下关系：

$$P_{\text{bi}}^{\text{BL}}+P_{\text{ni}}^{\text{BL}} = E_{\text{o}}^{\text{BL}} f_{\text{o}}^{\text{BL}}+P_{\text{s}}^{\text{BL}}+P_{\text{w}}^{\text{BL}}+P_{\text{nm}}^{\text{BL}} \tag{8.10}$$

如果还存在其他形式的能量，则可以表示为 $P_{\text{oth}}^{\text{BL}}$，则式（8.10）就可以修正为

$$P_{\text{bi}}^{\text{BL}}+P_{\text{ni}}^{\text{BL}} = E_{\text{o}}^{\text{BL}} f_{\text{o}}^{\text{BL}}+P_{\text{s}}^{\text{BL}}+P_{\text{w}}^{\text{BL}}+P_{\text{nm}}^{\text{BL}}+P_{\text{oth}}^{\text{BL}} \qquad (8.11)$$

在式（8.11）中，等号左侧是血液能量和神经注入能量，代表了膀胱系统的"油控机制"。因此，这个方程，我们称为"膀胱油控方程"。

把式（8.11）进行整理，则可以得到

$$\left(P_{\text{bi}}^{\text{BL}}+P_{\text{ni}}^{\text{BL}}\right)-\left(P_{\text{s}}^{\text{BL}}+P_{\text{w}}^{\text{BL}}+P_{\text{nm}}^{\text{BL}}+P_{\text{oth}}^{\text{BL}}\right) = E_{\text{o}}^{\text{BL}} f_{\text{o}}^{\text{BL}} \qquad (8.12)$$

在式（8.12）中，等号右侧代表膀胱的"机械能"输出，为尿液从膀胱中排出的调节提供机械能。因此，这个方程，我们称为"膀胱官能方程"。

8.3 消化与输送官能方程

消化系统是人体摄入外部能量的重要器官。消化系统由多个器官通过管道连接构成，实现对食物的获取。这些器官接入了肌肉和神经控制系统，实现对器官的机械控制。

8.3.1 消化油控与官能方程

控制消化系统的肌肉主要以平滑肌为主。为了方便讨论，我们仍然把整个消化系统视为一个整体系统，而不针对它的内部的某个具体器官进行讨论。

在这个系统中，由血液输入到这个系统中维持生理活动的总功率记为 $P_{\text{bi}}^{\text{DI}}$，由各类神经输入的功率记为 $P_{\text{ni}}^{\text{DI}}$。平滑肌肉控制属于周期性活动，每完成一次收缩和舒张的周期动作，对外做功的机械能为 E_{o}^{DI}，单位时间内做功的次数为 f_{o}^{DI}。在肌肉中若存在细胞进行能量存储，则存储的功率为 P_{s}^{DI}。在机械运动中，由肌肉散失流失的功率记为 P_{w}^{DI}，消化系统的平滑肌及器官自身营养消耗的功率记为 $P_{\text{nm}}^{\text{DI}}$。根据能量守恒，可以得到以下关系：

$$P_{\text{bi}}^{\text{DI}}+P_{\text{ni}}^{\text{DI}} = E_{\text{o}}^{\text{DI}} f_{\text{o}}^{\text{DI}}+P_{\text{s}}^{\text{DI}}+P_{\text{w}}^{\text{DI}}+P_{\text{nm}}^{\text{DI}} \qquad (8.13)$$

如果还存在其他形式的能量，则可以表示为 $P_{\text{oth}}^{\text{DI}}$，则式（8.13）就可以修正为

$$P_{\text{bi}}^{\text{DI}}+P_{\text{ni}}^{\text{DI}} = E_{\text{o}}^{\text{DI}} f_{\text{o}}^{\text{DI}}+P_{\text{s}}^{\text{DI}}+P_{\text{w}}^{\text{DI}}+P_{\text{nm}}^{\text{DI}}+P_{\text{oth}}^{\text{DI}} \qquad (8.14)$$

在式（8.14）中，等号左侧是血液能量和神经注入能量，代表了消化系统的"油控机制"。因此，这个方程，我们称为"消化油控方程"。

把式（8.14）进行整理，则可以得到

$$\left(P_{\text{bi}}^{\text{DI}}+P_{\text{ni}}^{\text{DI}}\right) - \left(P_{\text{s}}^{\text{DI}}+P_{\text{w}}^{\text{DI}}+P_{\text{nm}}^{\text{DI}}+P_{\text{oth}}^{\text{DI}}\right) = E_{\text{o}}^{\text{DI}} f_{\text{o}}^{\text{DI}} \qquad (8.15)$$

在式（8.15）中，等号右侧代表消化系统的"机械能"输出，为食物研磨、推动及从肠道中排出的调节提供机械能。因此，这个方程，我们称为"消化官能方程"。

8.3.2 血管油控方程

平滑肌包绕着血管壁，可以控制血管的收缩和舒张。利用这一特性，就可以找到血管壁及其附着的肌肉的机械工作的点火机制。

肌肉中的血液输入到这个系统中维持生理活动的总功率记为 $P_{\text{bi}}^{\text{BV}}$，由各类神经输入到肌肉的功率记为 $P_{\text{ni}}^{\text{BV}}$。平滑肌肉控制属于周期性活动，每完成一次收缩和舒张的周期动作，对外做功的机械能为 E_{o}^{BV}，单位时间内做功的次数为 f_{o}^{BV}。在肌肉中若存在细胞进行能量存储，则存储的功率为 P_{s}^{BV}。在机械运动中，由肌肉散失流失的功率记为 P_{w}^{BV}，血管周围平滑肌自身营养消耗的功率记为 $P_{\text{nm}}^{\text{BV}}$。根据能量守恒，可以得到以下关系：

$$P_{\text{bi}}^{\text{BV}}+P_{\text{ni}}^{\text{BV}} = E_{\text{o}}^{\text{BV}} f_{\text{o}}^{\text{BV}}+P_{\text{s}}^{\text{BV}}+P_{\text{w}}^{\text{BV}}+P_{\text{nm}}^{\text{BV}} \qquad (8.16)$$

如果还存在其他形式的能量，则可以表示为 $P_{\text{oth}}^{\text{BV}}$，则式（8.16）就可以修正为

$$P_{\text{bi}}^{\text{BV}}+P_{\text{ni}}^{\text{BV}} = E_{\text{o}}^{\text{BV}} f_{\text{o}}^{\text{BV}}+P_{\text{s}}^{\text{BV}}+P_{\text{w}}^{\text{BV}}+P_{\text{nm}}^{\text{BV}}+P_{\text{oth}}^{\text{BV}} \qquad (8.17)$$

在式（8.17）中，等号左侧是血液能量和神经注入能量，代表了血管系统的"油控机制"。因此，这个方程，我们称为"血管油控方程"。

把式（8.17）进行整理，则可以得到

$$\left(P_{\text{bi}}^{\text{BV}}+P_{\text{ni}}^{\text{BV}}\right) - \left(P_{\text{s}}^{\text{BV}}+P_{\text{w}}^{\text{BV}}+P_{\text{nm}}^{\text{BV}}+P_{\text{oth}}^{\text{BV}}\right) = E_{\text{o}}^{\text{BV}} f_{\text{o}}^{\text{BV}} \qquad (8.18)$$

在式（8.18）中，等号右侧代表血液系统的"机械能"输出。因此，这个方程，我们称为"血管官能方程"。

8.3.3 人体油控与官能矩阵表示

人体供能系统依赖各个生理系统的协同，通过热机模型、点火系统的配置，我们基本上找到了人体供能系统的官能控制的机制。人体的其他系统，如内分泌系统、神经系统、生殖系统等，对于人体的生理信号的调节，我们将在后续的数理逻辑环节中进行必要的讨论，这样也不会打乱我们现在关于"心身关系控制"的整体讨论逻辑。而这些系统的输入的总功率，在数理上我们统一以上标"OTH"进行区分，未来将进行拆解。其他系统的油控方程和官能方程，可写为下述两种形式：

$$P_{bi}^{OTH}+P_{ni}^{OTH} = E_o^{OTH} f_o^{OTH}+P_s^{OTH}+P_w^{OTH}+P_{nm}^{OTH}+P_{oth}^{OTH} \quad (8.19)$$

$$\left(P_{bi}^{OTH}+P_{ni}^{OTH}\right)-\left(P_s^{OTH}+P_w^{OTH}+P_{nm}^{OTH}+P_{oth}^{OTH}\right) = E_o^{OTH} f_o^{OTH} \quad (8.20)$$

需要说明的是，神经系统所需的营养物质是由胶质细胞提供的。而胶质细胞和血管相连接，从而实现能量系统的供应。这时，只需要把胶质细胞和神经细胞看成一个整体，就可以采用上述的方程形式。

基于上述内容，我们就可以把油控方程和官能方程用矩阵的形式表示出来。

$$\begin{pmatrix} P_{bi}^{CA}+P_{ni}^{CD} \\ P_{bi}^{LU}+P_{ni}^{LU} \\ P_{bi}^{KI}+P_{ni}^{KI} \\ P_{bi}^{BL}+P_{ni}^{BL} \\ P_{bi}^{DI}+P_{ni}^{DI} \\ P_{bi}^{BV}+P_{ni}^{BV} \\ P_{bi}^{OTH}+P_{ni}^{OTH} \end{pmatrix} = \begin{pmatrix} P_s^{CD}+P_w^{CD}+P_{nm}^{CD}+P_{oth}^{CD} \\ P_s^{LU}+P_w^{LU}+P_{nm}^{LU}+P_{oth}^{LU} \\ P_s^{KI}+P_w^{KI}+P_{nm}^{KI}+P_{oth}^{KI} \\ P_s^{BL}+P_w^{BL}+P_{nm}^{BL}+P_{oth}^{BL} \\ P_s^{DI}+P_w^{DI}+P_{nm}^{DI}+P_{oth}^{DI} \\ P_s^{BV}+P_w^{BV}+P_{nm}^{BV}+P_{oth}^{BV} \\ P_s^{OTH}+P_w^{OTH}+P_{nm}^{OTH}+P_{oth}^{OTH} \end{pmatrix} + \begin{pmatrix} E_o^{CD} f_o^{CD} \\ E_o^{LU} f_o^{LU} \\ E_o^{KI} f_o^{KI} \\ E_o^{BL} f_o^{BL} \\ E_o^{DI} f_o^{DI} \\ E_o^{BV} f_o^{BV} \\ E_o^{OTH} f_o^{OTH} \end{pmatrix} \quad (8.21)$$

这个矩阵，我们称为"人体油控点火矩阵方程"。令

$$\boldsymbol{P}_{\text{BI+NI}} = \begin{pmatrix} P_{\text{bi}}^{\text{CA}} + P_{\text{ni}}^{\text{CD}} \\ P_{\text{bi}}^{\text{LU}} + P_{\text{ni}}^{\text{LU}} \\ P_{\text{bi}}^{\text{KI}} + P_{\text{ni}}^{\text{KI}} \\ P_{\text{bi}}^{\text{BL}} + P_{\text{ni}}^{\text{BL}} \\ P_{\text{bi}}^{\text{DI}} + P_{\text{ni}}^{\text{DI}} \\ P_{\text{bi}}^{\text{BV}} + P_{\text{ni}}^{\text{BV}} \\ P_{\text{bi}}^{\text{OTH}} + P_{\text{ni}}^{\text{OTH}} \end{pmatrix} \quad (8.22)$$

$$\boldsymbol{P}_{\text{S-O}} = \begin{pmatrix} P_{\text{s}}^{\text{CD}} + P_{\text{w}}^{\text{CD}} + P_{\text{nm}}^{\text{CD}} + P_{\text{oth}}^{\text{CD}} \\ P_{\text{s}}^{\text{LU}} + P_{\text{w}}^{\text{LU}} + P_{\text{nm}}^{\text{LU}} + P_{\text{oth}}^{\text{LU}} \\ P_{\text{s}}^{\text{KI}} + P_{\text{w}}^{\text{KI}} + P_{\text{nm}}^{\text{KI}} + P_{\text{oth}}^{\text{KI}} \\ P_{\text{s}}^{\text{BL}} + P_{\text{w}}^{\text{BL}} + P_{\text{nm}}^{\text{BL}} + P_{\text{oth}}^{\text{BL}} \\ P_{\text{s}}^{\text{DI}} + P_{\text{w}}^{\text{DI}} + P_{\text{nm}}^{\text{DI}} + P_{\text{oth}}^{\text{DI}} \\ P_{\text{s}}^{\text{BV}} + P_{\text{w}}^{\text{BV}} + P_{\text{nm}}^{\text{BV}} + P_{\text{oth}}^{\text{BV}} \\ P_{\text{s}}^{\text{OTH}} + P_{\text{w}}^{\text{OTH}} + P_{\text{nm}}^{\text{OTH}} + P_{\text{oth}}^{\text{OTH}} \end{pmatrix} \quad (8.23)$$

$$\boldsymbol{P}_{\text{O}} = \begin{pmatrix} E_{\text{o}}^{\text{CD}} f_{\text{o}}^{\text{CD}} \\ E_{\text{o}}^{\text{LU}} f_{\text{o}}^{\text{LU}} \\ E_{\text{o}}^{\text{KI}} f_{\text{o}}^{\text{KI}} \\ E_{\text{o}}^{\text{BL}} f_{\text{o}}^{\text{BL}} \\ E_{\text{o}}^{\text{DI}} f_{\text{o}}^{\text{DI}} \\ E_{\text{o}}^{\text{BV}} f_{\text{o}}^{\text{BV}} \\ E_{\text{o}}^{\text{OTH}} f_{\text{o}}^{\text{OTH}} \end{pmatrix} \quad (8.24)$$

则人体油控点火矩阵方程可以简化为

$$\boldsymbol{P}_{\text{BI+NI}} = \boldsymbol{P}_{\text{S-O}} + \boldsymbol{P}_{\text{O}} \quad (8.25)$$

$$\begin{pmatrix} E_{\text{o}}^{\text{CD}} f_{\text{o}}^{\text{CD}} \\ E_{\text{o}}^{\text{LU}} f_{\text{o}}^{\text{LU}} \\ E_{\text{o}}^{\text{KI}} f_{\text{o}}^{\text{KI}} \\ E_{\text{o}}^{\text{BL}} f_{\text{o}}^{\text{BL}} \\ E_{\text{o}}^{\text{DI}} f_{\text{o}}^{\text{DI}} \\ E_{\text{o}}^{\text{BV}} f_{\text{o}}^{\text{BV}} \\ E_{\text{o}}^{\text{OTH}} f_{\text{o}}^{\text{OTH}} \end{pmatrix} = \begin{pmatrix} P_{\text{bi}}^{\text{CA}} + P_{\text{ni}}^{\text{CD}} \\ P_{\text{bi}}^{\text{LU}} + P_{\text{ni}}^{\text{LU}} \\ P_{\text{bi}}^{\text{KI}} + P_{\text{ni}}^{\text{KI}} \\ P_{\text{bi}}^{\text{BL}} + P_{\text{ni}}^{\text{BL}} \\ P_{\text{bi}}^{\text{DI}} + P_{\text{ni}}^{\text{DI}} \\ P_{\text{bi}}^{\text{BV}} + P_{\text{ni}}^{\text{BV}} \\ P_{\text{bi}}^{\text{OTH}} + P_{\text{ni}}^{\text{OTH}} \end{pmatrix} - \begin{pmatrix} P_{\text{s}}^{\text{CD}} + P_{\text{w}}^{\text{CD}} + P_{\text{nm}}^{\text{CD}} + P_{\text{oth}}^{\text{CD}} \\ P_{\text{s}}^{\text{LU}} + P_{\text{w}}^{\text{LU}} + P_{\text{nm}}^{\text{LU}} + P_{\text{oth}}^{\text{LU}} \\ P_{\text{s}}^{\text{KI}} + P_{\text{w}}^{\text{KI}} + P_{\text{nm}}^{\text{KI}} + P_{\text{oth}}^{\text{KI}} \\ P_{\text{s}}^{\text{BL}} + P_{\text{w}}^{\text{BL}} + P_{\text{nm}}^{\text{BL}} + P_{\text{oth}}^{\text{BL}} \\ P_{\text{s}}^{\text{DI}} + P_{\text{w}}^{\text{DI}} + P_{\text{nm}}^{\text{DI}} + P_{\text{oth}}^{\text{DI}} \\ P_{\text{s}}^{\text{BV}} + P_{\text{w}}^{\text{BV}} + P_{\text{nm}}^{\text{BV}} + P_{\text{oth}}^{\text{BV}} \\ P_{\text{s}}^{\text{OTH}} + P_{\text{w}}^{\text{OTH}} + P_{\text{nm}}^{\text{OTH}} + P_{\text{oth}}^{\text{OTH}} \end{pmatrix} \quad (8.26)$$

第 8 章 人体油控官能方程

这个矩阵，我们称为"人体器官官能矩阵方程"。式（8.26）同样可以简化为

$$P_\text{O} = P_\text{BI+NI} - P_\text{S-O} \tag{8.27}$$

从这一章和上一章所述的人体的能量循环，我们找到了人体的能量流动的基本动力关系。在这个普适性的矩阵表示中，没有被分解出来的系统的官能均被包含在"其他"一类中，可以在这一项中进行分解。

第四部分

人体程控原理：电化通信

第 9 章　生化环路量子通信原理

人体的各类生物器件，往往呈循环往复的状态，如 ATP 和 ADP 的能量循环过程、神经发放信号后恢复到静息状态、蛋白质结构构象变换后恢复原状等。这类现象均建立在生化循环的基础之上，因此，我们统称为"生化复生循环"。

人体内的复生现象使得对应的物质对象可以往复运行，从而构成人体往复运行的基础，同时，也是人体信息工作的基础。这就意味着，我们需要在人体生化、分子水平、神经通信等不同层级，提出关于复生循环的基本性原理，并在这个基本性原理的基础上，建立以人体生化为基础的信息学原理，为人体机械动力系统确立控制学的基础。

9.1　生物分子作用

物质是由分子和原子组成的。分子之间存在作用力，形成分子间相互作用。在生物中，分子间的相互作用构成了生物信息传递的基本机理。

9.1.1　分子构型和构象

在生物分子中，不同分子间发生相互作用，形成特定的物质结构，就构成了生化反应，是生物生命活动的基础。不同分子结合在一起所形成的结构，被定义为构形，即有机分子中各个原子特有的固定的空间排列。这种排列不经过共价键的断裂和重新形成是不会改变的。构型的改变往往使分子的光学活性发生变化。

构象则指一个分子不改变共价键结构，仅单键周围的原子在空间中置于不同位置所产生的空间排布。一种构象改变为另一种构象时，不要求共价键的断裂和重新形成。构象改变不会改变分子的光学活性。

生物结构构型、构象是生物分子传递信息的基础。例如，人的心脏的动脉弓的反射，利用神经与动脉连接处的分子构象发生循环变化的特点，采集人的动脉的压力数据。这也是我们关注分子构型和构象的基础。在生物学中，从构型、构象的变化中获取物质信息的变化方式，是生物化学关注的重点之一。

9.1.2 分子作用分类

生物分子构型和构象的变化是分子间相互作用的结果。分子间相互作用分为下述几类：化学键、范德华力、非共价键[1][2]。

9.1.2.1 化学键

化学键是指分子或晶体内部原子（或离子）间的强相互作用力。键的实质是一种力。

单质在形成化合物时主要有3种情况，即化学键主要有3种基本类型：离子键、共价键、金属键（氢键不是化学键，它是分子间力的一种）。

9.1.2.1.1 离子键

离子键又称"静电作用力"，是正负离子间的引力，由带相反电荷的两个基团间的静电吸引而形成。在真空或空气中，它们属于强键；但在水溶液中，它们的强度大为减弱，成了弱键。这是因为水分子为一偶极离子，水分子与正负离子形成水合离子，并在正负离子间按电场方向产生定向排

---

[1] 朱圣庚，徐长法. 生物化学（上）[M]. 北京：高等教育出版社，2021.
[2] 朱圣庚，徐长法. 生物化学（下）[M]. 北京：高等教育出版社，2021.

列，大大削弱了离子间的引力。离子间的作用力可用 $F=D\dfrac{q_1 q_2}{r^2}$ 表示。式中 q_1 和 q_2 分别代表两个离子电荷量，r 代表相互间的距离，D 为介电常数。真空的介电常数为 1，水的介电常数为 80（20 ℃），这表明离子键在水中的强度约为真空中的 $\dfrac{1}{80}$。在细胞含水环境中离子键强度与氢键相当，约 20 kJ/mol。

9.1.2.1.2 共价键

原子间通过共用电子对所形成的化学键叫作共价键。其本质是原子轨道重叠后，高概率地出现在两个原子核之间的电子与两个原子核之间的电性作用。共价键包括极性键、非极性键、配位键、单键、双键、叁键、σ 键、π 键等类别。

9.1.2.1.3 金属键

由于金属晶体中存在着自由电子，整个金属晶体的原子（或离子）与自由电子形成化学键。这种键可以看成由多个原子共用这些自由电子所组成，所以有人把它叫作改性的共价键。金属键没有方向性与饱和性。

9.1.2.2 范德华力

范德华力包括斥力和引力。范德华力存在于十分靠近的两个相邻原子之间。范德华引力随着两个原子之间距离的接近而增大。每种原子都有一个邻近的原子进入便会产生斥力的半径范围。这种斥力称为"范德华斥力"，这个半径称为"范德华半径"。

范德华力的本质是偶极子之间的作用力，包含定向力、诱导力和色散力。极性基团或分子是 X 偶极，它们之间的作用力称为"定向力"。非极性基团或分子在 X 偶极子的诱导下可以形成诱导偶极子，这两种偶极子之间的作用力称为"诱导力"。非极性基团或分子由于电子相对于原子核的波动，而形成的瞬间偶极子之间的作用力称为"色散力"。

范德华力比氢键弱得多。两个原子相距范德华距离时的结合能约为 4 kJ/mol，仅略高于室温时平均热运动能（2.5 kJ/mol）。如果两个分子外表几何形态互补，由于原子协同作用，范德华力就将成为分子间的有效引力。范德华力对生物多层次结构的形成和分子的相互识别与结合有着重要意义。

9.1.2.3 共价键和非共价键的键能

共价键有一定的大小和方向，是有机分子之间最强的作用力。共价键能很高，除体内特异的酶解可使其断裂外，很难恢复原形，成键过程是不可逆过程。共价键存在于一个分子或多个分子的原子之间，决定了分子的基本结构，是分子识别的一种方式。非共价键是指分子间或基团间弱相互作用的总称（又称"次级键"或"弱作用键"），决定了生物大分子和分子复合物的高级结构，在分子识别中起着更重要的作用。

实验证据表明，配基与受体相互作用的最显著特点是可逆反应。因此，它们之间的作用力大多数属于较弱的次级键，其中包括静电作用（离子键）、氢键、范德华力和疏水键等，见表9.1。[①]

表 9.1　各类化学键

化学键的类型		键长 /nm	键能 /(kJ·mol^{-1})
非共价键	离子键	0.25	12 ~ 30
	氢键	0.3	13 ~ 30
	范德华引力	0.2	4 ~ 8
	疏水作用	—	12 ~ 20
共价键	C—H	0.10	414
	C—C	0.15	343
	C—N	0.14	292
	C—O	0.14	351
	—S—S—	0.21	210

---

① 朱圣庚，徐长法. 生物化学（上）[M]. 北京：高等教育出版社，2021.

9.2 生化环路复生循环原理

在生物的结构和构象变化中，生物科学已经积累了大量的人体生化环路知识。人体的生化活动过程往往会形成各种形式的环路，使得人体的生物组织的物质底层可以往复循环运作。生化环路提供了理解生物信息的机制。在这一节，我们根据一般性的生化机制阐述生化环路的基本原理，并在生化的构型和构象变化中建立生化信号传导机制，阐述它的普适性原理。

9.2.1 生化循环反应表示

我们首先考虑最简单的生化过程，然后在这个简单机制上叠加，就可以得到更加复杂的机制。

生化反应存在两种物质——A 和 B，两者反应生成 C；与之相对应，也存在一个逆过程，即 C 生成 A 和 B。这两个过程，可以简写为

$$A + B \rightleftarrows C + E^C \tag{9.1}$$

式中，E^C 表示在反应中的化学能；A、B、C 分别表示化学物质。如果 $A + B \rightarrow C$ 的过程是吸热过程，反之则为放热过程。这两个过程，我们可以表示为

$$\begin{aligned} A + B &\rightarrow C + E^C \\ C &\rightarrow A + B - E^C \end{aligned} \tag{9.2}$$

这个过程是最简单的生化环路。生化反应过程均可以通过拆解的方式来进行，所以，只要我们建立了两个要素的反应过程，就可以讨论更加复杂的生化反应过程。

考虑到生化反应过程伴随着电荷充放电，我们把上述过程分别记为

$$\begin{aligned} A + B &\xrightarrow{\text{充电或放电}} C + E^C \\ C &\xrightarrow{\text{充电或放电}} A + B - E^C \end{aligned} \tag{9.3}$$

或者简写为

$$A + B \underset{\text{充电或放电}}{\overset{\text{充电或放电}}{\rightleftarrows}} C + E^C \tag{9.4}$$

9.2.2 生化循环输送变换

上述的生化反应是微观的无机或者有机的化学反应过程。根据上述生化反应可知，由一个可逆的生化环路构成的循环，它的能量满足：

$$E^C + (-E^C) = 0 \quad (9.5)$$

即在一个循环中，生化反应并未消耗能量。如果把生化环路看成一个系统，则它把输入到环路的能量对等地输出了出去，从而保证生化系统的能量等价平移或者转换。

同理，设环路中输入的电量为 Q^C，则逆过程中释放的电量为 $-Q^C$。则生化环路在一次循环中满足

$$Q^C + (-Q^C) = 0 \quad (9.6)$$

上述两个基本过程，清晰地表明在一个循环中如果向这个系统输入能量，在经过一次循环后，能量会被等价输出。同理，电量也是如此。这一特征就为人体利用循环环路进行物质和能量输送提供了天然便利。生化环路信号变换如图 9.1 所示。

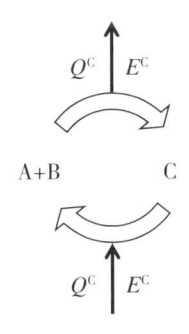

图 9.1 生化环路信号变换

注：在生化循环中，经过一次循环，生化环路把输入到环路的能量和电量等价地输出。

9.2.3 生化环路通信方程

根据化学原理，在任何一级的化学物质发生反应时，总电荷数量在整

个反应过程中保持守恒。由此，设输入的化学能为 E_i^C，输出的化学能为 E_o^C，输入到环路的电量为 Q_i^C，输出的电量为 Q_o^C，则满足以下关系：

$$\begin{pmatrix} E_o^C \\ Q_o^C \end{pmatrix} = \begin{pmatrix} 1 & \\ & 1 \end{pmatrix} \begin{pmatrix} E_i^C \\ Q_i^C \end{pmatrix} \tag{9.7}$$

显然，在微观中，这个能量和电量是"量子化"的，即它是一份份的。因此，这个变换称为"生化循环量子通信方程"，如图9.1所示。这个变换清晰地表明，在生化环路中能量和电荷守恒。生化反应依赖电荷的转移和新物质的生成实现物质之间的通信关系。显然，这是每次化学反应都会出现的过程。物质和能量输送就和每次的化学反应联系在一起，它也就是一个"量子过程"。因此，这个变换，我们也就称为"生化环路量子通信变换过程"。这种关系普遍存在于具有生化反应的循环过程中。

令

$$\boldsymbol{C}^I = \begin{pmatrix} E_i^C \\ Q_i^C \end{pmatrix} \tag{9.8}$$

$$\boldsymbol{C}^O = \begin{pmatrix} E_o^C \\ Q_o^C \end{pmatrix} \tag{9.9}$$

$$\boldsymbol{T}^C = \begin{pmatrix} 1 & \\ & 1 \end{pmatrix} \tag{9.10}$$

分别称为"信号输入矢量""信号输出矢量""信号变换矩阵"，则生化循环量子通信方程可以表示为

$$\boldsymbol{C}^O = \boldsymbol{T}^C \boldsymbol{C}^I \tag{9.11}$$

9.2.4 生化量子通信

从上述通信的过程看，基于生化环路进行的通信是量子化的，即参与生化反应的能量是量子化的，它和对应的化学反应相伴生，同样，它所携带的电量也是量子化的。量子化控制为精确的数量调制关系奠定了基础。这一本质揭示了生化反应的信息通信中信息的精确性来源。

9.2.5 多过程生化循环通信

在生理过程中,生化反应并不限于只有"一个循环"的生化过程。还存在多循环的生化过程。生化反应会出现两种情况:①串联生化循环;②并联生化循环。

9.2.5.1 串联生化循环

如图 9.2 所示,每一个方框表示一个生化循环,它的输出是下一级的输入,它们之间依次连接形成一个信息通信的链条。这种连接方式,我们称为"串联式生化循环通信"。

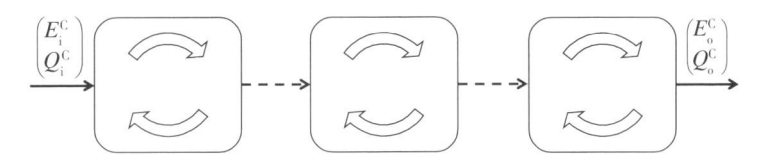

图 9.2 串联型生化循环通信

设第一级输入的信号变量矢量为 C_1^I,输出信号变量矢量为 C_1^O,第一级的信号变换矩阵为 T_1^C。根据生化循环量子通信方程,则可以得到

$$C_1^O = T_1^C C_1^I \tag{9.12}$$

如果我们依次把通信变换矩阵表示为 $T_2^C, \cdots, T_j^C, \cdots T_n^C$,输出的信号矢量表示为 $C_2^O, \cdots, C_j^O, \cdots C_n^O$。其中,$j$ 表示第 j 级生化循环,n 表示共有 n 级生化循环,则我们可以得到

$$\begin{gathered} C_2^O = T_2^C C_1^O \\ \vdots \\ C_j^O = T_j^C C_{j-1}^O \\ \vdots \\ C_n^O = T_n^C C_{n-1}^O \end{gathered} \tag{9.13}$$

根据上述公式,可以得到

$$C_n^O = T_n^C T_{n-1}^C \cdots T_j^C \cdots T_1^C C_1^O \tag{9.14}$$

令 $T_t^C = T_n^C T_{n-1}^C \cdots T_j^C \cdots T_1^C$,根据生化循环矩阵则可以得到

$$T_t^C = \begin{pmatrix} 1 \\ & 1 \end{pmatrix} \quad (9.15)$$

我们就可以得到

$$C_n^O = C_1^O \quad (9.16)$$

式（9.16）表明输入的信号变量和输出的信号变量相等，信号保持了守恒。这与只有一个生化循环的情况的形式相同。

9.2.5.2 并联生化循环

如果生化环路出现分化，即一个生化环路分解为两个生化环路，这种情况下分化出来的环路称为"并联生化环路"；也存在两个生化环路并合成为一个生化环路的情况。这两种情况，我们均称为"并联生化循环"。

如图9.3所示，在第一级生化循环后，生化循环被分解为两个连续型生化循环。

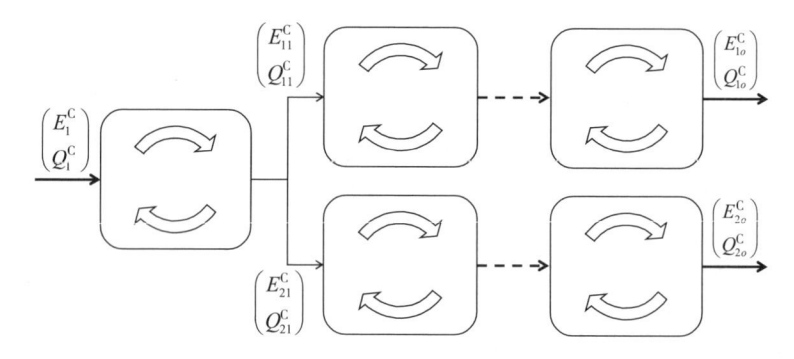

图 9.3　并联生化循环通信

根据生化循环规律，第一级满足

$$C_1^O = T_1^C C_1^I \quad (9.17)$$

生化循环被分解为两级时，第二级输入的化学能分别记为 E_{11}^C 和 E_{21}^C，输入到环路的电量分别记为 Q_{11}^C 和 Q_{21}^C。根据能量守恒和电量守恒，则存在两个关系

第9章 生化环路量子通信原理

$$E_1^C = E_{11}^C + E_{21}^C$$
$$Q_1^C = Q_{11}^C + Q_{21}^C \quad (9.18)$$

令

$$\boldsymbol{C}_{11}^O = \begin{pmatrix} E_{11}^C \\ Q_{11}^C \end{pmatrix} \quad (9.19)$$

$$\boldsymbol{C}_{21}^O = \begin{pmatrix} E_{21}^C \\ Q_{21}^C \end{pmatrix} \quad (9.20)$$

则可以得到关系

$$\begin{pmatrix} E_1^C \\ Q_1^C \end{pmatrix} = \begin{pmatrix} E_{11}^C \\ Q_{11}^C \end{pmatrix} + \begin{pmatrix} E_{21}^C \\ Q_{21}^C \end{pmatrix} \quad (9.21)$$

也就是

$$\boldsymbol{C}_1^O = \boldsymbol{C}_{11}^O + \boldsymbol{C}_{21}^O \quad (9.22)$$

若输出的化学能分别记为 E_{1O}^C 和 E_{2O}^C，输出到环路的电量分别记为 Q_{1O}^C 和 Q_{2O}^C，并令

$$\boldsymbol{C}_{1O}^C = \begin{pmatrix} E_{1O}^C \\ Q_{1O}^C \end{pmatrix} \quad (9.23)$$

$$\boldsymbol{C}_{2O}^C = \begin{pmatrix} E_{2O}^C \\ Q_{2O}^C \end{pmatrix} \quad (9.24)$$

则根据串联关系，第一个串联通路和第二个串联通路满足

$$\boldsymbol{C}_{11}^O = \boldsymbol{C}_{1O}^C \quad (9.25)$$

$$\boldsymbol{C}_{21}^O = \boldsymbol{C}_{2O}^C \quad (9.26)$$

由此，我们可以得到

$$\boldsymbol{C}_1^O = \boldsymbol{C}_{1O}^C + \boldsymbol{C}_{2O}^C \quad (9.27)$$

同理，如果出现反向的情况，也就是两个串联并行的生化回路连接到同一个生化环路上同样满足守恒关系。这里不再进行证明。

9.2.6　生物元器件通信原理

人体存在两种类型的生化活动过程：无机化学过程和有机化学过程。我们将进一步拓展对复生的理解，将它理解为生命体的活化过程。这并不是一个简单的命题，它已经涉及了何谓"生命"的问题。但至少我们看到一个基本的事实，"循环过程"是生命体存在的一个基本特征。

生命并不能定义为复生循环，但生命存在的一个特征是需要"循环机制"；否则，它将是一次性产物。也就是说，"循环"是生命体的一个基本运行特征，它保证生命体在一段时期内持续具有活性。复生循环不仅发生在可逆的化学循环中，也发生在电化学中。例如，神经的静息电位是电粒子在膜内外进行输送的结果。我们把这一现象推广到可复生循环的物质单位上。

将以生化复生循环构成该功能单位循环，且经循环后回到原始状态的过程，称为"理想生化循环"。在理想生化循环中，能量与能量载体保持守恒。这个原理，我们称为"生物元器件通信原理"。

证明如下：任意一个系统的生化循环过程包含两种形式：串联生化循环和并联生化循环。系统单位的总输入和总输出关系满足串联和并联信号变换关系，则上述原理得证。

必须指出的是，这是一个理想情况下的原理。在物质功能单位受损、异常、病变情况下，信号将不再维持上述的守恒性。

9.3　生化信号调制原理

在生化通信过程中，生化信号往往通过组织释放的化学递质进行信号释放，通过化学递质的受体进行辨识和接收。在人体生理学中，接收信号的细胞往往被称为"靶向细胞"，是实现生化信号的辨识、跨细胞通信的关键。

由于有了这一机制，人体可以使用一些共同的信息载体，实现多路信号的加载，而通过受体接收"递质"的特异性，在共同的神经通道上辨识并进一步分化这些信号。生化环路的普适性原理让我们能够在共通意义上得到了通信的本质，而递质和受体的特异性又让我们看到了通信实现的生物工程机制。

9.3.1　生理性信号介质

从信号通信的角度来讲，信号的通信往往借助物质或者介质，通过某种物质的相互作用形成通信连接。

在人体中，生理性质的生化信号有以下两种主要的形式。

（1）神经形成的电缆及信号处理的核团。

（2）循环系统的管网及信号传递的血液和体液。

这两种信号的通道均是在生化环路的基础上实现信号的传递和逻辑上的运算。尤其是神经信号，它是在特异性机制的基础上借助生物材料形成数字电路的运算。

9.3.2　生理性信号调制模型

生化环路把输入的化学能量 E_i^C 和电量 Q_i^C 作为信号。

根据信息通信的一般性原理，信号的传递需要进行"调制"，然后加载到介质上去，并通过"解调"实现对信号的识别。在这个过程中，信号的变量的值被传递了出去。这个过程是通过生化环路来实现信号变量向靶向目标传递的映射。在上述生化环路中，我们已经讨论过这个问题。

根据上述生化环路，输入变量依赖生化环路的化学反应，这个化学反应加载了外界的变量 E_i^C 和 Q_i^C。在输出时，利用生化环路的逆过程可知，输出变量为 E_o^C 和 Q_o^C。根据信息变换，它们满足 $E_o^C=E_i^C$，$Q_o^C=Q_i^C$。在这个过程中，生化环路的两个过程就可以视为通信的两个过程（见图9.4）：调制过程和解调过程。

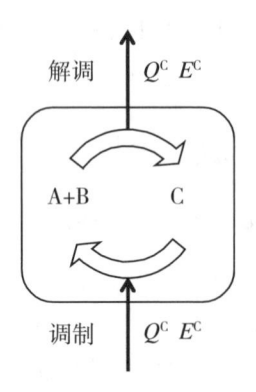

图 9.4 生化环路的调制和解调过程

9.3.3 生化环路功率调制与解调方程

在化学反应过程中，能量的传递和电量的传递是一份份的，也就是量子化传递，这就构成了量子化调制和解调机制。

假设在信号传递中，一份能量为 E_u^C，一份量子所携带的电量为 Q_u^C，在一个微小时间 Δt 内，输入的量子数为 n_i^C，定义单位时间内输入的粒子数为 J_i^C（我们称为"量子流"），则它可以表示为

$$J_i^C = \lim_{\Delta t \to 0} \frac{n_i^C}{\Delta t} \tag{9.28}$$

单位时间内传递的能量为 p_i^C（我们称为"量子功率"），则可以得到以下关系：

$$p_i^C = E_i^C J_i^C \tag{9.29}$$

这个关系式，我们称为"生化环路功率调制方程"。如果输出的功率为 p_o^C，单位时间内输出的粒子数为 J_o^C，则满足

$$p_o^C = E_o^C J_o^C \tag{9.30}$$

根据生化环路的通信关系，它也是"生化环路的解调方程"。

生化过程中输入的量子往往依赖一定的介质。在这个介质内，若它输入到环路中的体积为 V，量子的摩尔浓度为 ρ_m，则粒子数为

$$n_i^C = \rho_m V \tag{9.31}$$

则

第 9 章　生化环路量子通信原理

$$J_i^C = \frac{d(\rho_m V)}{dt} \quad (9.32)$$

这样，就可以通过生化环路内外输入和输出的粒子浓度的变化来得到 J_i^C。特殊情况下，若体积不发生变化，则上式可以简化为

$$J_i^C = V \frac{d\rho_m}{dt} \quad (9.33)$$

9.3.4　生化环路电量调制与解调方程

在一个微小时间 Δt 内，输入的量子数为 n_i^C，定义单位时间内，输入的粒子数频数记为

$$J_i^C = \lim_{\Delta t \to 0} \frac{n_i^C}{\Delta t} = \frac{dn_i^C}{dt} \quad (9.34)$$

同理，假设在信号传递中，一份能量为 E_u^C，伴随的电量转移为 Q_u^C，则在一个微小时间 Δt 内，电量转移总量为 $n_i^C Q_u^C$。对这个量进行时间微分，则可以得到

$$Q_u^C \frac{dn_i^C}{dt} = Q_u^C J_i^C = I_i^C \quad (9.35)$$

用 I_i^C 表示通过生化环路的粒子电流，则式（9.35）也可以简写为

$$I_i^C = Q_u^C J_i^C \quad (9.36)$$

这个关系式，我们称为"生化环路电流调制方程"。

同理，我们还可以得到"生化环路电流解调方程"：

$$I_o^C = Q_u^C J_o^C \quad (9.37)$$

式中，I_o^C 为经生化电路输出的电流。J_o^C 为单位时间内输出的粒子数：

$$J_o^C = \frac{dn_o^C}{dt} \quad (9.38)$$

式中，n_o^C 为 Δt 时间内输出的粒子数。J_o^C 与 J_i^C 相同，这里不再累述。

9.3.5　调制与解调信号关系

如果生化环路通路所在的介质始终保持中性，也就不会出现能量的积

累,则输入和输出对等,可以得到以下关系:

$$p_i^C = p_o^C \tag{9.39}$$

由此可以得到

$$J_i^C = J_o^C$$
$$I_i^C = I_o^C \tag{9.40}$$

这个关系,用矩阵可以表示为

$$\begin{pmatrix} p_o^C \\ I_o^C \\ J_o^C \end{pmatrix} = \begin{pmatrix} 1 & & \\ & 1 & \\ & & 1 \end{pmatrix} \begin{pmatrix} p_i^C \\ I_i^C \\ J_i^C \end{pmatrix} \tag{9.41}$$

这就使得我们找到了在宏观层次可以观察的物理量。通过对这些量的测量,就可以确立生化环路在运作时的人体的生理信号的调制和解调关系。

如果输入和输出的粒子数是周期性质的,即周期性的电流,设输入的周期性电流的电量和频率分别为 Q_{ui}^C 和 f_{ui}^C,输出的周期性电流的电量和频率分别为 Q_{uo}^C 和 f_{uo}^C,则可以得到

$$J_i^C = Q_{ui}^C f_{ui}^C$$
$$J_o^C = Q_{uo}^C f_{uo}^C \tag{9.42}$$

又可以得到

$$Q_{ui}^C f_{ui}^C = Q_{uo}^C f_{uo}^C \tag{9.43}$$

周期性的电量满足 $Q_{ui}^C = Q_{uo}^C$,由此可以得到

$$f_{ui}^C = f_{uo}^C \tag{9.44}$$

则调制与解调的矩阵可以进一步简化为

$$\begin{pmatrix} p_o^C \\ I_o^C \\ f_{uo}^C \end{pmatrix} = \begin{pmatrix} 1 & & \\ & 1 & \\ & & 1 \end{pmatrix} \begin{pmatrix} p_i^C \\ I_i^C \\ f_{ui}^C \end{pmatrix} \tag{9.45}$$

在式(9.45)中,我们已经可以看到3种信号的调制和解调关系:第一类是能量的变换关系;第二类是电路信号的变换关系;第三类是对能量进行的频率编码关系,也是对电流的频率编码关系,二者是等价关系。

第 10 章　生物元器件

　　人体活体的存在，建立在各种生物性组织、器官等的自我复生、复活、再生机制之上。人体依赖生物系统的开放性不断从外界获取能量和物质，并依赖生物系统的循环工作机制达到上述目的。生物组织的循环往复的工作建立在人体的生化环路的通信基础之上。这就意味着，以生化循环为基础的生物单位，在由生化循环到细胞单位（含神经元）、组织单位、器官单位、生物系统等的逐次单位升级扩大的过程中，构成了不同层次的生物元器件，实现多层次的信号输入到输出的变换、神经电信号控制、代谢生化信号控制。

　　这一逻辑决定了利用生化提供的复生循环机制，可以从生化循环的量子通信的原理中推导出逐级变化的信号生成关系。生物信号载体（细胞、神经核团、生物组织、器官、生物功能系统等）会成为不同的信息功能单位。我们从信号的角度来理解，将这些功能单位均作为信号的器件，这样，我们就可以在生化量子通信的基础上讨论"生物元器件"通信问题。

10.1　生化信号放大原理

　　把生物复生的循环过程所承载的载体转换为生物通信器件，就可以将信息学、控制学与生物通信与控制联系在一起。在器件的基础上建立信息的控制过程，就更加容易看清楚人体或者其他生物的信息运作过程。

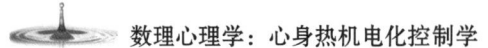

10.1.1 生物器件

生化反应的往复循环过程发生在人体的细胞核、细胞体、神经、核团、生物系统等生理性的功能单位中，实现生化信号的传递和能量输送。这类生物性的载体能够形成对信号进行处理的独立器件，我们把这类器件称为"生物器件"。例如，图10.1所示是最简单的、包含一个循环的生物复生系统，它的输入信号和输出信号采用等量的方式进行传送，不具有信号放大的作用。它的载体就构成了一个最为简单的生物器件。

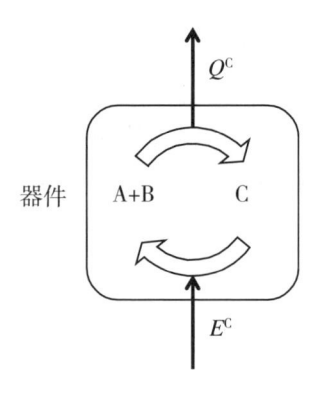

图 10.1 无放大器件

10.1.2 生物器件信息方程

生物性质器件如果存在复生循环机制，我们就需要对它构成的器件进行数理描述。

设输入到器件的外界信号的能量为 w_i，维持生物活体进行新陈代谢的能量为 w_{bi}，该器件存储的能量为 w_s，自身消耗的能量为 w_u，输出的能量为 w_o，则根据能量守恒可以得到

$$w_i + w_{bi} = w_u + w_s + w_o \tag{10.1}$$

该方程，我们称为"生物器件能量变换方程"。

对式（10.1）时间求导，则可以得到

$$p_i + p_{bi} = p_u + p_s + p_o \tag{10.2}$$

该方程,我们称为"生物器件功率变换方程"。能量和功率是人体基本信号。上述两个方程是对人体生化器件进行描述的基本方程,是理解生化信息的切入点。

10.2 生化放大器

利用复生循环形成的通信原理就可以组成生物意义的放大器,这在人体的生化原理中可以看到。这里,我们将建立关于生化放大器的器件描述。

10.2.1 生物器件特性

在理想情况下,生物器件的生化循环过程如果始终能够回到初始状态,则上述方程始终成立,信号始终保持稳定。根据上述方程,定义生物器件的放大率为 β_e:

$$\beta_e = \frac{w_o}{w_i} \quad (10.3)$$

或者

$$\beta_e = \frac{p_o}{p_i} \quad (10.4)$$

上述两个方程是等价的。

若是电量信号,设输入信号的电流为 Q_i,生化代谢的电量输入为 Q_{bi},生物器件的输入电流为 Q_o,放大率表示为 β_q,则可以得到

$$\beta_q = \frac{Q_o}{Q_i} \quad (10.5)$$

生物器件的放大性原理如图 10.2 所示。

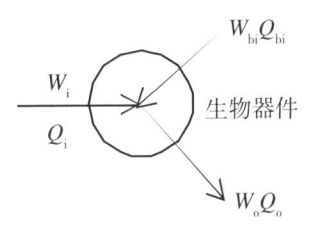

图 10.2 生物器件的放大器原理

设输入一个环路的信号包含两个成分——$E_i^C(s)$ 和 $E_i^C(b)$，这两个信号共同构成了生化环路的输入信号，则满足

$$E_i^C = E_i^C(s) + E_i^C(b) \tag{10.6}$$

这两个部分携带的电量为 $Q_i^C(s)$ 和 $Q_i^C(b)$，则

$$Q_i^C = Q_i^C(s) + Q_i^C(b) \tag{10.7}$$

根据生化环路原理，则可以得到

$$\begin{pmatrix} E_o^C \\ Q_o^C \end{pmatrix} = \begin{pmatrix} 1 & \\ & 1 \end{pmatrix} \begin{pmatrix} E_i^C(s) + E_i^C(b) \\ Q_i^C(s) + Q_i^C(b) \end{pmatrix}$$

$$= \begin{pmatrix} 1 & \\ & 1 \end{pmatrix} \left[\begin{pmatrix} E_i^C(s) \\ Q_i^C(s) \end{pmatrix} + \begin{pmatrix} E_i^C(b) \\ Q_i^C(b) \end{pmatrix} \right] \tag{10.8}$$

如果，$E_i^C(s)$ 代表外部刺激信号的输入，而 $E_i^C(b)$ 代表生化循环环境的内部输入，从信号关系上来看，由于存在第三方的能量输入 $E_i^C(b)$，输出的信号的能量相对 $E_i^C(s)$ 而言更大，这就构成了信号的放大效应。设 β_E^C 为能量放大系数，则满足

$$\beta_E^C = \frac{E_o^C(s)}{E_i^C(s)} \tag{10.9}$$

同理，对于电量而言，设电量的放大系数为 β_Q^C，则可以得到

$$\beta_Q^C = \frac{Q_o^C(s)}{Q_i^C(s)} \tag{10.10}$$

从这个原理中我们可以看到，一个生化循环在有两个输入成分时信号的能量开始放大。

若一个生物的器件只存在一个可逆循环过程，则这个器件的输入和输出之间满足输入信号和输出信号相等，这个器件称为"无放大器件"。它的信号关系在复生循环的知识点中已经讨论过。如图 10.1 所示的器件就是无放大器件。

$$\begin{pmatrix} E_o^C \\ Q_o^C \end{pmatrix} = \begin{pmatrix} 1 & \\ & 1 \end{pmatrix} \begin{pmatrix} E_i^C \\ Q_i^C \end{pmatrix} \tag{10.11}$$

第 10 章 生物元器件

根据上述内容,则可以得到生物器件的放大率为

$$\begin{cases} \beta_e = 1 \\ \beta_q = 1 \end{cases} \quad (10.12)$$

10.2.2 级联放大器件

把不同的生化循环环路组合在一起就构成了新形式的生化环路,也就是级联环路。级联信号会出现把输入信号进行放大的效应,称为"级联放大效应"。在生物化学中,这些现象得到了有效观测。在这里,借助前面建立的生化环路通信原理,来建立级联信号放大器件。利用上述无放大器件,可以阐述关于级联放大的原理。

如图 10.3 所示,存在多级级联效应,且每级均存在放大效应。设每一级放大级数用 l 来表示,共有 n 级,能量放大系数与电量放大系数分别记为 $\beta_E^C(l)$、$\beta_Q^C(l)$,则可以推导输入和总的输出之间的关系,它的放大率为各级级联放大系数相乘,满足以下关系:

$$E_o^C(s) = \beta_E^C(1) \cdots \beta_E^C(l) \cdots \beta_E^C(m) E_i^C(s) \quad (10.13)$$

$$Q_o^C(s) = \beta_Q^C(1) \cdots \beta_Q^C(l) \cdots \beta_Q^C(m) Q_i^C(s) \quad (10.14)$$

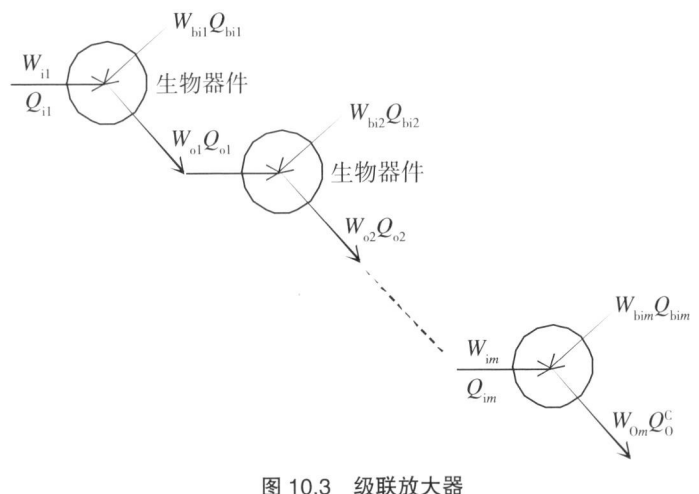

图 10.3 级联放大器

由此，可以得到信号通信关系为

$$\begin{pmatrix} E_o^C(s) \\ Q_o^C(s) \end{pmatrix} = \begin{pmatrix} \beta_{TE}^C & \\ & \beta_{TQ}^C \end{pmatrix} \begin{pmatrix} E_i^C(s) \\ Q_i^C(s) \end{pmatrix} \quad (10.15)$$

式中，$\beta_{TE}^C = \beta_E^C(1)\cdots\beta_E^C(l)\cdots\beta_E^C(m)$，$\beta_{TQ}^C = \beta_Q^C(1)\cdots\beta_Q^C(l)\cdots\beta_Q^C(m)$。如果我们把整个循环的频率定为 f_T^C，则多级级联的通信编码为

$$\begin{pmatrix} P_o^C(s) \\ I_o^C(s) \end{pmatrix} = \begin{pmatrix} \beta_{TE}^C & \\ & \beta_{TQ}^C \end{pmatrix} \begin{pmatrix} P_i^C \\ I_i^C(s) \end{pmatrix} \quad (10.16)$$

式中，$P_o^C(s) = E_o^C(s)f_T^C$，$I_o^C(s) = Q_o^C(s)f_T^C$，$P_i^C(s) = E_i^C(s)f_T^C$，$I_i^C(s) = Q_i^C(s)f_T^C$。这样，我们就得到了多级级联放大时的信号编码关系。

在生化层次，级联的反应构成了一个生物性质的放大器，这个放大器本身也构成了一类生化意义的放大器件。

第 11 章 人体生化程控模型

人体基于生化的循环形成生化通信的元器件。除此之外，人体的生化系统还可以利用化学关系形成信使和受体（配体）之间的特异性识别机制，利用这个机制形成具有普遍意义的信号识别系统，并形成通信网络。因此，这就需要在生化的机制上建立人体的生化机制构成的识别系统，为后续的通信控制机制建立基础。在这一章，我们将建立关于人体生化的程控模型。

11.1 生化识别与控制器件

在人体中，化学递质和受体之间构成了一种特征反应关系，并具有特异性，即某种化学递质往往和某种特定受体进行反应。从通信与信息角度看，化学递质本质上就构成了一类信使，而受体则成为对应配体，形成"信使－配体"对应关系。

11.1.1 信使－配体寻呼器件

在人体中，神经和特定器官均可以释放化学递质，实现向靶器官或靶细胞（下统称"靶器官"）的受体进行通信的机制。从通信角度看，这个过程就构成了生化意义的"寻呼"。信使是发出的信号，配体是要寻呼的信息接收方，两者就构成了通信的"寻呼器件"。为了描述这个关系，我们用 M 表示信使（通常是某种化学物质），用 A 表示受体，二者事件的关

系表示为

$$\boxed{M|A} \qquad (11.1)$$

它用来表示在生化通信中的拨号关系，称为"寻呼器件"，或者"寻呼器"。

11.1.2 效应器件

寻呼器往往和"靶器官"联系在一起，并促发对靶器官的效应控制物质反应，即释放一种新的化学物质，诱发靶器官产生兴奋性或者抑制性反应物质。这个过程，我们称为"效应器控制"。由配体产生的化学递质称为"效应信使"，记为 EM，产生的效应记为±（正号表示兴奋性，负号表示抑制性）。这个关系，我们表示为

$$\boxed{EM|\pm} \qquad (11.2)$$

我们把它视为一个器件，称为"效应点火器"，或者"生化点火器"。在神经信息控制中，我们实际上已经接触了这类器件。

11.1.3 寻呼 – 效应控制

通常在只有一个寻呼器和点火器的情况下，也就是受体接收到信使信号后，就触发效应器的反应。这种寻呼，我们称为"一级寻呼"。它们两者的通信关系，我们就表示为

$$\boxed{(M|A)(EM|\pm)} \qquad (11.3)$$

如某些信使到了某些腺体后，腺体重新释放信使到血液，则构成了二级寻呼关系。这个关系，我们就表示为

$$\boxed{(M_1|A_1)_1 (M_2|A_2)_2 (EM|\pm)} \qquad (11.4)$$

我们用下标区分一级和二级的信使、配体及不同级别寻呼关系。依此类推，多极寻呼则表示为

$$\boxed{(M_1|A_1)_1 \cdots (M_n|A_n)_n (EM|\pm)} \qquad (11.5)$$

在不关心中间信号传递关系的情况下，可以简写为

$$\boxed{\left(M_1\middle|A_n\right)_n\left(\text{EM}\middle|\pm\right)} \tag{11.6}$$

即把中间环节看成一个系统，从而直接了解最终的控制结果。

通过这个简单的符号关系，我们可以追踪到产生信使触发反应的过程。

11.2 人体生化程控模型

利用上述器件，我们就可以建立人体生化程控模型。人体用来产生、控制信使和信号的组织包括神经、腺体等，通过神经传递、血液传递，释放化学递质，被配体接收。信使，我们就称为"拨号信使"。不同配体又会涉及程控问题。

11.2.1 人体程控模型

不同器官具有不同的特异识别信使配体。我们把拨号的信使记为 M_X，则信使和不同"寻呼 – 效应器件"之间的通信关系可以表示为图 11.1 所示的结构，即把寻呼器作为一个分控的装置，特定信使可以对对应靶器官进行寻呼。在人的生化系统中，寻呼器类似于电话号码，信使则对某个或者某些电话号码进行拨号。这一过程由人的生化系统的化学机制来实现。这个模型，我们称为"人体生化寻呼程控模型"。

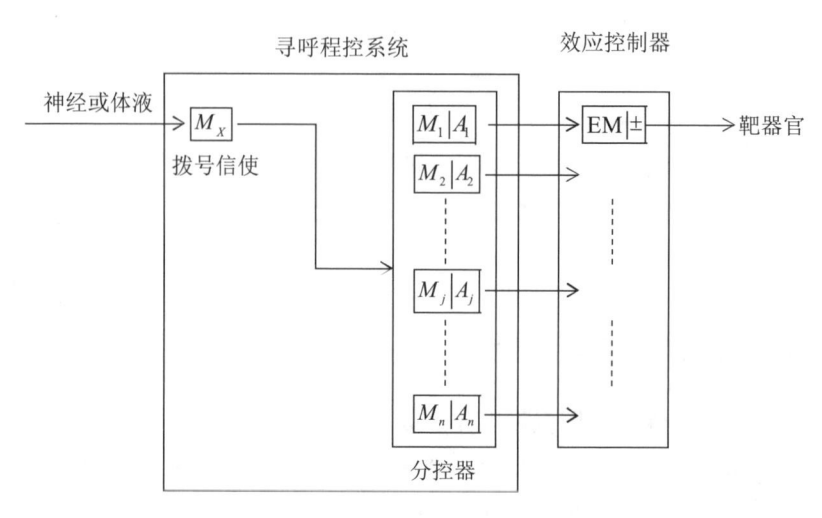

图 11.1 人体生化寻呼程控模型

由于传递信使的介质不同，人体拨号的信使可以实现单路和多路传输。例如，在体液中传递的信使可以实现不同信使在体液中同时传输，也就构成了多路同时传输。人体生化寻呼程控模型也包含了多极控制，只需要对分控器进行展开即可。

11.2.2 人体生化寻呼程控模型的意义

人体生化寻呼程控模型把人体生化信号之间的生化反应关系转换为通信关系，使得人体的生化通信的机制显示了出来。它具有下述理论意义。

11.2.2.1 确立通信机制

人体生化寻呼程控模型概述了人体器官由神经信号和化学信号控制的整体通信机制。神经具有专属的神经通信通道，而体液则共用通信通道实现信号拨号。这一机制使得人体生化通信和靶器官之间的通信关系整体显露出来。

11.2.2.2 为调谐机制铺平道路

人体的器官受来自外界的各种信号的影响。这些信号具有调节功能，构成调谐信号，释放不同的信使进行调谐。在这个系统的机制建立后，才有可能在整体功能上建立器官和靶器官的调谐机制。

11.2.2.3 靶器官点火机制显露

靶器官的效应器是效应信使的接入器。在程控的功能上，信使传递的信号不光包含拨号的信号，同时包含对效应的大小和极性进行控制的信号。这就为进一步建立靶器官的控制机制、不同靶器官之间的协同机制提供了可能性。

11.3 体液量子通信

人体血液循环系统以血液为介质进行物质、能量运输同时加载生理活动调控的控制信号。它的状态影响着人体生理系统的供能控制、生长控制、生殖控制，进而影响人体运动行为、精神运作。

以血液循环系统为物质连接方式建立的信息通道，实现了多种信息调制、加载、解码。它的信息公用特性使它需要具有对多路信号在加载、解码时进行区分、提取的能力，即如何在这个公用的通道中建立信号寻呼拨号机制和靶器官与靶细胞的程控接收机制。这一特性涉及生理生化、神经传递质、受体、内环境等的电化学通信关系。并且，体液量子通信涉及人体体液的物化内环境，或者说，物化内环境是体液量子信息通信的一个关键条件。物化内环境是体液量子的物质基础和条件，这就构成了内环境保持平衡问题。参与人体内环境调节的系统主要包括神经系统、免疫系统、内分泌系统。

因此，在这一章，我们将基于生理学经典实验成果，阐述以体液为通信介质的数字程控通信的基本原理。为了清晰讨论体液的数字程控原理，我们将根据系统的层次、完备性、逻辑关系，逐次建立它们之间的通信关系。

11.3.1 唐南约束

唐南（1911）提出的唐南平衡论如下：如果在半透膜一侧放置不能透过膜的大分子电解质（如蛋白质钠盐），则小分子电解质 NaCl 或其他小分子电解质在膜的两侧溶液中就将会形成不相等的分布。这个效应反映了大分子存在时，小分子的分布受其制约。根据唐南平衡论，体液中阴离子总数应与阳离子总数相等，以保持电中性，阴离子的数量往往随阳离子总量的改变而变化。

在体液通信中，这一条件成为体液信息传递守恒的充要条件，即在这个条件下，体液通信才能保证信号的"忠实"。由此，基于对这一通信本质的理解，我们把"唐南平衡"称为"唐南约束"。下述，我们将利用这一约束，构建人的体液通信方程。

11.3.2 体液通信方程

在体液通信中，产生化学递质的器官或者组织把化学递质注入体液中，通过体液循环到达靶器官，被受体识别而接收。化学递质往往是具有某种电量和化学能的粒子。

产生化学递质的组织、器官和受体均具有复生机制，即在释放物质或者接收物质时均可以通过复生机制回到原状态。这就意味着，产生化学递质的信息源在体液内进行物质交换，构成生化循环。同理，受体的物质交换和变化过程也在体液内构成了生化循环，如图 11.2 所示。

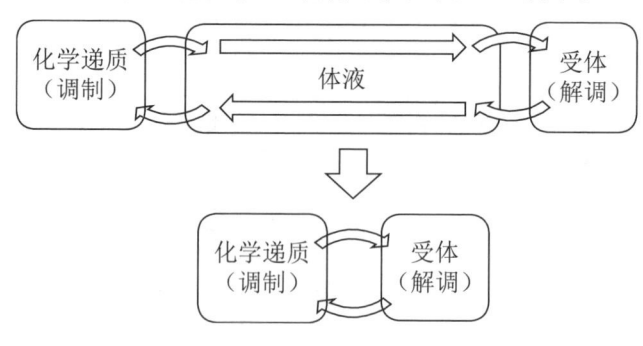

图 11.2 体液通信等价关系

由于体液保持电中性，则注入的带电粒子经体液循环后会被受体吸收而携带等价电量，从而使体液保持电中性。又由于受体是特异性的，它仅对注入的化学粒子进行吸收，这就保证了注入的化学递质携带的化学能被受体等价吸收。因此，它们之间的通信如图11.2所示，即它们之间构成了生化循环关系。

设经过化学递质传递的量子化能量和电量为 E_i^{BC}、Q_i^{BC}，受体接收的量子化能量和电量为 E_o^{BC}、Q_o^{BC}，则它们之间的关系为

$$\begin{pmatrix} E_o^{BC} \\ Q_o^{BC} \end{pmatrix} = \begin{pmatrix} 1 & \\ & 1 \end{pmatrix} \begin{pmatrix} E_i^{BC} \\ Q_i^{BC} \end{pmatrix} \quad (11.7)$$

这个式子，我们称为"体液通信方程"。这个方程将是我们理解通过体液通道进行信号控制的基础。

这个方程是在考虑最为简单的两要素的情况下得到的。某些神经递质可能被多个器官和组织进行接收的情况，这时就只需要把这些组织、器官看成一个整体，仍然满足这个方程变换关系。

如果释放化学递质的信息源在释放化学递质时具有周期性，设 f_o^{BC} 为单位时间内释放的粒子 Q_o^{BC} 的频数，则式（11.7）就可以转换为

$$\begin{pmatrix} P_o^{BC} \\ I_o^{BC} \end{pmatrix} = \begin{pmatrix} 1 & \\ & 1 \end{pmatrix} \begin{pmatrix} P_i^{BC} \\ I_i^{BC} \end{pmatrix} \quad (11.8)$$

式中，$P_o^{BC} = E_o^{BC} f_o^{BC}$，$I_o^{BC} = Q_o^{BC} f_o^{BC}$，$P_i^{BC} = E_i^{BC} f_o^{BC}$，$I_i^{BC} = Q_i^{BC} f_o^{BC}$。这个式子，我们称为"体液通信编码方程"。

11.4 人体信息程控模式

在人体的信号通信中，人体生理学总结了标准化的从信号输入到目标器官的控制模式，它的本质就是人的信息程控模式。有了信息的程控模式，器官之间的通信联系的区分才能够真正实现。

11.4.1 人体程控模式

在人体反射控制的模式中，可以清楚地看到人的信息系统的控制的分化。图11.3所示的模式是信号控制的典型模式。在这个模式中，信号系统在接收外部刺激后，出现两大分化：①感觉神经元接收外部信号，释放神经化学递质；②内分泌接收外部信号，释放化学递质。这是两个不同的信号调谐系统。在第一个信号系统中，感受神经元通过释放神经化学递质对神经中枢（CNS）进行作用，这是它们共同的信号输入方式。神经中枢对目标控制器件进行控制后，出现两个分化：①通过神经化学递质控制下级系统；②通过神经激素控制下级系统。在这两个传递信使的分化下，信号激素信使利用体液，又继续分化。这些分化本质上是分路控制基本原理支配的方式的一种体现。

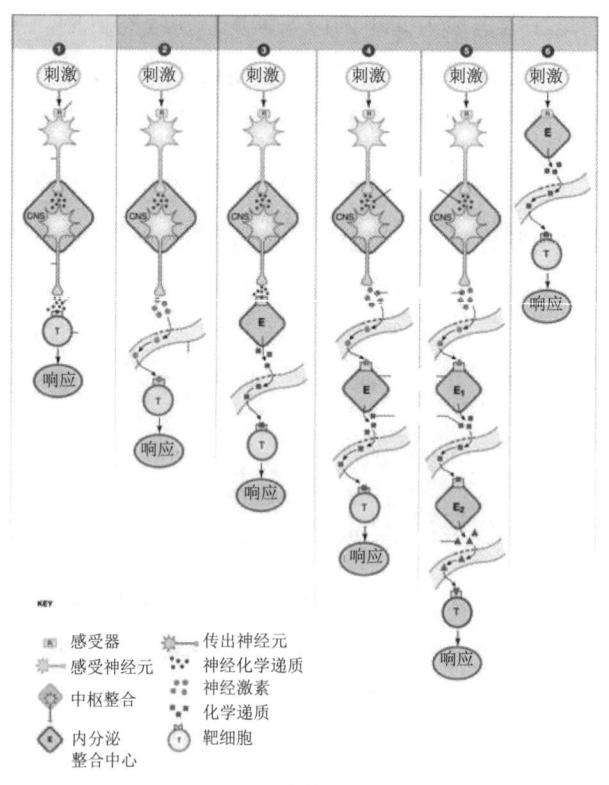

图 11.3 人体程控模式

11.4.2 人体程控模式分类

人体程控的方式在不同的系统中均有体现。根据信号系统,我们主要把它分为以下两个系统。

(1)交感神经与副交感神经分控系统。它主要用来对人体的内脏系统实现控制。

(2)内分泌分控系统。它主要用来对人体内脏的物质代谢实现控制。

这两个系统在人体的新陈代谢活动中至关重要,我们将在后续原理的讨论中对这一问题进行深入的理论构建。

第 12 章 人体反馈控制原理

在前面几个章节，我们已经找到了人类信息系统（神经系统、体液系统）信号通信的关键机制，这为在整体上理解信号的通信加工奠定了基础。在此基础上，将基本的通信器件联系在一起，就形成了各类复杂信息网络。人体构成网络系统的基本模式是反馈闭环或者开环的控制模式。

人的生命系统通过反馈控制，对控制的行为进行纠正或纠错，这就形成了一个普遍的信息模式。因此，人体反馈控制的基本原理，就成为继信号通信问题后，又一普适性核心原理。

在工程科学领域，控制论的最基本模式架构已经得以确立并在工程领域大量使用。尽管这一理论设立的初衷也涵盖生命科学领域，但生命系统的信号、通信的机理的特定性，需要根据生命科学建立的基本通信原理来完成人的反馈系统理论的建立。因此，我们将借鉴工程科学的控制原理，并结合人体通信的数理原理，来阐述人体的反馈控制原理。所以回顾控制科学的原理是必需的。

12.1 反馈控制模型

人体的生物系统通过各种信息介质实现环路的通信和控制。神经、体液等均是传递信息的信息介质。在《数理心理学：心物神经表征信息学》中，我们已经部分揭示了这个事实①。在考察人的整体运行时，信息往往构成闭环系统，形成闭环的反馈控制。这一特性在工程控制论中已经建立了它的基本性原理，这一原理就为我们在生化系统上确立人的生物信息反馈系统的工作机制奠定了数理基础。

生物系统通过生化环路可以源源不断地实现信息的反复传递。不同的信息连接在一起就构成了信息的环路，对信息过程和控制对象进行调整就构成了信息控制问题。在神经的反射、生化信息环路中，这一特性已经显露出来。

为建立关于生物的信息反馈控制原理，在这一节，将分为以下两个关键内容。

（1）回顾工程学中的一般控制论的基本原理。

（2）根据一般工程控制学原理，建立关于人的闭环环路的控制方程。

控制论是在考察生物和工程机器的基础上，抽提出来的一种普适性的"控制"的理论，这一理论的普适性涵盖了生物信息控制本身。在前文的几个部分，我们考察了人体的动力和供能系统，这就需要在控制的基础上确立人体工程控制问题。这是人体的反馈控制理论确立的关键。

12.1.1 控制系统模型

诺伯特·维纳最初将控制论定义为对动物和机器控制与通信的科学研究。换句话说，这是关于人、动物和机器如何相互控制和通信的科学研究。从此出发，控制论是研究动物（包括人类）和机器内部的控制与通信一般规律的学科，着重于研究过程中的数学关系，包括在各类系统中的控制结构、信息交换、反馈调节。

这一普适性使得控制科学在下述学科中广泛使用：人类工程学、控制工程学、通信工程学、计算机工程学、一般生理学、神经生理学、心理学、数学、逻辑学、社会学等。

---

① 高闯. 数理心理学：心物神经表征信息学[M]. 长春：吉林大学出版社，2023.

闭环控制模型包括控制器、控制对象、信息反馈3个关键环节，如图12.1所示。输入信号通过控制器控制的对象输出，输出的信号又作为反馈信号对输入信号进行校正，这就构成了控制的内核。在这个过程中，包含以下3个重要的特征。

（1）输入的信息经过控制器和控制对象而输出，即通过控制影响了信息流的输出。

（2）由于反馈的存在，信息才能回馈到输入端，这是校正的基础。

（3）一般的信息控制均具有参考值，反馈信息与参考值相比对，构成了调整基础。

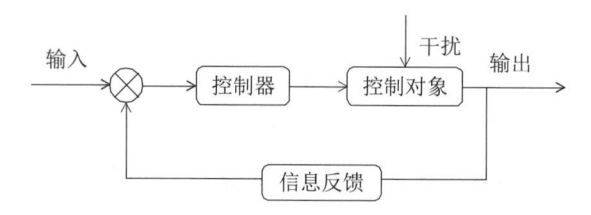

图12.1 控制系统模型

在这个关系中，控制模型本质是系统、信息、控制合一。根据控制的方向，反馈又分为两种类型：正反馈和负反馈，如图12.2所示。

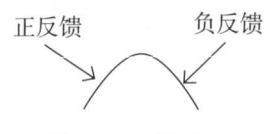

图12.2 反馈类型

输出的信息是受控信息。如果受控的输出信息经反馈调节后朝着与它原先活动相同方向改变，则为正反馈。例如，原来的信号在增加，反馈后继续增加，也就是反馈信号的极性与系统输入信号的极性相同，起着增强系统净输入信号的作用，称为"正反馈方式"。负反馈指受控部分发出的反馈信息调整控制部分的活动，最终使受控部分的活动朝着与它原先活动相反方向改变。

12.1.2 控制变换

把图 12.1 中的系统进一步简化,将控制器和控制对象看成一个系统,就可以表示为图 12.3 的形式。输入信号记为 S_i,输出的信号记为 S_o,系统把输入信号转换为输出信号,系统的变换函数记为 T_C,反馈的变换函数记为 T_F,则它们之间的关系满足:

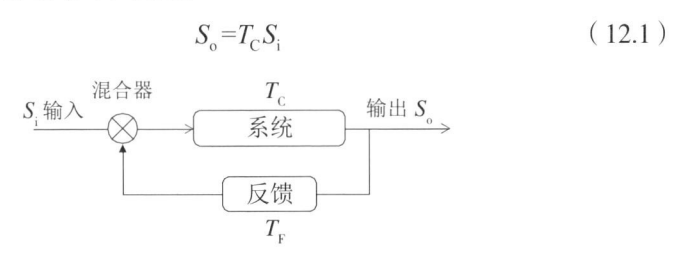

$$S_o = T_C S_i \tag{12.1}$$

图 12.3 控制与反馈变换

根据反馈的信号走向关系,则可以得到反馈变量之间的数理逻辑关系为

$$S_i = T_F S_o \tag{12.2}$$

由此,经反馈后的信号如果发生信息的混合,在混合之后输入到系统的变量就表示为 $S_i + T_F S_o$。把这个关系代入系统控制关系式,则就可以得到

$$S_o = T_C (S_i + T_F S_o) \tag{12.3}$$

对式(12.3)求解,可以得到输入和输出之间的逻辑关系为

$$\frac{S_o}{S_i} = \frac{T_C}{1 - T_C T_F} = T_S \tag{12.4}$$

T_S 称为"整个系统的传递函数"[①]。在这里,我们需要说明的是,考虑到人的认知与神经信号系统的对称性变换问题,这里的传递函数统一记为 T,它也是变换的另外一种形式的表达。

在反馈中,反馈可能是正反馈,也可能是负反馈,它的符号整体包含在 T_F 中,在这里并未进行区分。在实际中,需要对这种情况进行区分。

---

① 钱学森,宋健. 工程控制论(上)[M]. 北京:科学出版社,2011.

12.1.3 控制系统的意义

控制系统是在生物信息系统和机械系统中寻找到的一种共通性，它给我们一种考察生物系统的关键性视角：控制系统往往构成一个闭环系统，即它为了实现对控制目标的调整，需要根据反馈信息与输入信息混合比对，实现对目标的控制。

控制系统构建的要素、逻辑关系成为控制系统逻辑构建的关键，因此在控制系统的构建中，将信息、状态、控制变量紧密地联系在一起成为反馈系统控制的关键。

12.2 人体信息反馈属性

在人体的神经、体液信息系统中，生理学家已经发现了大量反馈系统，反馈系统在人的通信系统中的普遍性已经成为一种共识。人体的神经、体液编码系统即信号变换系统底层机制的突破，使得可以在人的信息系统的特性上来讨论人体的信息反馈功能属性，并在更高一级层次上理解信息反馈功能。

神经、体液信号系统建立的共通性机制，使讨论复杂的信息系统成为可能。我们将基于生化建立的可逆性，建立这一数理机制。

12.2.1 控制变换

如图 12.4 所示，对于人体的反馈系统而言，它的反馈一般包含两个环节：对系统输出的信号进行采集、对采集的信号进行处理。这两个环节共同进行作用，构成了反馈核心，因此反馈函数必然包含着这两个独立环节。在反馈系统中，往往还存在这种形式的复杂控制系统，为了讨论方便，我们将首先从这种极简形式开始介绍。

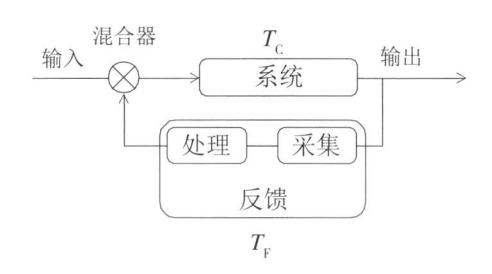

图 12.4 人体信号控制系统

注：人体生化循环控制系统中，对输出信号进行采集、加工处理之后，反馈到系统中，它的反馈往往包含两个环节：反馈信号采集、反馈信号处理。

因此，要建立整个控制系统的方程，就需要从以下两个基本方向寻找到人的信息系统的变换方程。

（1）控制方向信息变换，即信息流进入到信息系统后，建立输入量和输出量之间的数值关系。

（2）反馈方向信息变换，即将控制方向的信息状态输入到反馈中，建立反馈的输入和输出量之间的数值关系。

12.2.2 生化环路控制方程

无论是神经元建立的复杂网络系统，还是系统建立的寻呼系统，都是基于生化循环的环路机制。因此，把一个处于控制环节的神经单元或者生化单元看成一个系统，则这个系统仍然遵循环路机制。设输入的量子能量信号和量子电量信号记为 E_i^{CS} 和 Q_i^{CS}，输出的量子能量信号和量子电量信号记为 E_o^{CS} 和 Q_o^{CS}，则根据生化环路通信方程，可以得到系统的输入和输出之间的关系为

$$\begin{pmatrix} E_o^{CS} \\ Q_o^{CS} \end{pmatrix} = \begin{pmatrix} 1 & \\ & 1 \end{pmatrix} \begin{pmatrix} E_i^{CS} \\ Q_i^{CS} \end{pmatrix} \quad (12.5)$$

这是一个线性关系。如果把这个系统作为控制系统，这个关系也就建立了控制系统的输入和输出关系。在这两个系统中，如果控制系统存在频率编码，设频率为 f^{CS}，则式（12.4）和（12.5）就可以表示为

$$\begin{pmatrix} P_o^{CS} \\ I_o^{CS} \end{pmatrix} = \begin{pmatrix} 1 & \\ & 1 \end{pmatrix} \begin{pmatrix} P_i^{CS} \\ I_i^{CS} \end{pmatrix} \quad (12.6)$$

式中，$P_o^{CS} = E_o^{CS} f^{CS}$，$I_o^{CS} = Q_o^{CS} f^{CS}$，$P_i^{CS} = E_i^{CS} f^{CS}$，$I_i^{CS} = Q_i^{CS} f^{CS}$。这个关系，我们称为"控制编码方程"。根据上述控制变换，对于人的生化信息系统，则可以得到系统变换函数为

$$T_C = \begin{pmatrix} 1 & \\ & 1 \end{pmatrix} \quad (12.7)$$

12.2.3 生化环路反馈方程

反馈信号首先来源于输出信号采集。反馈的采集器件也是一个可以复生的器件，因此，它必然满足生化意义上的可逆循环。设反馈感觉器输入的量子化能量为 E_i^{FS}，量子化电量为 Q_i^{FS}，反馈感觉器输出的量子化能量为 E_o^{FS}，量子化电量为 Q_o^{FS}，则两者的关系为

$$\begin{pmatrix} E_o^{FS} \\ Q_o^{FS} \end{pmatrix} = \begin{pmatrix} 1 & \\ & 1 \end{pmatrix} \begin{pmatrix} E_i^{FS} \\ Q_i^{FS} \end{pmatrix} \quad (12.8)$$

这个输入是控制输出的一部分，设该能量和电量占总输出的比例为 K^{FS}，则可以得到

$$\begin{pmatrix} E_i^{FS} \\ Q_i^{FS} \end{pmatrix} = \begin{pmatrix} K^{FS} & \\ & K^{FS} \end{pmatrix} \begin{pmatrix} E_o^{CS} \\ Q_o^{CS} \end{pmatrix} \quad (12.9)$$

由此，可以得到从控制系统输出信号和采集器的输出信号之间的关系为

$$\begin{pmatrix} E_o^{FS} \\ Q_o^{FS} \end{pmatrix} = \begin{pmatrix} K^{FS} & \\ & K^{FS} \end{pmatrix} \begin{pmatrix} E_o^{CS} \\ Q_o^{CS} \end{pmatrix} \quad (12.10)$$

同理，对于反馈处理而言，把它看成一个整体系统，则该系统同样具有可逆性质，它同样满足生化环路通信方程，由此可以得到

$$\begin{pmatrix} E_o^{FC} \\ Q_o^{FC} \end{pmatrix} = \begin{pmatrix} 1 & \\ & 1 \end{pmatrix} \begin{pmatrix} E_o^{FS} \\ Q_o^{FS} \end{pmatrix} \quad (12.11)$$

式中，E_o^{FC} 和 Q_o^{FC} 是反馈处理的输出。把反馈感觉器的变换关系代入，则可以得到

$$\begin{pmatrix} E_o^{FC} \\ Q_o^{FC} \end{pmatrix} = \begin{pmatrix} K^{FS} & \\ & K^{FS} \end{pmatrix} \begin{pmatrix} E_o^{CS} \\ Q_o^{CS} \end{pmatrix} \tag{12.12}$$

则我们可以得到总的反馈变换函数为

$$\boldsymbol{T}_F = \begin{pmatrix} K^{FS} & \\ & K^{FS} \end{pmatrix} \tag{12.13}$$

12.2.4 生化总控制方程

在这个关系式中，根据控制总方程，令

$$\boldsymbol{S}_i^{EQ} = \begin{pmatrix} E_i^{CS} \\ Q_i^{CS} \end{pmatrix} \tag{12.14}$$

$$\boldsymbol{S}_o^{EQ} = \begin{pmatrix} E_o^{CS} \\ Q_o^{CS} \end{pmatrix} \tag{12.15}$$

则可以得到

$$\begin{aligned} \boldsymbol{S}_o &= \boldsymbol{T}_C \left(\boldsymbol{S}_i + \boldsymbol{T}_F \boldsymbol{S}_o \right) \\ &= \begin{pmatrix} 1 & \\ & 1 \end{pmatrix} \left[\begin{pmatrix} E_i^{CS} \\ Q_i^{CS} \end{pmatrix} + \begin{pmatrix} K^{FS} & \\ & K^{FS} \end{pmatrix} \begin{pmatrix} E_o^{CS} \\ Q_o^{CS} \end{pmatrix} \right] \end{aligned} \tag{12.16}$$

进而可以得到

$$\frac{\boldsymbol{S}_o}{\boldsymbol{S}_i} = \boldsymbol{T}_S = \frac{\boldsymbol{T}_C}{1 - \boldsymbol{T}_C \boldsymbol{T}_F} \tag{12.17}$$

这就得到了总系统变换函数。设信号输出的频率为 f^{CS}，输出的总功率和总电流为 P_T、I_T，则可以得到下述关系：

$$\begin{pmatrix} P_T \\ I_T \end{pmatrix} = \begin{pmatrix} 1 & \\ & 1 \end{pmatrix} \left[\begin{pmatrix} P_i^{CS} \\ I_i^{CS} \end{pmatrix} + \begin{pmatrix} K^{FS} & \\ & K^{FS} \end{pmatrix} \begin{pmatrix} P_o^{CS} \\ I_o^{CS} \end{pmatrix} \right] \tag{12.18}$$

式中，$P_i^{CS} = E_i^{CS} f^{CS}$，$I_i^{CS} = Q_i^{CS} f^{CS}$，$P_o^{CS} = E_o^{CS} f^{CS}$，$I_o^{CS} = Q_o^{CS} f^{CS}$。这个函数，我们称为"生化反馈编码方程"。

12.2.5 生化反馈的性质

根据上述生化反馈方程，K^{FS}是一个非常重要的函数，它的机制本身反映了采集的信号与总的输入信号之间的逻辑关系，称为"放大系数"。我们将分为下述3种情况讨论它的数理含义。

12.2.5.1 信号传输系统

当$K^{FS}=0$时，感觉器无法采集信号，反馈系统不起作用。这时，控制系统满足

$$\begin{pmatrix} P_T \\ I_T \end{pmatrix} = \begin{pmatrix} 1 & \\ & 1 \end{pmatrix} \begin{pmatrix} P_i^{CS} \\ I_i^{CS} \end{pmatrix} \quad (12.19)$$

它的信号传输仅仅由控制系统的生化可逆循环支配。

12.2.5.2 理想无损耗信号系统

若$|K^{FS}|=1$，则反馈感觉器吸收全部的输出能量，并反馈回去。这时的反馈方程可以表示为

$$\begin{pmatrix} P_T \\ I_T \end{pmatrix} = \begin{pmatrix} P_i^{CS}+P_o^{CS} \\ I_i^{CS}+I_o^{CS} \end{pmatrix} \quad (12.20)$$

若系统第一次输入信号$\begin{pmatrix} P_i^{CS} \\ I_i^{CS} \end{pmatrix}$后不再输入能量，则后续循环满足

$$\begin{pmatrix} P_T \\ I_T \end{pmatrix} = \begin{pmatrix} P_o^{CS} \\ I_o^{CS} \end{pmatrix} \quad (12.21)$$

这个系统，我们称为"无限自循环系统"。而在$\begin{pmatrix} P_i^{CS} \\ I_i^{CS} \end{pmatrix}$信号不断输入的情况下，能量不断增加，这不符合生物控制的目的。

12.2.5.3 正反馈和负反馈

若$|K^{FS}|<1$，我们仅仅考虑反馈项，即在控制系统反馈后输入为零，

第 12 章 人体反馈控制原理

并把反馈次数用 n 来表示，则第一次的反馈量即得到的信号为 $K^{FS}P_o^{CS}$ 和 $K^{FS}I_o^{CS}$。第二次的反馈为 $(K^{FS})^2 P_o^{CS}$ 和 $(K^{FS})^2 I_o^{CS}$，则经过 n 次反馈之后，得到的输出量为 $(K^{FS})^n P_o^{CS}$ 和 $(K^{FS})^n I_o^{CS}$。随着反馈次数的增加，则输出的信号的极限为

$$\lim_{n\to\infty}(K^{FS})^n P_o^{CS} = 0$$
$$\lim_{n\to\infty}(K^{FS})^n I_o^{CS} = 0$$
（12.22）

这样，我们就得到了信号衰减的机制，即通过多次的信号叠加，信号不断地被衰减下去而趋于 0。若从输入到循环的一次的周期记为 T_t，则 n 次循环的时间 t 为 $t = nT_t$，可以得到

$$n = \frac{t}{T_t}$$
（12.23）

把式（12.23）代入信号的输出函数中，则可以得到输出随时间变化的信号：

$$P_o^{CS}(t) = (K^{FS})^{\frac{t}{T_t}} P_o^{CS}(t_0)$$
$$I_o^{CS}(t) = (K^{FS})^{\frac{t}{T_t}} I_o^{CS}(t_0)$$
（12.24）

$P_o^{CS}(t_0)$ 和 $I_o^{CS}(t_0)$ 表示初始值，$P_o^{CS}(t)$ 和 $I_o^{CS}(t)$ 表示 t 时刻的输出值。这样，我们就得到了信号随时间的衰减曲线。

若 $-1 < K^{FS} < 0$，在这种情况下，则可以得到

$$\begin{pmatrix} P_T \\ I_T \end{pmatrix} = \begin{pmatrix} P_i^{CS} + K^{FS}P_o^{CS} \\ I_i^{CS} + K^{FS}I_o^{CS} \end{pmatrix}$$
（12.25）

信号叠加时，对输入信号起到消减作用。这时的反馈，我们称为"负反馈"。同理，若 $0 < K^{FS} < 1$，则可以得到

$$\begin{pmatrix} P_T \\ I_T \end{pmatrix} = \begin{pmatrix} P_i^{CS} + K^{FS}P_o^{CS} \\ I_i^{CS} + K^{FS}I_o^{CS} \end{pmatrix}$$
（12.26）

这时，输出的信号得到增强。这时的反馈，称为"正反馈"。

第 13 章　神经数电原理

　　根据能量守恒特性建立的神经换能方程，是神经元机制的基础方程。在这一物理约束下，神经对能量信号进行的编码成了神经信息系统加工和传输的材料，这时的能量信号就被转换为离散的"数字信号"，即以能量信号为基础的信号也同时被数字化。因此，神经元的数字编码原理是神经元工作的核心机理。

　　神经元的数字化离不开神经元的物质载体。它在客观上要求，在神经物质数字电路上建立神经元的数字化信号的加工和处理机制。神经数字化原理涉及两个基本原理："数位"和"数字进制"。它植根于神经元运作的两个基本原理：能量守恒、电量守恒。

　　也就是说，神经元电信号以"电荷"为载体，"电荷"在传递中应具有"守恒性"，成为理解神经元工作机制的关键。神经元利用自恢复特性，成为可以往复使用的电子元器件。神经元作为电子元器件，可以实现神经电信号的数字输入、放大、编码、传输功能，这就是把神经作为数字电子器件的根源。因此，我们把这个问题统称为"数字神经元器件问题"。

　　神经元作为电子元器件，其功能植根于电化学功能。我们将根据电化学来建立这个关键过程。我们首先建立它的"数字"工作机制，然后在神经元的模拟电路机制中寻找建立数字电路参量的电化学机理。

第 13 章　神经数电原理

在这一章，我们将根据神经元细胞的 3 个部分（细胞体、轴突、突触）建立神经元的数字电路原理。

13.1　神经编码方程

神经元将输入的信号进行能量转换后，进行编码输出。但不是所有的神经元均以动作电位形式输出编码，例如在视网膜中，只有神经节才可以实现动作电位发放。根据能量守恒建立神经间信号活动能量关系方程，也就是信号活动中表示换能关系的方程，被称为"神经换能方程"[①]。

从这个角度出发，并根据神经活动的特征——频率编码，就可以建立神经元在信号处理中的功能机制。

13.1.1　神经换能编码

在人的认知系统中，神经的功能单元利用物理学的能量守恒的约束条件，实现神经的编码控制，担负了以下 3 种形式的功能。

（1）物理能量转换为神经电能。这时，物理能量被编辑为脉冲编码，实现物理属性信息向神经数字编码的变换。

（2）神经电能转换为机械能。这时，神经的电脉冲被转换为人的机械系统的机械动作，实现对运动系统运作的控制。

（3）中枢控制。在人的神经系统中，经常存在一些能接收来自不同神经系统信号的神经节，信号在神经节中进行整合成为下一级的控制信号。

在这里，我们主要讨论第一种关系。后续两种关系，我们将在后续的相应章节中进行讨论。

在通常情况下，神经功能单元利用输入的不同形式的物理能量进行频率编码，也就是说神经功能输出的是神经的脉冲形式（有些功能单元则不输出神经脉冲，如视觉的视锥细胞、视杆细胞和双极细胞）。

如果神经元能够促发神经内动作电位，以神经胞体中动作电位促发点

[①] 高闯. 数理心理学：心物神经表征信息学[M]. 长春：吉林大学出版社，2023.

为始点位置，那首先应考虑最简单的单脉冲动作电位。设每份携带的能量为 E_u，在 Δt 时间内促发的电脉冲的个数为 n，n 是时间的函数记为 $n(t)$，则这个时间段内输出的总能量表示为

$$w_o = E_u n(t) \tag{13.1}$$

若 E_u 为一个常数，则对式（13.1）两边进行微分，则可以得到

$$\frac{dw_o}{dt} = E_u \frac{dn(t)}{dt} \tag{13.2}$$

令

$$f_u(t) = \frac{dn(t)}{dt} \tag{13.3}$$

$f_u(t)$ 是电脉冲的频率，如果时间以"秒"为单位，则它的单位是"赫兹"。进而可以得到

$$P_o = E_u f_u(t) \tag{13.4}$$

这就是神经元输出的编码。这样，我们就找到了输出的编码形式。这个方程，我们称为"神经换能编码方程"。它是一个以功率形式得到的编码方程。同样，对于输入到神经元的脉冲能量，这一形式同样适用。

13.1.2 神经元编码器

神经元的膜电容具有阈值电压，一旦达到阈值电压，则实现动作电位的点火。阈值是点火促发的根源，它的编码函数满足 $p_o = E_u f_u(t)$，因此，阈值函数和功率编码构成了神经的信号编码器。它的信号发生的机制并不是 0–1 编码，而是能量编码。E_u 构成了最小能量单元，或者说是"量子化编码"。后续，我们将讨论神经的量子化编码问题。在这里我们把阈值和功率编码合在一起的功能，称为"神经元的编码器"，如图 13.1 所示。

$$p_o = E_u f_u(t)$$

编码器

图 13.1　神经元的编码器

13.1.3　神经编码器信息量

在神经编码过程中，频率编码是神经采用的基本形式。设神经发放信息的周期为 T，则满足

$$T = \frac{1}{f_u(t)} \qquad (13.5)$$

神经发放信息的过程中，形成了"能量的信息流"。它的调制函数 T_u 就可以表示为

$$T_u = \frac{E_u}{T} \qquad (13.6)$$

即神经利用不同的时间周期发放单位能量 E_u。在一个微小的时间内，神经发放的能量 dw_o 可以表示为

$$-dw_o = \frac{E_u}{T} dt \qquad (13.7)$$

两边同时积分，则可以得到

$$w_o = E_u \ln f_u(t) \qquad (13.8)$$

上式反映了输出能量的状态。令神经编码信息熵 $S_u = \ln f_u(t)$，则可以得到

$$w_o = E_u S_u \qquad (13.9)$$

如果出现一个能量变化 Δw_o，必然对应着出现一个编码信息量 ΔS_u。这是由发放的时间周期变化而引起的，ΔS_u 则是这个变化的度量。此时满足

$$\Delta w_o = E_u \Delta S_u \qquad (13.10)$$

频率或者周期构成了对输入能量信号进行调制的关键，即能量的输出是调频形式的。设频率的值域为 $[f_{min}, f_{max}]$，这就构成了能量信号传输的带宽。

13.1.4　神经单元编码成分

在神经换能过程中，输入的功率包含两个成分：①外界刺激信号的能

量输入；②自身新陈代谢的能量交换。这两个成分均会引起神经功能单元的能量输出。根据神经频率编码式，上述神经的编码也就理应包含两个部分。

13.1.4.1 新陈代谢编码

$w_o = w_{so} + w_{bio}$ 两边对时间微分，可以得到输出的功率形式：

$$p_o = p_{so} + p_{bio} \tag{13.11}$$

在无外界刺激信号输入的情况下，也就是 $p_{si} = 0$ 时，神经元的能量仅仅由代谢输入产生。当 $p_{so} = 0$ 时，新陈代谢的其他能量 w_{bioth} 信号如果转换为存储信号，就可能会出现神经元信号的累加，从而提高发放频率，这时就会出现一个输出的信号：

$$p_o = p_{bio} \tag{13.12}$$

根据频率编码表达式，它贡献的频率表达部分可以表示为

$$p_{bio} = E_u f(t)_{bio} \tag{13.13}$$

$f(t)_{bio}$ 为新陈代谢诱发的神经功能单元发放频率。它是在没有外界刺激信号时，神经功能单元自己发放的频率，称为"基频频率"。

13.1.4.2 刺激编码

令 $f_{so}(t)$ 表示由外界刺激输入引起的频率输出，则它输出的功率可以表示为

$$p_{so} = E_u f_{so}(t) \tag{13.14}$$

则存在以下关系：

$$p_{so} + p_{bo} = E_u \left[f_{so}(t) + f_{bio}(t) \right]$$
$$= E_u f_u(t) \tag{13.15}$$

由此，神经功能单元的频率总输出可以表示为

$$f_u(t) = f_{so}(t) + f_{bio}(t) \tag{13.16}$$

频率编码叠加关系如图 13.2 所示。

第 13 章 神经数电原理

图 13.2 频率编码叠加关系

它是上述两个成分在时间序列上的叠加，这时，总的输出功率就可以表示为

$$p_o = E_u \cdot \left[f_{so}(t) + f_{bio}(t) \right] \quad (13.17)$$

这个关系就清晰地表明了人的神经通信存在两个频段。根据式（13.17），我们可以得到 $f_{so}(t) = f_u(t) - f_{bio}(t)$。而 $p_{so} = E_u f_{so}(t)$，则可以得到

$$p_{so} = E_u \left[f_u(t) - f_{bio}(t) \right] \quad (13.18)$$

这个关系式，我们称为"信号功率编码公式"，这是一个非常有趣的关系。这个关系给出了仅仅由外界刺激信号输入诱发的频率。当外界输入功率为 0 时，$f_o(t) = f_{bio}(t)$，神经功能单元的输出功率就是基频频率。当外界开始有输入时，从基频开始，$f_u(t)$ 开始增加，神经功能单元的频率开始变大。由于 $f_u(t)$ 和基频比较接近，这时的信号被淹没在基频中而无法区分。

只有当 p_{si} 增加到某个值时，发放的频率 $f_u(t)$ 才能和 $f(t)_{bio}$ 区分开来，满足信号探测的要求。信号开始从基频中剥离出来时的输出功率，我们称为"阈值"，记为 p_{To}，满足以下关系：

$$p_{To} = E_u \left[f_{To}(t) - f_{bio}(t) \right] \quad (13.19)$$

式中，$f_{To}(t)$ 为输出功率为阈值时的神经输出频率，这时，我们就可以得到临界的频率为

$$f_{To}(t) = \frac{p_{To}}{E_u} + f_{bio}(t) \quad (13.20)$$

这就意味着，尽管外界信号从 0 开始增加，但基频的存在会使得频率的编码在整体上偏移一个阈值，才能使得输入的物理量被区分开来。这个可能是绝对阈值产生的核心根源。同样，从任意一个值开始，到下一个值被区

分出来，就是相对阈值产生的神经编码根源。

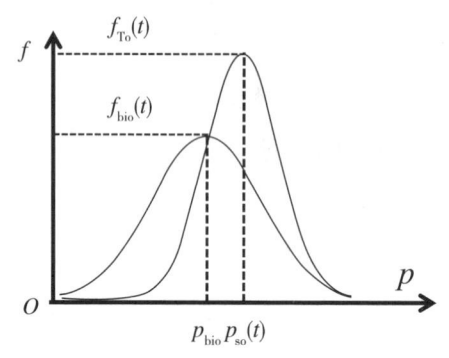

图 13.3　频率编码与能量关系

注：由于基频的存在，外界输入的能量引发神经功能单元频率发放编码。只有超过阈值时，刺激的编码才不会被基频噪声淹没。

13.2　神经元加法方程

神经元细胞的细胞膜构成了一个电容，可以接收来自外界的信号。膜电容从静息电位到发放编码之前，可以实现外部刺激电量的输入，从而实现外部信号电量的叠加，也就构成了加法器。

对于这个加法器，神经突触是输入，它和上一级神经的轴突末梢相连接，实现了上级神经元对下级神经元的控制。轴突末梢和神经突触通过特殊的生化环路实现神经递质的传递和恢复，使得信号得以传递。

为了简化，我们首先不考虑从前突触到后突触的传递过程，仅仅考虑输入到膜电容时的能量和电量，这就把膜电容的加法器的原理显现了出来。

13.2.1　膜电容编码输入

用 j 来表示输入到膜电容的突触的标号，它输入膜电容的每个电脉冲的能量为 E_{ji}^{SY}，电量为 Q_{ji}^{SY}，n_j 为第 j 个突触输入到膜电容的电脉冲的个数或者是动作电位的个数，则可以得到下述关系：

$$\begin{pmatrix} n_1 E_{1i}^{SY} \\ \vdots \\ n_j E_{ji}^{SY} \\ \vdots \\ n_m E_{mi}^{SY} \end{pmatrix} = \begin{pmatrix} E_{1i}^{SY} & & & & \\ & \ddots & & & \\ & & E_{ji}^{SY} & & \\ & & & \ddots & \\ & & & & E_{mi}^{SY} \end{pmatrix} \begin{pmatrix} n_1 \\ \vdots \\ n_j \\ \vdots \\ n_m \end{pmatrix} \quad (13.21)$$

$$\begin{pmatrix} n_1 Q_{1i}^{SY} \\ \vdots \\ n_j Q_{ji}^{SY} \\ \vdots \\ n_m Q_{mi}^{SY} \end{pmatrix} = \begin{pmatrix} Q_{1i}^{SY} & & & & \\ & \ddots & & & \\ & & Q_{ji}^{SY} & & \\ & & & \ddots & \\ & & & & Q_{mi}^{SY} \end{pmatrix} \begin{pmatrix} n_1 \\ \vdots \\ n_j \\ \vdots \\ n_m \end{pmatrix} \quad (13.22)$$

式（13.22）对时间进行微分，则可以得到

$$\begin{pmatrix} P_{1i}^{SY} \\ \vdots \\ P_{ji}^{SY} \\ \vdots \\ P_{mi}^{SY} \end{pmatrix} = \begin{pmatrix} E_{1i}^{SY} & & & & \\ & \ddots & & & \\ & & E_{ji}^{SY} & & \\ & & & \ddots & \\ & & & & E_{mi}^{SY} \end{pmatrix} \begin{pmatrix} f_1 \\ \vdots \\ f_j \\ \vdots \\ f_m \end{pmatrix} \quad (13.23)$$

$$\begin{pmatrix} I_{1i}^{SY} \\ \vdots \\ I_{ji}^{SY} \\ \vdots \\ I_{mi}^{SY} \end{pmatrix} = \begin{pmatrix} Q_{1i}^{SY} & & & & \\ & \ddots & & & \\ & & Q_{ji}^{SY} & & \\ & & & \ddots & \\ & & & & Q_{mi}^{SY} \end{pmatrix} \begin{pmatrix} f_1 \\ \vdots \\ f_j \\ \vdots \\ f_m \end{pmatrix} \quad (13.24)$$

13.2.2 膜电容加法器的原理

输入到膜电容加法器的信号，在膜电容中求和。在未达到阈值的情况下，则可以得到膜电容的总能量和总电量，表示为

$$E_T^{SY} = \sum_{n_j=1} n_j E_{ji}^{SY} \quad (13.25)$$

$$Q_T^{SY} = \sum_{n_j=1} n_j Q_{ji}^{SY} \quad (13.26)$$

用矩阵可以表示为

$$\boldsymbol{E}_{\mathrm{T}}^{\mathrm{SY}} = \begin{pmatrix} 1 & \cdots & 1 & \cdots & 1 \end{pmatrix} \begin{pmatrix} E_{1i}^{\mathrm{SY}} & & & & \\ & \ddots & & & \\ & & E_{ji}^{\mathrm{SY}} & & \\ & & & \ddots & \\ & & & & E_{mi}^{\mathrm{SY}} \end{pmatrix} \begin{pmatrix} n_1 \\ \vdots \\ n_j \\ \vdots \\ n_m \end{pmatrix} \quad (13.27)$$

$$\boldsymbol{Q}_{\mathrm{T}}^{\mathrm{SY}} = \begin{pmatrix} 1 & \cdots & 1 & \cdots & 1 \end{pmatrix} \begin{pmatrix} Q_{1i}^{\mathrm{SY}} & & & & \\ & \ddots & & & \\ & & Q_{ji}^{\mathrm{SY}} & & \\ & & & \ddots & \\ & & & & Q_{mi}^{\mathrm{SY}} \end{pmatrix} \begin{pmatrix} n_1 \\ \vdots \\ n_j \\ \vdots \\ n_m \end{pmatrix} \quad (13.28)$$

这两个式子对时间进行微分，则可以得到

$$\boldsymbol{P}_{\mathrm{T}}^{\mathrm{SY}} = \begin{pmatrix} 1 & \cdots & 1 & \cdots & 1 \end{pmatrix} \begin{pmatrix} E_{1i}^{\mathrm{SY}} & & & & \\ & \ddots & & & \\ & & E_{ji}^{\mathrm{SY}} & & \\ & & & \ddots & \\ & & & & E_{mi}^{\mathrm{SY}} \end{pmatrix} \begin{pmatrix} f_1 \\ \vdots \\ f_j \\ \vdots \\ f_m \end{pmatrix} \quad (13.29)$$

$$\boldsymbol{I}_{\mathrm{T}}^{\mathrm{SY}} = \begin{pmatrix} 1 & \cdots & 1 & \cdots & 1 \end{pmatrix} \begin{pmatrix} Q_{1i}^{\mathrm{SY}} & & & & \\ & \ddots & & & \\ & & Q_{ji}^{\mathrm{SY}} & & \\ & & & \ddots & \\ & & & & Q_{mi}^{\mathrm{SY}} \end{pmatrix} \begin{pmatrix} f_1 \\ \vdots \\ f_j \\ \vdots \\ f_m \end{pmatrix} \quad (13.30)$$

令编码矢量为

$$\boldsymbol{F}_{\mathrm{T}}^{\mathrm{SY}} = \begin{pmatrix} f_1 \\ \vdots \\ f_j \\ \vdots \\ f_m \end{pmatrix} \quad (13.31)$$

令加法矢量为

$$T_T^{SY} = \begin{pmatrix} 1 & \cdots & 1 & \cdots & 1 \end{pmatrix} \quad (13.32)$$

令能量数位矩阵为

$$E_T^{SY} = \begin{pmatrix} E_{1i}^{SY} & & & & \\ & \ddots & & & \\ & & E_{ji}^{SY} & & \\ & & & \ddots & \\ & & & & E_{mi}^{SY} \end{pmatrix} \quad (13.33)$$

令电量数位矩阵为

$$Q_T^{SY} = \begin{pmatrix} Q_{1i}^{SY} & & & & \\ & \ddots & & & \\ & & Q_{ji}^{SY} & & \\ & & & \ddots & \\ & & & & Q_{mi}^{SY} \end{pmatrix} \quad (13.34)$$

则我们就得到了膜电容加法器输入的工作原理：

$$P_T^{SY} = T_T^{SY} E_T^{SY} F_T^{SY} \quad (13.35)$$

$$I_T^{SY} = T_T^{SY} Q_T^{SY} F_T^{SY} \quad (13.36)$$

这个矩阵联系了神经的编码、输入能量和电量、加法与输入的信号功率、电流之间的关系。在后续章节中，我们将要阐述能量和电量的数理本质。

13.2.3　膜电容加法器数位假设

根据上述数理关系，可以得到下述关系：

$$E_T^{SY} = \begin{pmatrix} E_{1i}^{SY} & \cdots & E_{ji}^{SY} & \cdots & E_{mi}^{SY} \end{pmatrix} \begin{pmatrix} n_1 \\ \vdots \\ n_j \\ \vdots \\ n_m \end{pmatrix} \quad (13.37)$$

$$\boldsymbol{Q}_{\mathrm{T}}^{\mathrm{SY}} = \begin{pmatrix} Q_{1i}^{\mathrm{SY}} & \cdots & Q_{ji}^{\mathrm{SY}} & \cdots & Q_{mi}^{\mathrm{SY}} \end{pmatrix} \begin{pmatrix} n_1 \\ \vdots \\ n_j \\ \vdots \\ n_m \end{pmatrix} \quad (13.38)$$

设 E_{ji}^{SY} 或者 Q_{ji}^{SY} 为一个"数位",则各个突触输入的动作电位的个数就是它在这个数位上的"数字",也就是膜电容实现的是"数字"的计算。这个关系可以用中国的算盘来说明。在算盘上,E_{ji}^{SY} 或者 Q_{ji}^{SY} 表示数位,数位上的数字为 n_j,它表示的总和是数位和对应数位上的数字相乘的结果,如图 13.4 所示。

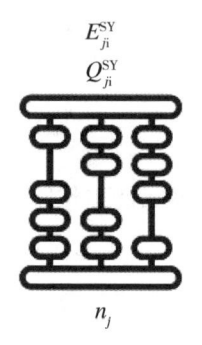

图 13.4 数位和数字关系

上面的两个式子两边对时间进行微分,则可以得到

$$\boldsymbol{P}_{\mathrm{T}}^{\mathrm{SY}} = \begin{pmatrix} E_{1i}^{\mathrm{SY}} & \cdots & E_{ji}^{\mathrm{SY}} & \cdots & E_{mi}^{\mathrm{SY}} \end{pmatrix} \begin{pmatrix} f_1 \\ \vdots \\ f_j \\ \vdots \\ f_m \end{pmatrix} \quad (13.39)$$

$$\boldsymbol{I}_{\mathrm{T}}^{\mathrm{SY}} = \begin{pmatrix} Q_{1i}^{\mathrm{SY}} & \cdots & Q_{ji}^{\mathrm{SY}} & \cdots & Q_{mi}^{\mathrm{SY}} \end{pmatrix} \begin{pmatrix} f_1 \\ \vdots \\ f_j \\ \vdots \\ f_m \end{pmatrix} \quad (13.40)$$

其中，P_T^{SY} 为功率；I_T^{SY} 为输入电流；f_j 为输入频率。

13.2.4 膜电容加法器

突触数位假设提供了一个基本的数学原理，即神经元利用了突触的电学原理实现在不同输入情况下 E_{ji}^{SY} 和 Q_{ji}^{SY} 不同，从而实现求和运算，这就使得膜电容成为一个"加法器"。它的这一形态，可以用图 13.5 来表示。

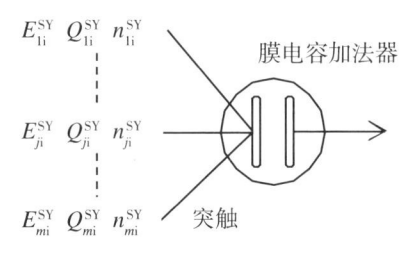

图 13.5 神经元加法器

它的信号的数理机制，即，需要我们根据生化环路的信号传递的一般性规则来确立，这是神经元信号传递与控制中的关键机制。

13.2.5 膜电容解码器

利用膜电容的加法器可以实现对输入信号的解码。设信号的输入频率为 $f_i(t)$，则第 j 个突触输入到电容的功率 P_{ji}^{SY} 可以表示为

$$P_{ji}^{SY} = E_{ji}^{SY} f_i(t) \tag{13.41}$$

E_{ji}^{SY} 是输入到膜电容的动作电位的电量引起的。根据电容能量表达式，可以得到

$$W = \frac{1}{2C} Q^2 \tag{13.42}$$

式中，C 为电容；Q 为电容电量。

13.3 神经元乘法方程

神经元的编码信号来源于神经元膜电容的能量信号的存储和叠加。神

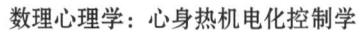

经元膜电容的能量信号包含两个基本成分：外界刺激信号输入的能量、静息能量（神经细胞从最小电位恢复到静息电位所增加的能量）。这两个能量的叠加，使得输入的刺激信号被放大，从而成为编码而输出能量。这时，输入的信号被放大，神经细胞体就构成了一个电信号的放大器件。

这需要我们根据生化循环关系建立神经细胞信号变换关系。

13.3.1　神经细胞体信息变换

由于神经元细胞不断进行着动作电位的发放，我们首先考虑静息电位的变化。在这个过程中，细胞内外的 Na^+ 和 K^+ 不断进行释放，并不断进行恢复，形成细胞膜上的静息电位。我们把所有粒子均统一记为 A，A 粒子释放时静息电位消失，降低到细胞电位的最低值，我们把这时作为粒子的参考零点，则它的释放和恢复过程，就可以表示为

$$A \xrightarrow{\text{放电}} 0 - E^R \quad (13.43)$$

式中，E^R 为吸收的电能。同样，它的逆过程可以表示为

$$0 \xrightarrow{\text{充电}} A + E^R \quad (13.44)$$

由此可以得到，在细胞体静息电位恢复的循环中，能量满足

$$E^R + (-E^R) = 0 \quad (13.45)$$

在这个过程中，充入的电量和释放的电量相等：

$$Q^R + (-Q^R) = 0 \quad (13.46)$$

也就是说，细胞体可以作为一个能量与电量的转换机构。设输入到这个细胞的能量记为 E_i^R，输出的能量记为 E_o^R，输入的电量记为 Q_i^R，输出的电量记为 Q_o^R。根据上述关系，则可以得到以下关系：

$$\begin{pmatrix} E_o^R \\ Q_o^R \end{pmatrix} = \begin{pmatrix} 1 & \\ & 1 \end{pmatrix} \begin{pmatrix} E_i^R \\ Q_i^R \end{pmatrix} \quad (13.47)$$

同理，在静息电位的基础上，来自细胞外部的刺激信号的输入会使得膜电容的电量增加，并通过动作电位输出出去。它是在动作电位基础上，达到阈值电压时释放的电量后，再在阈值电位基础上进行的第二次充电过

第 13 章 神经数电原理

程。而这个生化过程与上述生化过程相同,它发生在从静息电位到阈值电位促发的过程中。由外界输入的能量,在静息电压的基础上注入新的电量和电能。我们把这部分能量和电量称为"点火能"和"点火电量",分别记为 E_i^F 和 Q_i^F。

这部分能量和电量也构成了神经细胞体的输出部分,我们把这部分的输出记为 E_o^F 和 Q_o^F。根据能量守恒和电荷守恒,可以得到

$$\begin{pmatrix} E_o^F \\ Q_o^F \end{pmatrix} = \begin{pmatrix} 1 & \\ & 1 \end{pmatrix} \begin{pmatrix} E_i^F \\ Q_i^F \end{pmatrix} \qquad (13.48)$$

把上述两个成分相加就得到了静息电能和点火能量,促发的动作电位的总能量和电量表示为

$$\begin{pmatrix} E_o^R + E_o^F \\ Q_o^R + Q_o^F \end{pmatrix} = \begin{pmatrix} 1 & \\ & 1 \end{pmatrix} \begin{pmatrix} E_i^R + E_i^F \\ Q_i^R + Q_i^F \end{pmatrix} \qquad (13.49)$$

令 $E_o^{CB} = E_o^R + E_o^F$,E_o^{CB} 是动作电位输出的总能量;再令 $Q_o^{CB} = Q_o^R + Q_i^F$,这样,这个式子就可以简化为

$$\begin{pmatrix} E_o^{CB} \\ Q_o^{CB} \end{pmatrix} = \begin{pmatrix} 1 & \\ & 1 \end{pmatrix} \begin{pmatrix} E_i^R + E_i^F \\ Q_i^R + Q_i^F \end{pmatrix} \qquad (13.50)$$

13.3.2 细胞体放大效应

膜电容因为具有加法能力,所以将可以叠加静息电位增加过程中的能量、外界刺激输入的能量,形成能量和。这样,使得刺激输入的能量和电量增加,也就构成了放大器,如图 13.6 所示。我们定义输出和输入之间的关系为放大率 A_P^{CB},则可以得到

$$A_P^{CB} = \frac{E_o^{CB}}{E_i^F} \qquad (13.51)$$

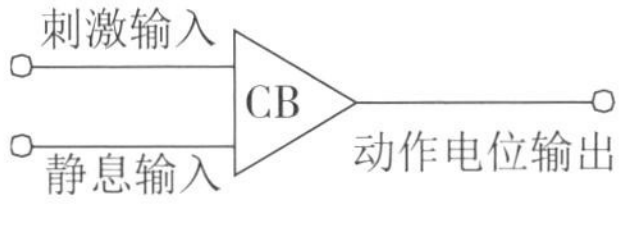

图 13.6 神经元细胞体放大器模型

根据电学相关理论，电容能量的表达式为

$$W = \frac{1}{2}CU^2 = \frac{1}{2}\frac{Q^2}{C} \qquad (13.52)$$

式中，W 为电容的能量；C 为电容；U 为电容电压；Q 为电容电量。可以得到

$$\frac{E_o^{CB}}{E_i^F} = \frac{Q_o^{CB}}{Q_i^F} = \frac{U_o^{CB}}{U_i^F} = A_P^{CB} \qquad (13.53)$$

根据加法器原理，输入到膜电容的刺激的总能量为 E_T^{SY}，总电量为 Q_T^{SY}，即

$$\begin{cases} E_T^{SY} = E_i^F \\ Q_T^{SY} = Q_i^F \end{cases} \qquad (13.54)$$

则可以得到输入和输出之间的放大关系为

$$\begin{cases} E_o^{CB} = A_P^{CB} E_T^{SY} \\ Q_o^{CB} = A_P^{CB} Q_T^{SY} \end{cases} \qquad (13.55)$$

13.3.3 神经元膜电容乘法器

根据放大关系，我们就得到了神经元膜电容的乘法原理，它的数学表述如下：

$$E_o^{CB} = A_P^{CB} E_T^{SY} = A_P^{CB} \begin{pmatrix} E_{1i}^{SY} & \cdots & E_{ji}^{SY} & \cdots & E_{mi}^{SY} \end{pmatrix} \begin{pmatrix} n_1 \\ \vdots \\ n_j \\ \vdots \\ n_m \end{pmatrix} \qquad (13.56)$$

$$Q_o^{CB} = A_P^{CB} Q_T^{SY} = A_P^{CB} \begin{pmatrix} Q_{1i}^{SY} & \cdots & Q_{ji}^{SY} & \cdots & Q_{mi}^{SY} \end{pmatrix} \begin{pmatrix} n_1 \\ \vdots \\ n_j \\ \vdots \\ n_m \end{pmatrix} \qquad (13.57)$$

从这个意义上，我们可以看出，细胞体作为一个信号处理的机构，由

于静息电位的增加，引入了一部分能量和电量，使得输出的能量和电量变大，信号也就得到了放大。因此，细胞体就构成了一个"信号放大器"。我们可以把细胞体用放大器符号来表示，如图 13.7 所示。由此，我们可以得到一个放大关系：

$$\begin{pmatrix} E_o^{CB} \\ Q_o^{CB} \end{pmatrix} = \begin{pmatrix} A_P^{CB} & \\ & A_P^{CB} \end{pmatrix} \begin{pmatrix} E_T^{SY} \\ Q_T^{SY} \end{pmatrix} \quad (13.58)$$

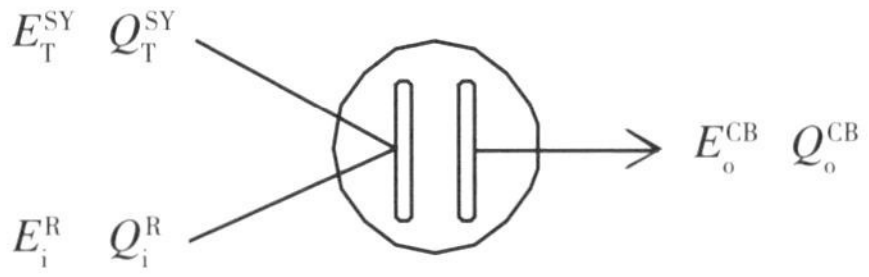

图 13.7 膜电容乘法器

13.3.4 神经逻辑编码方程

在前面，我们已经找到的编码关系，则对上述矩阵两侧同时乘发放频率，则可以得到

$$\begin{pmatrix} E_o^{CB} f_u(t) \\ Q_o^{CB} f_u(t) \end{pmatrix} = \begin{pmatrix} A_P^{CB} f_u(t) & \\ & A_P^{CB} f_u(t) \end{pmatrix} \begin{pmatrix} E_i^F \\ Q_i^F \end{pmatrix} \quad (13.59)$$

令 $P_o^{CB} = E_o^{CB} f_u(t)$，$I_o^{CB} = Q_o^{CB} f_u(t)$，则

$$\begin{pmatrix} P_o^{CB} \\ I_o^{CB} \end{pmatrix} = \begin{pmatrix} A_P^{CB} f_u(t) & \\ & A_P^{CB} f_u(t) \end{pmatrix} \begin{pmatrix} E_T^{SY} \\ Q_T^{SY} \end{pmatrix} \quad (13.60)$$

前者表示神经细胞作为放大器件实现的量子信号放大，是神经进行通信的基础；而后者则表示神经作为电流放大的元器件实现的电信号放大。它使神经电化学信号转变为神经频率编码。

$$\begin{pmatrix} P_o^{CB} \\ I_o^{CB} \end{pmatrix} = \begin{pmatrix} f_u(t) & \\ & f_u(t) \end{pmatrix} \begin{pmatrix} A_P^{CB} & \\ & A_P^{CB} \end{pmatrix} \begin{pmatrix} E_T^{SY} \\ Q_T^{SY} \end{pmatrix} \quad (13.61)$$

如果把左边展开，我们就得到了两个矩阵相乘的公式。令

$$\mathbf{A}^{CB} = \begin{pmatrix} A_P^{CB} & \\ & A_P^{CB} \end{pmatrix} \quad (13.62)$$

$$F^{CB} = \begin{pmatrix} f_u(t) & \\ & f_u(t) \end{pmatrix} \quad (13.63)$$

A^{CB} 我们称为"信号放大矩"，F^{CB} 称为"神经发放矩"。A^{CB} 反映的是神经细胞体对信号的放大作用机制，F^{CB} 反映的神经细胞体的编码机制。

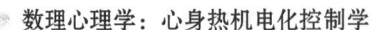

令

$$S_i^{CB} = \begin{pmatrix} E_T^{SY} \\ Q_T^{SY} \end{pmatrix}, \quad S_o^{CB} = \begin{pmatrix} P_o^{CB} \\ I_o^{CB} \end{pmatrix} \quad (13.64)$$

则上式可以简化为

$$S_o^{CB}(P_o^{CB}, I_o^{CB}) = F^{CB} A^{CB} S_i^{CB}(E_T^{SY}, Q_T^{SY}) \quad (13.65)$$

在这个方程中包含了神经元的加法运算、乘法运算、编码运算。这样，我们就得到了神经元的"信号神经表征方程"。这一工作性质令人惊奇，即在一个微小神经元的胞体内集成了对信号的处理、逻辑运算等强大功能。逻辑运算和编码输出之间的关系也就建立起来了。

13.3.5 数理意义

当我们建立了神经元的逻辑编码方程之后，我们就可以清晰地看到它的基本含义。

（1）E_T^{SY} 和 Q_T^{SY} 是电容求和的基本能量和电量信号。它由电容加法器来完成，是神经动作电位所表征的物理信号。

（2）这两个信号经过静息电位能的增加而被放大，称为"输出信号"。输出信号是以功率信号的输出为标志的，它是神经动作电位信号被编码之后形成的物理信号。这个方程包含了神经脉冲表征信号、功率信号、编码信号三层信号，因此，我们把这个方程称为"心物神经表征方程"。

（3）频率编码则构成了功率输出，也就构成了功率编码。

这3个基本机制，构成了神经元信号编码的基本内核。

13.4　神经轴突通信方程

被编制的神经信号以动作电位形式沿轴突方向传播到达轴突末端，从而形成向远端通信的数字信号，即轴突形成了信号通信电缆。因此，神经信号的通信机制也就构成了神经元数电原理的一个内核。在这里，我们并不考虑轴突伸出的突触部分，这样有利于神经通信问题的简化和讨论。

对于轴突而言，它的每个部分由朗氏神经节组成，每个部分可以看成一个"复生循环"的生化系统。轴突的复生循环系统如果是理想化的，则输入的能量和电量与输出的能量和电量相等，即等价能量信号和电量信号可以对等地被传递。

设动作峰电位传导轴突末端的能量为 E_o^{AX}，电量为 Q_o^{AX}。根据生化环路原理，我们可以得到以下关系：

$$\begin{pmatrix} E_o^{AX} \\ Q_o^{AX} \end{pmatrix} = \begin{pmatrix} \alpha_d & \\ & 1 \end{pmatrix} \begin{pmatrix} E_o^{CB} \\ Q_o^{CB} \end{pmatrix} \quad (13.66)$$

式中，α_d 表示传递过程中的能量衰减系数。如果两端同时乘以 $f_u(t)$，则可以得到

$$\begin{pmatrix} E_o^{AX} f_u(t) \\ Q_o^{AX} f_u(t) \end{pmatrix} = \begin{pmatrix} \alpha_d & \\ & 1 \end{pmatrix} \begin{pmatrix} E_o^{CB} f_u(t) \\ Q_o^{CB} f_u(t) \end{pmatrix} \quad (13.67)$$

令 $P_o^{AX} = E_o^{AX} f_u(t)$，$I_o^{AX} = Q_o^{AX} f_u(t)$，则可以得到下述关系：

$$\begin{pmatrix} P_o^{AX} \\ I_o^{AX} \end{pmatrix} = \begin{pmatrix} \alpha_d & \\ & 1 \end{pmatrix} \begin{pmatrix} P_o^{CB} \\ I_o^{CB} \end{pmatrix} \quad (13.68)$$

它是信号传递过程中能量守恒和电流守恒的表达形式。这个方程，我们称为"轴突通信方程"。令

$$S_o^{AX} = \begin{pmatrix} P_o^{AX} \\ I_o^{AX} \end{pmatrix} \quad (13.69)$$

$$T^{AX} = \begin{pmatrix} \alpha_d & \\ & 1 \end{pmatrix} \quad (13.70)$$

则可以得到

$$S_o^{AX} = T^{AX} S_o^{CB} \qquad (13.71)$$

这个方程是矩阵表示的"轴突通信方程"。这样,轴突就可以看作一个衰减器,则我们就可以得到神经元逻辑模型,如图 13.8 所示。

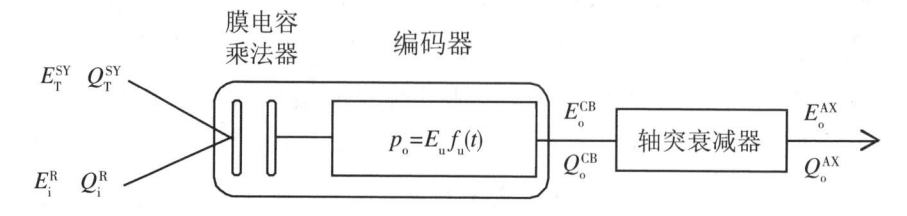

图 13.8 逻辑神经元模型

考虑到整个神经元,则我们可以得到整个神经元方程为

$$S_o^{AX}\left(P_o^{AX}, I_o^{AX}\right) = T^{AX} F^{CB} A^{CB} S_i^{CB}\left(E_T^{SY}, Q_T^{SY}\right) \qquad (13.72)$$

13.5 神经突触控制方程

神经元轴突在末端进行分叉构成前突触,动作电位携带的电离子和囊泡发生作用促发囊泡释放电离子,电离子和后突触的受体发生作用,电荷传入到后突触。我们把前、后突触视为一个系统,就可以建立前后突触之间的信号关系。

13.5.1 前突触分解方程

在神经轴突末端,神经分化为突触和下一级突触相连。设每个轴突的动作电位的能量为 E_{ko}^{AX},电量为 Q_{ko}^{AX},则可以得到

$$E_o^{AX} = \sum_{k=1} E_{ko}^{AX} \qquad (13.73)$$

同理,可以得到电量的表述形式为

$$Q_o^{AX} = \sum_{k=1} Q_{ko}^{AX} \qquad (13.74)$$

这两个方程,我们称为"前突触信号分解方程"。

13.5.2 前后单突触通信方程

前突触和后突触仅考虑它们之间的连接关系。设第 k 个前突触和第 j 个后突触连接，并且前后突触连接后的电量功效系数为 α_{kpp}，则可以得到

$$E_{ji}^{\text{PSY}} = \alpha_{kpp} E_{ko}^{\text{AX}} \tag{13.75}$$

和

$$Q_{ji}^{\text{PSY}} = \alpha_{kpp} Q_{ko}^{\text{AX}} \tag{13.76}$$

式中，E_{ji}^{PSY} 为后一级的突触输入到膜电容的能量。两边同乘以 $f_{\text{u}}(t)$，则可以得到

$$P_{ji}^{\text{PSY}} = \alpha_{kpp} P_{ko}^{\text{AX}} \tag{13.77}$$

$$I_{ji}^{\text{PSY}} = \alpha_{kpp} I_{ko}^{\text{AX}} \tag{13.78}$$

式中，I_{ji}^{PSY} 和 I_{ko}^{AX} 为前后突触的输入和输出电流。这样，我们就得到了前后突触之间的功率关系。把它们写成矩阵形式，则可以得到

$$\begin{pmatrix} P_{ji}^{\text{PSY}} \\ I_{ji}^{\text{PSY}} \\ f_{\text{u}}(t) \end{pmatrix} = \begin{pmatrix} \alpha_{kpp} & & \\ & \alpha_{kpp} & \\ & & 1 \end{pmatrix} \begin{pmatrix} P_{ko}^{\text{AX}} \\ I_{ko}^{\text{AX}} \\ f_{\text{u}}(t) \end{pmatrix} \tag{13.79}$$

这样，我们就建立了前后突触的通信关系。这个方程，我们称为"前后突触通信方程"。

13.5.3 前后突触通信方程

上面仅考虑了单个轴突和下一级突触的连接。如果我们考虑两个神经元的连接关系，即 m 个前突触和 m 个后突触连接，则由这 m 个前突触发到后突触的信号关系为

$$\begin{pmatrix} P_{ji}^{\text{PSY}} \\ \vdots \\ P_{(j+m-1)i}^{\text{PSY}} \end{pmatrix} = \begin{pmatrix} \alpha_{kpp} & & \\ & \ddots & \\ & & \alpha_{(k+m-1)pp} \end{pmatrix} \begin{pmatrix} P_{ko}^{\text{AX}} \\ \vdots \\ P_{(k+m-1)o}^{\text{AX}} \end{pmatrix} \tag{13.80}$$

令

$$\alpha_{\text{pp}} = \begin{pmatrix} \alpha_{k\text{pp}} & & \\ & \ddots & \\ & & \alpha_{(k+m-1)\text{pp}} \end{pmatrix} \quad (13.81)$$

则这个矩阵，称为"突触功效矩阵"。

$$\sum_{j}^{j+m-1} P_{ji}^{\text{PSY}} = \sum_{k}^{k+m-1} \alpha_{k\text{pp}} P_{ko}^{\text{AX}} \quad (13.82)$$

这个式子，用矩阵的方式来表示就可以表示为

$$P_{Mi}^{\text{PSY}} = \begin{pmatrix} \alpha_{k\text{pp}} & \cdots & \alpha_{(k+m-1)\text{pp}} \end{pmatrix} \begin{pmatrix} P_{ko}^{\text{AX}} \\ \vdots \\ P_{(k+m-1)o}^{\text{AX}} \end{pmatrix} \quad (13.83)$$

令 $P_{ko}^{\text{AX}} = E_{ko}^{\text{AX}} f_{\text{u}}(t)$，则上式就可以和加法器的表述形式相一致。

$$P_{Mi}^{\text{PSY}} = \begin{pmatrix} 1 & \cdots & 1 \end{pmatrix} \begin{pmatrix} \alpha_{k\text{pp}} E_{ko}^{\text{AX}} & & \\ & \ddots & \\ & & \alpha_{(k+m-1)\text{pp}} E_{(k+m-1)o}^{\text{AX}} \end{pmatrix} \begin{pmatrix} f_{\text{u}}(t) \\ \vdots \\ f_{\text{u}}(t) \end{pmatrix} \quad (13.84)$$

而 $E_{ji}^{\text{PSY}} = \alpha_{k\text{pp}} E_{ko}^{\text{AX}}$，则式（13.84）可以表述为

$$P_{Mi}^{\text{PSY}} = \begin{pmatrix} 1 & \cdots & 1 \end{pmatrix} \begin{pmatrix} E_{ji}^{\text{PSY}} & & \\ & \ddots & \\ & & E_{(j+m-1)i}^{\text{PSY}} \end{pmatrix} \begin{pmatrix} f_{\text{u}}(t) \\ \vdots \\ f_{\text{u}}(t) \end{pmatrix} \quad (13.85)$$

这样，我们即可以得知加法器中的"数位 E_{ji}^{PSY}"是由两级的连接关系突触所决定的。同理，电量的关系也是如此。它们均蕴含在前后突触的连接关系中。

13.5.4 α_{pp} 的含义

α_{pp} 是由神经前后突触的电路的生理性质所决定的，也就意味着神经前后突触的电路的结构改变会使得这个性质发生变化。在对神经突触的研究中可知，前后突触均存在学习性行为，并引起突触的生理结构的变化，进而引起功效的变化。"功率信号关系"恰恰表明了这一关系的存在。

E_{ji}^{PSY} 决定了后突触"数位"的大小，它的大小受 α_{pp} 调节，即前后突触神经结构变化引起了后突触数位权重发生变化，从而影响后突触膜电容能量的输入和计算。关于突触的生长机制，我们不在这里讨论。

13.5.5　突触功效方程

为了简化过程，我们首先考察一个神经突触的连接，即上一级神经元的一根前突触和后一级神经的一根神经突触相连接。前突触的神经元的电流为 I_{ji}^{PSY}，后突触的电流为 I_{ko}^{AX}，则前突触经过时间 t_1，传递到后突触的电量为 $I_{ji}^{\text{PSY}} t_1$，而这部分电流经过后突触输入到下一级的时间为 t_2。在这个过程，不考虑其他形式的电流传导和通信，根据电量守恒，可以得到

$$I_{ji}^{\text{PSY}} t_1 = I_{ko}^{\text{AX}} t_2 \tag{13.86}$$

由该公式，我们可以得出，当 $I_{ji}^{\text{PSY}} t_1$ 不变时，$I_{ko}^{\text{AX}} t_2$ 满足反比关系（见图13.9）。

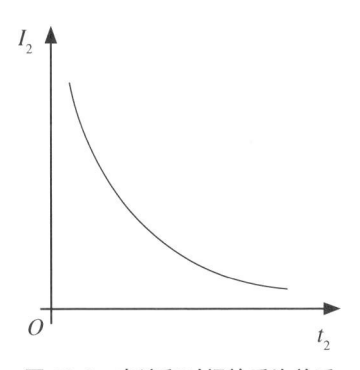

图13.9　电流和时间的反比关系

前突触的电信号促发囊泡释放神经递质，并携带电信号。这个关系清晰地表明，囊泡粒子在吞吐的过程中存在以下两个关键性的关系。

（1）电流 I_{ji}^{PSY} 反映了前突触单位时间内电荷的释放能力。

（2）电流 I_{ko}^{AX} 反映了后突触在单位时间内电荷转换到后神经元的能力。

（3）在这个转换过程中，电流 I_{ko}^{AX} 越大，则所用的转换时间也就越短；

反之，则所用的转换时间越长。

设上级神经元轴突末端经前后突触传递到下一级的能量为 W_T。它的传递过程是由囊泡释放的神经递质的离子来控制的，即囊泡传输的粒子个数 n 影响电荷传输，也就是说离子的个数调控了能量的传输。设粒子价为 m^e，则可以得到在信号传递中能量和调制函数的关系为

$$dw = \frac{W_T}{n} dn \tag{13.87}$$

式中，$\frac{W_T}{n}$ 为信号调制函数。对式（13.87）进行积分，则可以得到

$$\Delta W = W_T \ln \frac{n_2}{n_1} \tag{13.88}$$

式中，n_1 为初状态的粒子数；n_2 为末状态的粒子数。由式（13.88），可以得到

$$\ln \frac{n_2}{n_1} = \ln \frac{\frac{n_2}{m^e}}{\frac{n_1}{m^e}} = \ln \frac{Q_2}{Q_1} = \ln \frac{I_2}{I_1} \tag{13.89}$$

式中，I_1 为初状态时的电流，I_2 为末状态时的电流。设这个过程的信息量为 $W = W_T \ln n$，并令 $S = \ln n$，则可以得到粒子传输过程的信息和能量的关系为

$$\Delta W = W_T \Delta S \tag{13.90}$$

式中，$\Delta S = S_2 - S_1$；S_2 为末状态的粒子的信息熵；S_1 为初状态的信息熵。根据上述关系，则

$$\Delta S = \ln \frac{n_2}{n_1} = \ln \frac{Q_2}{Q_1} = \ln \frac{I_2}{I_1} \tag{13.91}$$

根据 $W = W_T \ln n$ 对式（13.91）两边进行微分，则可以得到

$$P = W_T J_S \tag{13.92}$$

式中，P 为功率；$J_S = \frac{dS}{dt}$，称为"信息流速"。由式（13.92）可以看出，要使得突触的能量功率加大，需要加大对应的信息流的流速，即加大信息量。这就需要神经突触建立相关的机制，改变信息量的流量，从而使得信

号传导的功率加大，增加神经信号传输的功效。突触电流的信息熵关系如图 13.10 所示。

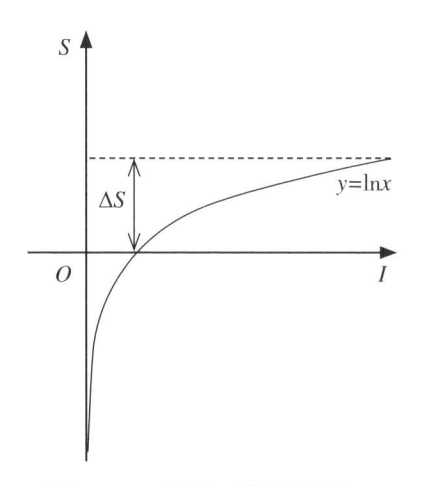

图 13.10　突触电流的信息熵关系

根据电流的信息熵，在初始电流一定的情况下加大电流流量差，就会使得信息流量加大，改变功率的大小。

第五部分

人体程控原理：调谐控制

第 14 章　心脏供能控制

人体热机系统使人在活动中源源不断对外输出能量，它构成了人体进行工作的基础。对热机进行原料供应需要人体的多个官能器件协同作用。这就需要对器官工作状态实时调整，并使得器官之间进行相互通信。这也就构成了人体的控制问题。

人体的控制系统不断进行分化并逐级叠加，使得人类个体既自动地适应生态环境，又和人体的高级精神系统之间形成互动，心身控制关系也就慢慢地显现了出来。因此，这就既需要在众多人体控制系统中建立不同系统的独立工作机制，又需要在系统之间建立它们之间的数理关联性。也就是说，从最简单的控制系统出发，在它的控制基理上逐级升级，得到更大控制系统的作用关系。这就构成了我们讨论人的控制问题的基本路线和基本逻辑。

为了达到这个目的，在本章，我们将主要分为以下两个逻辑。

（1）人体心脏动力的能量原料供应控制。

（2）人体供能系统的能量原料供应控制。

人体热机系统遍布在人体的细胞中，是各类脏器、组织等的工作基础。它的能量供应来自心脏的泵血，因此，对心脏的泵血的控制也就是对能量供应的控制。我们从心脏控制切入，来讨论控制问题。

人体供能系统是多脏器系统协同工作的结果。在心脏泵能系统控制基

第 14 章　心脏供能控制

础上，人体如何从这个最基本的系统出发，逐级实现能量基础底层的控制，进而实现各个系统运作的控制？这就是我们把上述两个问题，作为基础逻辑展开点的原因。

在本章中，我们将首先建立系统控制的基本数理观念，这些知识源于系统控制理论。我们之所以采用这部分理论作为基础之一，在于它的提出的原点本身就涵盖了生物系统。这样，心理神经信息学、人体热机理论、系统控制、神经编码等一系列前期知识的蓄积，使我们建立人体生理的根本性机制成为可能。

14.1　心脏自节律传导系统

心脏本质上是对外泵血的机械装置，它的对外的功能状态就是围绕输血的状态而进行展开的。对心脏功能的状态进行干预与控制的本质，就是对影响心脏功能的变量进行控制，并由此影响心脏的基本功能。

对心脏实现控制，这是对循环系统进行控制的关键内核。考虑到心脏在整个供能系统的内核作用，我们将从它的机械运动特性入手讨论它的控制性问题。

14.1.1　心脏传导系统节律

心肌具有传导兴奋性电位的能力，在没有外来电信号的情况下也能够自动地发生节律性的活动，这称为"心率的自节律"，在生理学中称为"自节律"。生物学的研究表明，心脏的自节律活动源于心肌而不是心脏中的神经细胞。

依赖于心脏的自律性细胞，心脏自身可以产生电活动，保证心脏可以有规律地跳动，维持心脏周期性地对外泵血。心脏的自律系统也称为"心脏传导系统"。

心脏传导系统主要包括 5 种特殊的组织：窦房结、房室结、房室束、左束支及右束支、浦肯野纤维，如图 14.1 所示。

数理心理学：心身热机电化控制学

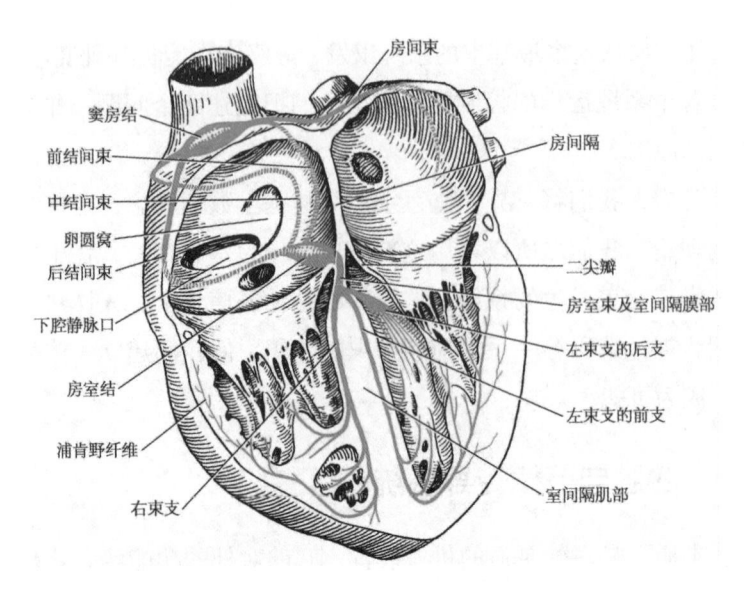

图 14.1 心脏传导系统

（资料来源：https://special.chaoxing.com/special/screen/tocard/84232669?courseId=84232526）

如图 14.2 所示，窦房结是心脏起搏点，也称为"自动中枢"。在正常情况下，人的心脏的兴奋性是从窦房结开始的，它能够发出节律整齐信号（60~100 次 / min）。心脏其他的自律性细胞的自律性存在差异。窦房结的自律性最高，房室交界、房室束次之，浦肯野纤维最低。由此，窦房结往往首先起搏，把动作电位通过节间通路传递到房室结，并最终到达左右束支，使得心脏逐级跳动，完成一次周期性跳动。这个活动可以在心电图的一个周期中观察到。

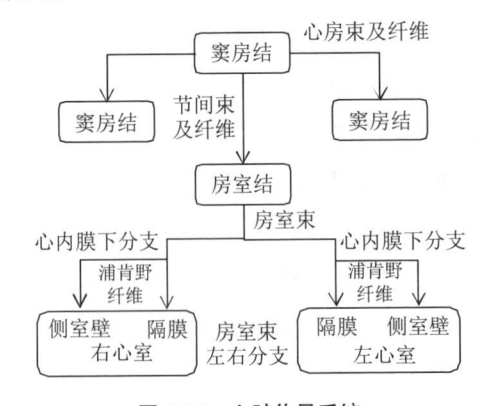

图 14.2 心脏传导系统

所以，心脏正常的跳动是窦性心律。当窦房结不规则地发出激动时会引起心脏收缩节律改变，称为"窦性心律不齐"。

14.1.2　心脏传导系统节律方程

心脏的自节律控制不依赖于外来的神经信号，或者说是在神经信号为零的情况下进行的有规则的跳动。心脏传导机制揭示了它的基本过程。在这个过程基础上，我们要利用生化机制、物理学原理，来建立心脏自节律的数理机制。

在前面的讨论中，我们已经建立了肌肉与神经之间耦合点火的机制，它依赖肌膜钙离子的释放。这个过程的诱发是神经信号引起的。在自节律中，耦合的机制已经不存在，它需要依赖其他的方式来解决。生物学的相关研究发现，还存在一种依赖细胞外液的钙离子，同样也会实现收缩，这个情况称为"兴奋收缩脱耦联"。我们认为，这一机制是心脏自节律点火的基础，即通过这种方式获得热机启动的钙离子。

由此，在自节律中，设输入到节律细胞的功率为 $P_{\text{ni}}^{\text{CD}}(\text{pm})$，与窦房结相连接的左右心房的生化活动输入的功率记为 $P_{\text{bi}}^{\text{CD}}(\text{LRA})$，由窦房结输入到房室节的功率记为 $P_{\text{o}}^{\text{CD}}(\text{pm})$。在这里，窦房结的作用类似前面肌肉部分中讨论的神经点火作用，而其他组织则类似油门系统。

同理，设输入到房室结的功率为 $P_{\text{ni}}^{\text{CD}}(\text{AV})$，它包含 $P_{\text{o}}^{\text{CD}}(\text{pm})$ 和自身接收到的生化的输入 $P_{\text{bi}}^{\text{CD}}(\text{AV})$，房室结对外输出的功率记为 $P_{\text{o}}^{\text{CD}}(\text{AV})$。房室结同时诱发了左右心室的跳动，我们把左右心室的肌肉的生化输入功率记为 $P_{\text{bi}}^{\text{CD}}(\text{LRV})$。由此，我们就得到了心脏在自节律情况下总的输入功率为 $P_{\text{ni}}^{\text{CD}}(\text{pm}) + P_{\text{bi}}^{\text{CD}}(\text{LRA}) + P_{\text{bi}}^{\text{CD}}(\text{AV}) + P_{\text{bi}}^{\text{CD}}(\text{LRV})$。而这部分能量，就转换为心脏每次跳动对外输出的机械能、心脏肌细胞等储存的能量、自我营养能量、散失能量以及其他形式能量，分别记为 $E_{\text{o}}^{\text{CD}}(\text{AR}) f_{\text{o}}^{\text{CD}}(\text{AR})$、$P_{\text{s}}^{\text{CD}}(\text{AR})$、$P_{\text{nm}}^{\text{CD}}(\text{AR})$、$P_{\text{w}}^{\text{CD}}(\text{AR})$、$P_{\text{oth}}^{\text{CD}}(\text{AR})$。其中，$E_{\text{o}}^{\text{CD}}(\text{AR})$ 和 $f_{\text{o}}^{\text{CD}}(\text{AR})$ 为在自节律情况下心脏的每搏输出能和输出的频率。根据能量守恒，可以得到

$$P_{\text{ni}}^{\text{CD}}(\text{pm}) + P_{\text{bi}}^{\text{CD}}(\text{LRA}) + P_{\text{bi}}^{\text{CD}}(\text{AV}) + P_{\text{bi}}^{\text{CD}}(\text{LRV})$$
$$= E_{\text{o}}^{\text{CD}}(\text{AR}) f_{\text{o}}^{\text{CD}}(\text{AR}) + P_{\text{s}}^{\text{CD}}(\text{AR}) + P_{\text{nm}}^{\text{CD}}(\text{AR}) + P_{\text{w}}^{\text{CD}}(\text{AR}) + P_{\text{oth}}^{\text{CD}}(\text{AR}) \quad (14.1)$$

令 $P_{\text{bi}}^{\text{CD}}(\text{AR}) = P_{\text{bi}}^{\text{CD}}(\text{LRA}) + P_{\text{bi}}^{\text{CD}}(\text{AV}) + P_{\text{bi}}^{\text{CD}}(\text{LRV})$，也就是自节律中心脏的非窦房结的生化能量总输入，则上式就可以简化为

$$P_{\text{ni}}^{\text{CD}}(\text{pm}) + P_{\text{bi}}^{\text{CD}}(\text{AR})$$
$$= \left[P_{\text{s}}^{\text{CD}}(\text{AR}) + P_{\text{nm}}^{\text{CD}}(\text{AR}) + P_{\text{w}}^{\text{CD}}(\text{AR}) + P_{\text{oth}}^{\text{CD}}(\text{AR}) \right] + E_{\text{o}}^{\text{CD}}(\text{AR}) f_{\text{o}}^{\text{CD}}(\text{AR})$$
$$(14.2)$$

令

$$P_{\text{s}}^{\text{CD}}(\text{AR}) + P_{\text{nm}}^{\text{CD}}(\text{AR}) + P_{\text{w}}^{\text{CD}}(\text{AR}) + P_{\text{oth}}^{\text{CD}}(\text{AR}) = E_{\text{u}}^{\text{CD}}(\text{AR}) f_{\text{o}}^{\text{CD}}(\text{AR}) \quad (14.3)$$

即 $E_{\text{u}}^{\text{CD}}(\text{AR})$ 是每次心动中心脏自身消耗掉的能量，则上述两个方程又可以简化为

$$P_{\text{ni}}^{\text{CD}}(\text{pm}) + P_{\text{bi}}^{\text{CD}}(\text{AR}) = \left[E_{\text{u}}^{\text{CD}}(\text{AR}) + E_{\text{o}}^{\text{CD}}(\text{AR}) \right] f_{\text{o}}^{\text{CD}}(\text{AR}) \quad (14.4)$$

这个形式，就和我们前面得到的"油控方程"具有了相同的表达形式。因此，这个方程，我们称为"心脏自节律油控方程"。同样，我们还可以得到"心脏自节律官能方程"：

$$E_{\text{o}}^{\text{CD}}(\text{AR}) f_{\text{o}}^{\text{CD}}(\text{AR}) = \left[P_{\text{ni}}^{\text{CD}}(\text{pm}) + P_{\text{bi}}^{\text{CD}}(\text{AR}) \right] - E_{\text{u}}^{\text{CD}}(\text{AR}) f_{\text{o}}^{\text{CD}}(\text{AR}) \quad (14.5)$$

14.1.3 心脏传导系统油控模型

在上述节律方程中，我们已经得到了一个关键的数理逻辑关系，即窦房结的每次发放就会促发一次心脏跳动，也就是一个心动周期。在没有其他信号的情况下，窦房结周期也就成了心脏的跳动频率的主要调谐者，因此，$f_{\text{o}}^{\text{CD}}(\text{AR})$ 也称为"窦房结频率"。改变它的周期频率，也就可以对心脏的跳动频率进行调控。这就为这个系统进行神经系统的控制提供了切入点。根据上述基理，窦房结的本质就是一个点火装置。这样，它同样在肌肉收缩中起到诱导作用，它和肌肉之间的关系就可以作为一个点火的火控装置。由此，心脏传导系统就可以简化为图 14.3 所示的油控装置。

第 14 章 心脏供能控制

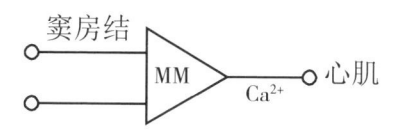

图 14.3 窦房结油控装置

由此，上述方程也就分别称为"心脏传导系统油控方程"和"心脏传导系统功能方程"。在没有神经信号的情况下，窦房结的发放频率与心脏输出频率等价，设窦房结每次的能量输入为 $E_{ni}^{CD}(pm)$，它的输入功率表示为 $P_{ni}^{CD}(pm)$，则可以得到

$$P_{ni}^{CD}(pm) = E_{ni}^{CD}(pm) f_o^{CD}(AR) \quad (14.6)$$

同样，与之相伴随的新陈代谢活动的输入也是有节律的，其频率和心脏跳动频率一致，则可以得到

$$P_{bi}^{CD}(AR) = E_{bi}^{CD}(pm) f_o^{CD}(AR) \quad (14.7)$$

式中，$E_{bi}^{CD}(pm)$ 表示心脏每跳动一次由血管输入的总能量。自节律官能方程可以表示为

$$E_o^{CD}(AR) f_o^{CD}(AR) = \left[E_{ni}^{CD}(pm) + E_{bi}^{CD}(pm) \right] f_o^{CD}(AR)$$
$$- \left[P_s^{CD}(AR) + P_{nm}^{CD}(AR) + P_w^{CD}(AR) + P_{oth}^{CD}(AR) \right] \quad (14.8)$$

同理，$P_s^{CD}(AR) + P_{nm}^{CD}(AR) + P_w^{CD}(AR) + P_{oth}^{CD}(AR)$ 表示的是心脏系统对能量的使用，也可以表示为

$$P_s^{CD}(AR) + P_{nm}^{CD}(AR) + P_w^{CD}(AR) + P_{oth}^{CD}(AR) = E_u^{CD}(AR) f_o^{CD}(AR) \quad (14.9)$$

式中，$E_u^{CD}(AR)$ 表示心脏每跳动一次自身使用所消耗掉的总能量。这样，我们可以将式（14.9）进一步简化为

$$E_o^{CD}(AR) f_o^{CD}(AR) = \left[E_{ni}^{CD}(pm) + E_{bi}^{CD}(pm) \right] f_o^{CD}(AR)$$
$$- E_u^{CD}(AR) f_o^{CD}(AR) \quad (14.10)$$

式（14.10）可以变形为

$$\left[E_{ni}^{CD}(pm) + E_{bi}^{CD}(pm) \right] f_o^{CD}(AR) = E_o^{CD}(AR) f_o^{CD}(AR) + E_u^{CD}(AR) f_o^{CD}(AR)$$
$$(14.11)$$

式（14.11）就是心脏的油控方程。

14.2 心脏节后控制系统

自节律建立了在没有外在因素干预情况下，心脏工作的基本机制，即心脏依赖其传导系统，实现了对节律的自我控制。这一特性使得心脏可以不断地对人体四周实现能量供应。

心脏传导系统也揭示了这个系统的工作状态，是进行调制的一个切入点。从这个切入点出发，我们就可以在自节律系统之上增加新的控制系统，对心脏进行能量供应的调整。在这一节，我们将讨论交感神经对心脏供能的调制。

14.2.1 心脏状态矢量

心脏对外的供能是由心脏传导系统的驱动能力决定的。根据它的供能规则，心脏的供能可以用两个参数来表述：每搏输出的机械能 E_o^{CD}、心脏跳动的频率 f_o^{CA}。心脏输出的功率（用 P_o^{CD} 来表示）也就是二者的乘积 $P_o^{CD} = E_o^{CD} f_o^{CA}$。而 E_o^{CD} 和 f_o^{CA} 又是两个独立变量，它们共同描述了心脏的供能状态。由此，我们把这两个量称为"心脏供能状态量"，用矢量表示为

$$S_o^{CD} = \begin{pmatrix} E_o^{CD} \\ f_o^{CA} \end{pmatrix} \quad (14.12)$$

式中，S_o^{CD} 表示心脏状态矢量。由此定义出发，我们可以得到心脏的自节律状态为

$$S_o^{CD}(AR) = \begin{pmatrix} E_o^{CD}(AR) \\ f_o^{CA}(AR) \end{pmatrix} \quad (14.13)$$

从状态矢量中可知，调制这两个变量 E_o^{CD}、f_o^{CA} 就可以实现对心脏供能能量的调制。

14.2.2 心脏控制系统模型

人体生理学研究表明，心脏的交感神经和副交感神经、迷走神经等均可以对心脏供能状态进行调整。我们首先讨论交感神经对心脏的控制。

第 14 章 心脏供能控制

交感神经元的节前神经纤维发自脊髓的 $T_1 \sim L_3$ 胸段的中间外侧柱。交感神经元的节前神经纤维末梢释放乙酰胆碱。节后神经元存在乙酰胆碱的受体。交感节后神经元的轴突组成了"心交感神经"。

神经结构学研究表明，左右两侧的交感神经作用并不相同。设由右侧交感神经节节后神经元输入到窦房结的功率为 $P_i^{CD}(SP_R)$，由左侧交感神经节节后神经元输入到心脏的功率为 $P_i^{CD}(SP_L)$。

右侧交感神经支配窦房结。根据心脏的传导系统，窦房结调节了心脏跳动频率，这就意味着右侧交感神经主要影响心脏的跳动频率。这在实验上也得到了证明。

左侧交感神经主要支配房室结、房室束、心房肌和房室肌。这一连接方式使得左侧交感神经主要影响心脏的机械动力。实验研究也表明这一点，即右侧交感神经可以加快心率，左侧交感神经则使得心肌的收缩力增强。刺激右侧交感神经，心率加快；刺激左侧交感神经，心肌收缩力加强。它们之间的连接关系，如图 14.4 所示[①]。

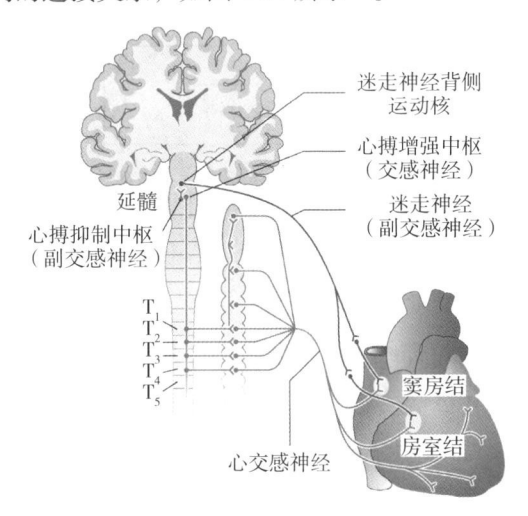

图 14.4 心脏交感神经通路（Scridon et al.，2017）

---

① SCRIDON A, ŞERBAN R C, CHEVALIER P. Atrial fibrillation: neurogenic or myogenic? [J]. Archives of Cardiovascular Diseases, 2018, 111 (1): 59-69.

数理心理学：心身热机电化控制学

根据上述内容，交感神经分别对心脏的两项指标 E_o^{CD} 和 f_o^{CD} 进行信号调谐，这需要我们建立心脏信号调制的数理关系。根据我们前面建立的心脏自律系统的油控机制、肌肉的油控机制，由交感节后神经元发出的神经元与心脏油控装置的连接的数字电路关系如图 14.5 所示。心脏的窦房结、房室节是心脏跳动促发的两个神经输入端，它们与心脏肌膜均构成了神经信号的点火装置促发心肌收缩，分别控制心脏的跳动频率、心脏每搏输出能。从控制角度，心脏的心房肌、心室肌、窦房结、房室节点火器件共同构成了控制器，心脏腔体构成了受控对象。

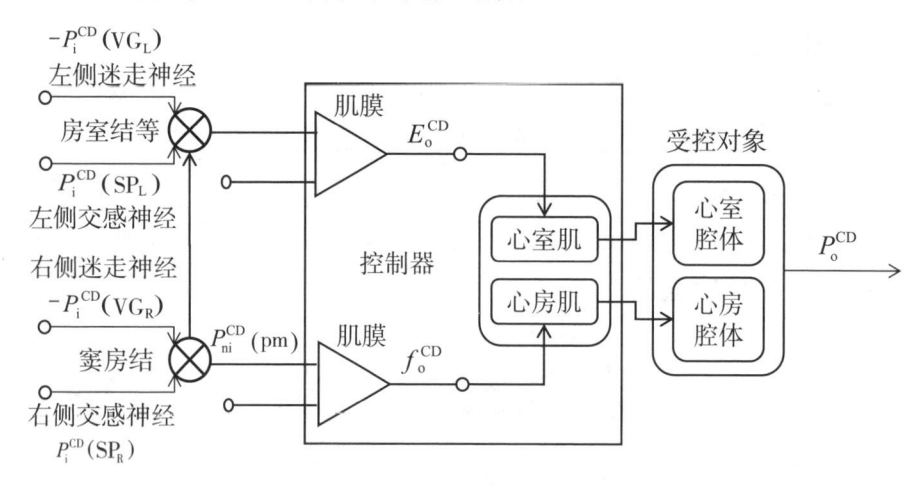

图 14.5　心脏控制模型

这个控制模型包含以下部分。

（1）信号混合器。窦房结被看作了信号混合器，它接收左、右侧交感神经和左、右侧迷走神经信号。房室节、房室束等被看成另外一个信号混合器。窦房结又和房室结联系在一起。

（2）点火装置。由于房室结同样可以促发肌肉收缩反应，则它同样可以看作一个类似窦房结的点火装置，并接收来自窦房结的信号。房室结和房室束共同控制心室肌。

（3）控制器和受控器。点火装置、心室肌和心房肌一起构成了一个控制装置，对心脏腔体实现控制，构成了心脏的控制器。心脏腔体就构成了受控装置，也就是受控对象。

上述三者构成了心脏动力学控制的核心控制部分。这个部分，我们称为"心脏控制模型"。它的反馈环路部分，我们将在下文中讨论。

14.2.3　交感心率调制方程

由于神经信号和心肌信号都是动作电位信号，也就都表现出节律性。在心脏信号调节上，心脏的控制电路分为两路信号：窦房结连接的交感神经和迷走神经信号、房室结连接的交感神经和迷走神经信号。这是我们讨论心脏信号控制的基础。

在窦房结和房室结上，由神经信号和心肌信号促发的是关于时间 t 的变量信号，则上述功率均加入时间变量。右侧交感神经输入到窦房结的信号可以表示为

$$P_o^{CD}(\text{pm},t) = P_i^{CD}(\text{SP}_R,t) + P_i^{CD}(\text{pm},t) \tag{14.14}$$

式中，$P_o^{CD}(\text{pm},t)$ 为窦房结的输出功率。设窦房结每次动作电位输出的能量为 $E_o^{CD}(\text{pm})$，窦房结自节律发放频率为 $f_o^{CD}(\text{AR},t)$，则可以得到

$$P_i^{CD}(\text{pm},t) = E_o^{CD}(\text{pm}) f_o^{CD}(\text{AR},t) \tag{14.15}$$

而心交感神经的输入，诱发的神经节发放为

$$P_i^{CD}(\text{SP}_R,t) = E_o^{CD}(\text{pm}) f_o^{CD}(\text{SP}_R,t) \tag{14.16}$$

把式（14.15）、式（14.16）代入，则可以得到

$$P_o^{CD}(\text{pm},t) = E_o^{CD}(\text{pm}) \left[f_o^{CD}(\text{SP}_R,t) + f_o^{CD}(\text{AR},t) \right] \tag{14.17}$$

根据式（14.17）可知

$$f_o^{CD} = f_o^{CD}(\text{SP}_R,t) + f_o^{CD}(\text{AR},t) \tag{14.18}$$

式（14.18），我们称为"交感心率调制方程"。则窦房结输出的总功率就可以表示为

$$P_o^{CD}(\text{pm},t) = E_o^{CD}(\text{pm}) f_o^{CD} \tag{14.19}$$

在窦房结的自节律上附加交感神经的调频信号，就使得两种频率进行

了时间上的叠加，构成频率调节。这个关系式也就揭示了右侧交感神经对心脏心率调节的机制。

14.2.4 交感心脏做功调制方程

由于左、右侧交感神经的输入，心脏的能量输入部分增加。根据能量守恒，可以得到下述关系：

$$P_{\text{ni}}^{\text{CD}}(\text{pm}) + \left[P_i^{\text{CD}}(\text{SP}_\text{L}) + P_i^{\text{CD}}(\text{SP}_\text{R})\right] + P_{\text{bi}}^{\text{CA}}$$
$$= \left(P_s^{\text{CD}} + P_{\text{nm}}^{\text{CD}} + P_w^{\text{CD}} + P_{\text{oth}}^{\text{CD}}\right) + E_o^{\text{CD}} f_o^{\text{CD}} \quad (14.20)$$

令

$$P_s^{\text{CD}} + P_{\text{nm}}^{\text{CD}} + P_w^{\text{CD}} + P_{\text{oth}}^{\text{CD}} = E_u^{\text{CD}} f_o^{\text{CD}} \quad (14.21)$$

式中，E_u^{CD} 表示心脏每跳动一次消耗的总能量。式（14.21）可以化简为

$$P_{\text{ni}}^{\text{CD}}(\text{pm}) + \left[P_i^{\text{CD}}(\text{SP}_\text{L}) + P_i^{\text{CD}}(\text{SP}_\text{R})\right] + P_{\text{bi}}^{\text{CA}}$$
$$= E_u^{\text{CD}} f_o^{\text{CD}} + E_o^{\text{CD}} f_o^{\text{CD}} \quad (14.22)$$

由冠状动脉输入的能量一部分用于自节律跳动，还有一部分用于交感神经诱发的心脏的跳动，因此，我们可以得到

$$P_{\text{bi}}^{\text{CA}} = P_{\text{bi}}^{\text{CD}}(\text{AR}) + P_{\text{bi}}^{\text{CD}}(\text{SP}_\text{R}) + P_{\text{bi}}^{\text{CD}}(\text{SP}_\text{L}) \quad (14.23)$$

式中，$P_{\text{bi}}^{\text{CD}}(\text{SP})$ 表示交感神经引起的心脏的代谢活动的功率输入。把它代入式（14.23），则可以得到

$$P_{\text{ni}}^{\text{CD}}(\text{pm}) + \left[P_i^{\text{CD}}(\text{SP}_\text{L}) + P_i^{\text{CD}}(\text{SP}_\text{R})\right] + P_{\text{bi}}^{\text{CA}}$$
$$= \left\{\left[P_{\text{ni}}^{\text{CD}}(\text{pm}) + P_i^{\text{CD}}(\text{SP}_\text{R})\right] + P_{\text{bi}}^{\text{CD}}(\text{AR})\right\} + \left[P_i^{\text{CD}}(\text{SP}_\text{L}) + P_{\text{bi}}^{\text{CD}}(\text{SP})\right]$$
$$= E_o^{\text{CD}}(\text{pm})\left[f_o^{\text{CD}}(\text{SP}_\text{R},t) + f_o^{\text{CD}}(\text{AR},t)\right] + \left[P_i^{\text{CD}}(\text{SP}_\text{L}) + P_{\text{bi}}^{\text{CD}}(\text{SP})\right] \quad (14.24)$$

用 $E_o^{\text{CD}}(\text{SP}_\text{L})$ 表示由左侧交感神经引起的心脏每搏输出的机械能，它对应的输出频率为 $f_o^{\text{CD}}(\text{SP}_\text{L},t)$，式（14.24）就又可以简化为

$$P_{\text{ni}}^{\text{CD}}(\text{pm}) + \left[P_i^{\text{CD}}(\text{SP}_\text{L}) + P_i^{\text{CD}}(\text{SP}_\text{R})\right] + P_{\text{bi}}^{\text{CA}}$$
$$= E_o^{\text{CD}}(\text{pm}) f_o^{\text{CD}}(\text{SP}_\text{R},t) + E_o^{\text{CD}}(\text{pm}) f_o^{\text{CD}}(\text{AR},t) + E_o^{\text{CD}}(\text{SP}_\text{L}) f_o^{\text{CD}}(\text{SP}_\text{L},t)$$
$$(14.25)$$

第 14 章 心脏供能控制

因为，左、右侧交感神经信号均来自同一交感神经，则左、右侧神经的神经信号发放的频率等价，也就是具有以下关系：

$$f_o^{CD}(SP_L,t)=f_o^{CD}(SP_R,t)=f_o^{CD}(SP,t) \quad (14.26)$$

利用这个关系，式（14.26）就可以简化为

$$P_{ni}^{CD}(pm) + \left[P_i^{CD}(SP_L) + P_i^{CD}(SP_R)\right] + P_{bi}^{CA}$$
$$=\left[E_o^{CD}(pm)+E_o^{CD}(SP_L)\right]f_o^{CD}(SP,t) + E_o^{CD}(pm)f_o^{CD}(AR,t) \quad (14.27)$$

在式（14.27）中，我们就得到了关键的功能项目 $E_o^{CD}(pm)f_o^{CD}(AR,t)$，它是自节律系统供能的一部分。$\left[E_o^{CD}(pm)+E_o^{CD}(SP_L)\right]f_o^{CD}(SP,t)$ 则是和自节律一起增加的供能部分。这就意味着，心脏肌肉的供能转化得到了加强，也就是心肌收缩力增强，这个结果在实验中也得到了证实。

14.2.5 心脏副交感神经控制系统

心脏除了受交感神经控制之外，还要受副交感神经的控制。心脏的副交感神经主要集中在延髓的迷走神经的北核和疑核，也称为"迷走神经"，它和交感神经共同组成了心脏神经丛。

迷走神经与交感神经的作用正好相反，它的节后神经纤维也分别支配窦房结、心房肌、房室交界、房室束和它的分支。迷走神经与交感神经一起构成了拮抗系统，它释放的乙酰胆碱与 M 型乙酰胆碱受体结合，引起心动抑制，表现为心率变慢、心肌收缩能力减弱。与交感神经相同，右侧迷走神经对窦房结的影响占优势，而左侧迷走神经对房室交界和心室肌作用明显。

考虑到低级神经中枢与负交感连接的对应性，交感神经和迷走神经均与窦房结等心传导结构和肌肉对应连接，则同样可以得到迷走神经的"迷走心率调制方程"和"迷走心脏做功调制方程"。考虑到它的作用的性质，迷走神经的功率值取负值。

$$P_o^{CD}(pm,t)=E_o^{CD}(pm)\left[f_o^{CD}(AR,t) - f_o^{CD}(VG_R,t)\right] \quad (14.28)$$

式中，$f_o^{CD}(VG_R,t)$ 表示右侧迷走神经节后纤维发放的频率，也就是右侧

迷走神经输入到窦房结的发放频率，且可以得到以下关系：

$$f_o^{CD} = f_o^{CD}(AR,t) - f_o^{CD}(VG_R,t) \quad (14.29)$$

这个式子，我们称为"交感心率调制方程"。窦房结输出的总功率就可以表示为

$$P_o^{CD}(pm,t) = E_o^{CD}(pm) f_o^{CD} \quad (14.30)$$

同样，可以得到迷走神经对心脏做功的调制方程：

$$\begin{aligned} & P_{ni}^{CD}(pm) - \left[P_i^{CD}(VG_L) + P_i^{CD}(VG_R) \right] + P_{bi}^{CA} \\ & = \left[E_o^{CD}(pm) - E_o^{CD}(VG_L) \right] f_o^{CD}(VG,t) + E_o^{CD}(pm) f_o^{CD}(AR,t) \end{aligned} \quad (14.31)$$

式中，VG_L 是左侧迷走节后神经的缩写。用 $f_o^{CD}(VG,t)$ 表示左、右侧迷走节后神经的发放频率，其满足

$$f_o^{CD}(VG_L,t) = f_o^{CD}(VG_R,t) = f_o^{CD}(SP,t) \quad (14.32)$$

14.2.6　心脏交感神经与副交感神经控制系统

由于交感神经和副交感神经是拮抗系统，它们对称的连接在心脏的传导机构上形成了叠加的信号机构。

$$P_o^{CD}(pm,t) = E_o^{CD}(pm) \left[f_o^{CD}(AR,t) \pm f_o^{CD}(VG_R,t) \right] \quad (14.33)$$

交感神经和副交感神经独立又相互作用，则可以得到一个以 $f_o^{CD}(AR,t)$ 为基础的调频振荡系统。因此，这个式子，我们称为"心脏交－副振荡调制方程"。由于这个值域范围的存在，心脏的频率可以在一定范围内进行调节。同样，我们也可以得到心脏做的功，也在一定范围内振荡调节。

$$\begin{aligned} & P_{ni}^{CD}(pm) \pm \left[P_i^{CD}(VG_L) + P_i^{CD}(VG_R) \right] + P_{bi}^{CA} \\ & = \left[E_o^{CD}(pm) \pm E_o^{CD}(VG_L) \right] f_o^{CD}(VG,t) + E_o^{CD}(pm) f_o^{CD}(AR,t) \end{aligned} \quad (14.34)$$

综上所述，心脏官能可以用供能功率 P_o^{CA} 来描述，心脏的每搏输出功率记为 E_o^{CA}、f_o^{CA}。对心脏的调节就是对这两项的输出进行调制，使得心脏的功率发生变化，它构成了交感神经和迷走神经控制的核心。考虑到交感神经和副交感神经的控制关系，就可以得到窦房结和房室结两个输入端

的信号关系。

14.2.7 心脏输出的机械能

心脏跳动的机械能，在人的体位未发生变化的情况下（血液液体的势能不发生变化）转换为血液的动能。

设 E_v 为每搏输出的机械能，也就是心脏的每搏功，则心脏输出的血液的动能的功率记为 P_k^{CD}，可以得到

$$P_k^{CD} = E_k f_o^{CD} \tag{14.35}$$

设 v 是血液射出的速度，ds 是射血血管截面的微元，则心脏每搏射出的血液的动能为

$$E_k = \frac{1}{2}mv^2 = \frac{1}{2}\left[\rho_m \int_s v ds\right]v^2 = \frac{1}{2}\rho_m v^2 \int_s v ds \tag{14.36}$$

式中，ρ_m 是单位体积血液的质量密度。由于心脏跳动的机械能的作用，射血不断发生，人的心脏驱动的血液循环系统才不断地往复工作。

上述控制关系建立之后，我们就可以通过这个关系，来研究更高级的信息系统对交感神经和副交感神经系统的控制。

14.3 心脏反馈控制系统

完整的工程控制系统一般都包含反馈，心脏的生物控制系统也包含了反馈部分。在上一节，我们建立了工程的控制系统，在这一节就需要确立心脏控制的反馈控制系统，并建立它的反馈控制的数理逻辑关系。

心脏的反馈系统通过心血管上的感觉器采集的信号，经中枢神经处理后，对交感神经和副交感神经进行反馈。

生物学在神经和生理学层次逐步建立了这一反射环路，这就为心脏环路的反馈机制提供了结构学和神经信息学的基础。以此为基本契机，我们来讨论心脏反馈控制机制。

14.3.1 心动反馈信息环路

心动控制的反馈环路主要包含以下几个部分。

（1）动脉压力传感器：包括静脉窦感受器、主动脉弓感受器。它们负责采集人体的血流的压力信号。

（2）反馈处理器：由延髓、交感神经和副交感神经（迷走神经）的节前神经元部分构成的反馈信号的处理部分，可实现反馈信号的制备，如图14.6所示[1]。这部分，我们称为"反馈信号处理器"。换言之，它们构成了心动跳动状态的反馈系统。

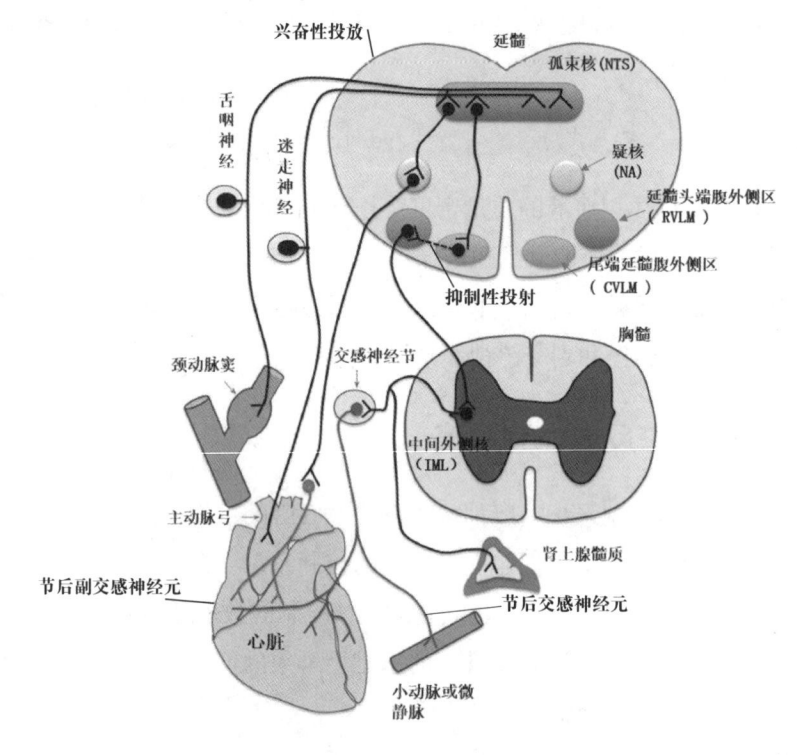

图14.6 心脏反馈控制 (Kaur, Chandran, Jaryal, et al., 2016)

（资料来源：https://www.wjgnet.com/2220-6124/full/v5/i1/53.htm）

---

[1] KAUR M, CHANDRAN D S, JARYAL A K, et al. Baroreflex dysfunction in chronic kidney disease [J]. World Journal of Nephrology, 2016, 5（1）：53.

第 14 章　心脏供能控制

在前文的自节律控制和交感神经与副交感神经的叠加关系中，我们已经建立了控制和部分反馈控制的关系。我们在此基础上，根据工程科学，建立了严格意义上的心动控制理论。而根据前文内容，心动控制实际是一个二维的控制问题，即它的状态变量是二维的。

14.3.2　反馈控制模型

根据心脏的反馈结构，心脏反馈信号的采集器源于两个压力传感器：颈动脉窦的压力传感器、主动脉弓的压力传感器。这两路信号经延髓核团处理后，传导到脊髓的交感神经和副交感神经，因此，我们把上述的处理环节作为一个整体的系统，即心脏反馈控制。图 14.7 是在只考虑交感神经的情况下的简化图，图中考虑了两个输入：颈动脉窦和动脉弓。这两个功率输入，分别记为 P_i^{AR} 和 P_i^{CS}。经过反馈信息加工后，输出的也就是右侧交感神经和右侧迷走神经的两个功率信号 $P_i^{CD}(SP_R)$ 和 $-P_i^{CD}(VG_R)$。同理，也可以得到左侧副交感神经和左侧迷走神经的反馈如图 14.8 所示。从反馈输出的这两个控制端的信号就是 $P_i^{CD}(SP_L)$ 和 $-P_i^{CD}(SP_L)$。这样，我们只需要找到反馈系统中神经的输入和输出关系，就可以建立它们之间的连接关系。这需要神经电路环路的连接方式的支持。

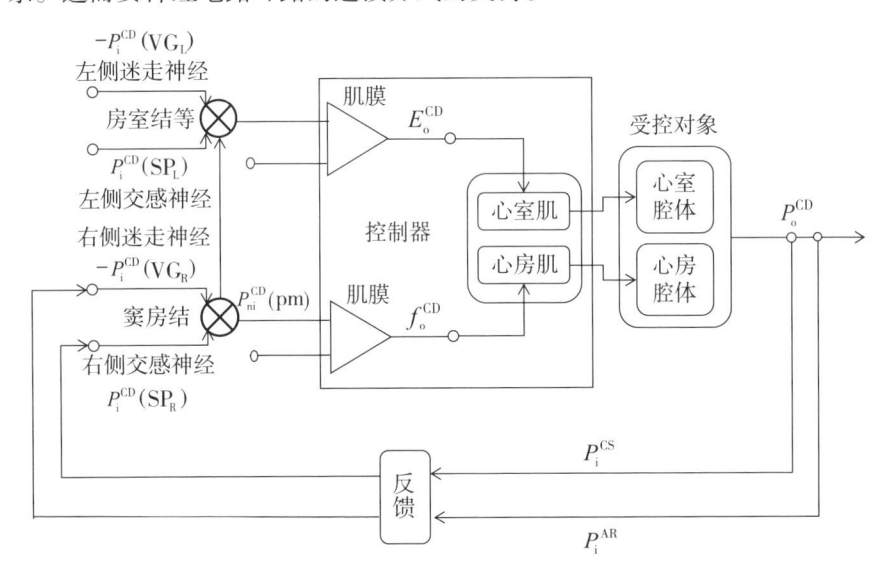

图 14.7　心脏右侧交感神经和右侧迷走神经反馈简化图

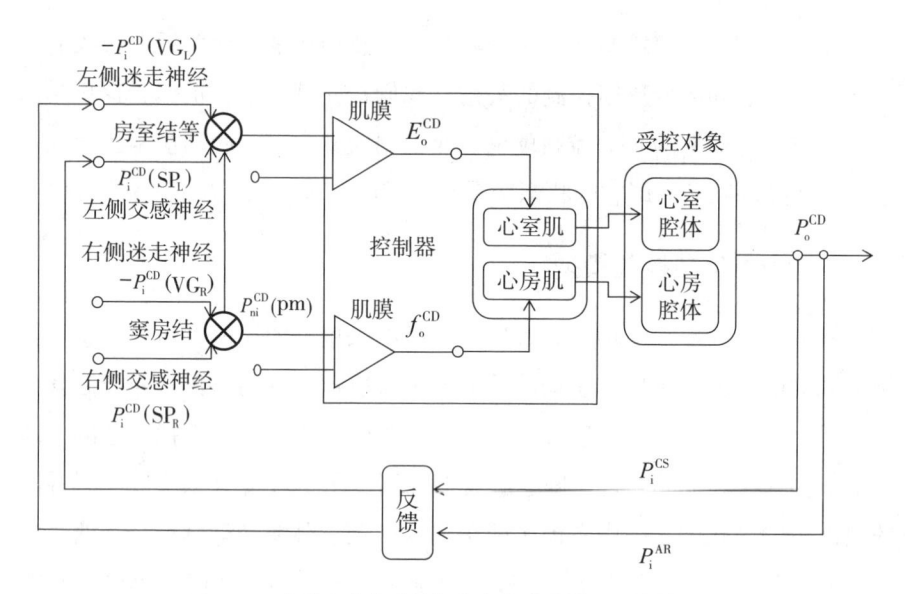

图 14.8　心脏左右交感神经和左右迷走神经反馈简化图

根据图 14.7 和图 14.8 可知，输入到反馈系统中的信号和输出的信号满足线性关系。由此，我们就可以得到以下关系：

$$\begin{pmatrix} P_i^{CD}(SP_R) \\ -P_i^{CD}(VG_R) \end{pmatrix} = \begin{pmatrix} C_{11} & C_{12} \\ C_{21} & C_{22} \end{pmatrix}_R \begin{pmatrix} P_i^{AR} \\ P_i^{CS} \end{pmatrix} \quad (14.37)$$

和

$$\begin{pmatrix} P_i^{CD}(SP_L) \\ -P_i^{CD}(VG_L) \end{pmatrix} = \begin{pmatrix} D_{11} & D_{12} \\ D_{21} & D_{22} \end{pmatrix}_L \begin{pmatrix} P_i^{AR} \\ P_i^{CS} \end{pmatrix} \quad (14.38)$$

式中，矩阵中的系数为待定系数，它由图 14.6 中的神经连接关系来决定。根据信号的混合关系，窦房结和房室结是正负信号混合的地方，则可以得到下述关系：

$$P_i^{CD}(SP_R) - P_i^{CD}(VG_R) = (C_{11} + C_{21})P_i^{AR} + (C_{12} + C_{22})P_i^{CS} \quad (14.39)$$

和

$$P_i^{CD}(SP_L) - P_i^{CD}(VG_L) = (D_{11} + D_{21})P_i^{AR} + (D_{12} + D_{22})P_i^{CS} \quad (14.40)$$

心脏的动脉弓和颈动脉窦的压力信号是一个实时变化的信号，这就会

第 14 章 心脏供能控制

导致 $P_i^{CD}(SP_R) - P_i^{CD}(VG_R)$ 和 $P_i^{CD}(SP_L) - P_i^{CD}(VG_L)$ 是一个动态的波动信号。它的波动的中心由矩阵参数来决定。

这样，上述的反馈形式就可以进一步被简化为一个功能框图，该功能控制框图由谢丽尔·希施提出，这样，从心脏的控制理论中，就推导出了谢里尔的控制结构形式，表明了其合理性。符合我们对心脏控制的根本性的理解，如图 14.9 所示[①]。

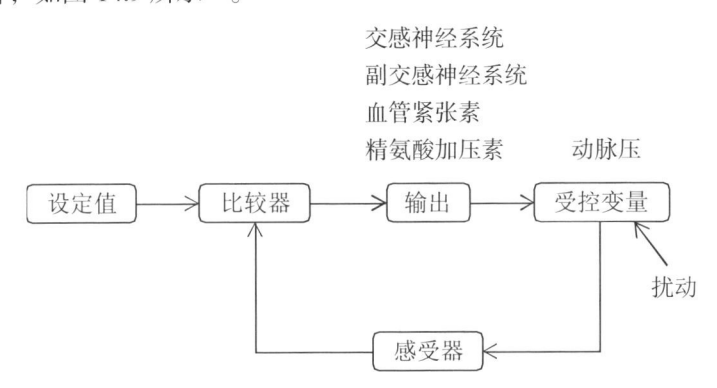

图 14.9　心脏反馈功能控制图（Heesch，1999）

如果控制变量（动脉压）偏离设定值（期望动脉压），动脉压力感受器将改变其放电频率，比较器（中枢神经系统）将改变神经和体液输出，使动脉压恢复到期望水平。

14.3.3　动脉感受器通信编码

人的心血管系统存在一套动脉压力的感受器，分布在颈动脉窦和主动脉弓，称为"动脉压力感受器"，如图 14.10 所示[②]。动脉压力感受器通过血管壁的机械应力的变化，测量和血液运动有关的信号参量，这构成了

---

① HEESCH C M. Reflexes that control cardiovascular function [J]. Advances in Physiology Education, 1999, 277 (6): S234.

② KLABUNDE R. Cardiovascular physiology concepts [M]. Lippincott Williams & Wilkins, 2011.

数理心理学：心身热机电化控制学

心血管信号的感觉信号检测的基础。

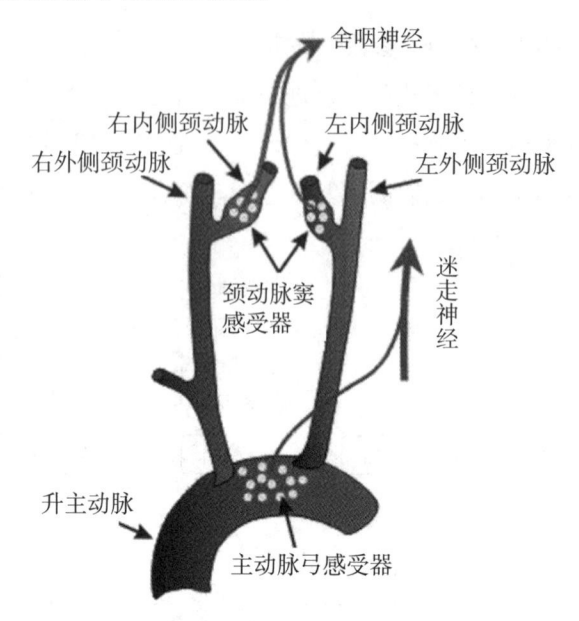

图 14.10 动脉压力感受器（Klabunde，2021）

注：图示为分布于颈动脉窦（在颈外动脉和颈内动脉的分叉处）和主动脉弓的动脉压力感受器。

设由动脉上的感受器每次发放的能量为 E_u；神经发放的频率为 $f_u(t)$，它是关于时间的一个函数；神经发放频率为 P_u；则

$$P_u = E_u f_u(t) \tag{14.41}$$

由于心脏是有节律的跳动，它的周期为 T^{CD}，则它满足

$$T^{CD} = \frac{1}{f_o^{CD}} \tag{14.42}$$

在一个心脏跳动的周期内，神经发放的输出能量 E_u^{CD} 可以表示为

$$\begin{aligned} E_u^{CD} &= \int_0^{T^{CD}} P_u \mathrm{d}t \\ &= E_u \int_0^{T^{CD}} f_u(t) \mathrm{d}t \\ &= n_u^{CD} E_u \end{aligned} \tag{14.43}$$

式中，n_u^{CD} 表示一个心脏跳动周期内，神经发放的总个数。由于心脏的跳

第 14 章 心脏供能控制

动频率为 f_o^{CD}，则感觉器神经的输出功率 P_u^{CD} 为

$$P_u^{CD} = E_u^{CD} f_o^{CD}$$
$$= n_u^{CD} E_u f_o^{CD} \quad (14.44)$$

从这个关系中，我们可以看出，动脉压力感受器的功率编码是以心脏频率 f_o^{CD} 为基础的，它为心率调整奠定了基础。同时，它也受每搏的能量 E_o^{CD} 影响，表现为 n_u^{CD} 的变化。因此，心脏状态量和感觉器的信号量之间的关系满足以下形式：

$$\begin{pmatrix} P_u^{CD} \\ f_o^{CD} \end{pmatrix} = \begin{pmatrix} k_u^{CD} & \\ & 1 \end{pmatrix} \begin{pmatrix} P_o^{CD} \\ f_o^{CD} \end{pmatrix} \quad (14.45)$$

式中，$k_u^{CD} = \dfrac{n_u^{CD} E_u}{E_o^{CD}}$，称为"动脉压电系数"。这需要在生化机制中进行揭示。这个矩阵，我们称为"动脉压电通信矩阵方程"，也可以表示为

$$\begin{pmatrix} E_u^{CD} \\ f_o^{CD} \end{pmatrix} = \begin{pmatrix} k_u^{CD} & \\ & 1 \end{pmatrix} \begin{pmatrix} E_o^{CD} \\ f_o^{CD} \end{pmatrix} \quad (14.46)$$

式（14.46）左边是心脏控制的两个独立量，而右边则是神经可以分离出来两个通信量，这就为对心脏的控制和反馈提供了天然对应性。这个矩阵，我们称为"动脉压电反馈控制矩阵"。

第 15 章　自主神经控制

人体的脏器通过自主神经系统，实现了自身的动力学的控制。大部分人体的内脏系统受交感神经和副交感神经的双重支配，从而形成一个动力可以收发的系统，或者确切地说，是一个动力系统可以振荡调节的系统。交感神经和副交感神经构成的控制模式，是内脏脏器的一个普遍性模式，这就意味着一个普遍性的规则。因此，本章将建立统一性的脏器工作规则。通过这一规则，可以看到内脏脏器之间的系统规则。

15.1　交感神经和副交感神经控制模式

人体的大部分脏器受交感神经和副交感神经控制。人体生理学已经明晰了对交感神经、副交感神经与脏器之间功能控制的拮抗关系。《数理心理学：人类动力学》也对这一关系进行了深入探索。我们将在《数理心理学：人类动力学》的基础上，对这一问题进行部分修正和深入挖掘[①]。

15.1.1　交感神经和副交感神经控制

人的交感神经和副交感神经系统连接了人体的心脏动力系统、消化系统、泌尿系统、生殖系统和瞳孔反射系统等，它的一项基本的功能就是实

---

① 高闯. 数理心理学：人类动力学 [M]. 长春：吉林大学出版社，2022.

第 15 章 自主神经控制

现人体的供能控制，也就是把血液循环系统、呼吸循环系统、泌尿系统、消化系统及其附属的系统，合在一起而形成总系统，是对人体进行供能的供能系统。人体的生理系统担负了供能任务。在这个功能的前提下，人体的生理系统又附加了免疫系统和淋巴系统、生殖系统等。生理系统之间相互影响，又相互协同作用。从表面看来，这是一个极为复杂的相互作用关系。

人体的供能系统通过交感神经和副交感神经实现动力收发，它的连接方式如图 15.1 所示。

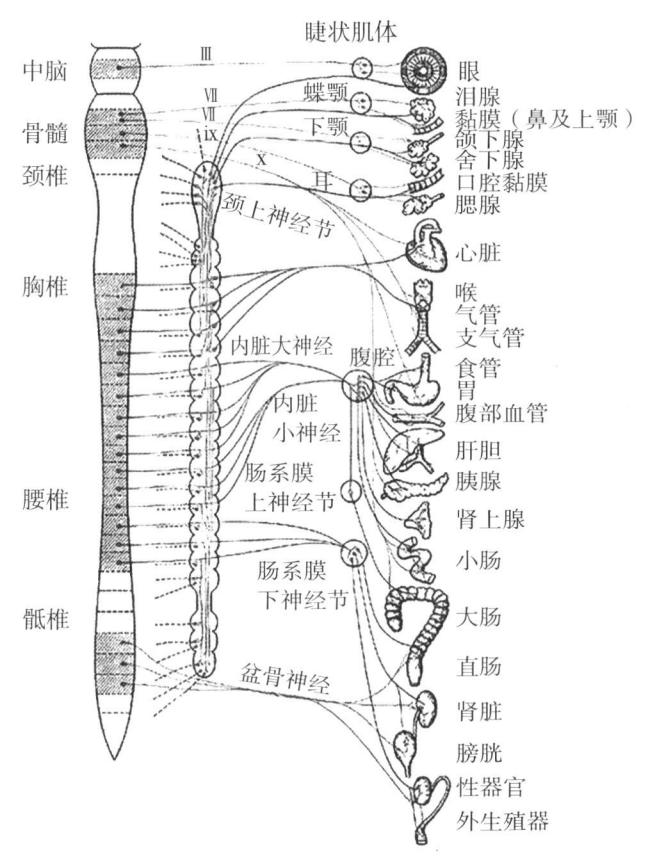

图 15.1 自主神经系统

15.1.2 交感神经和副交感神经控制模型

交感神经和副交感神经均是通过脏器上的效应器，实现对脏器动力系统的点火控制。它的模式也就可以简化为图 15.2 所示的模式，可以看作交感神经、副交感神经、自主神经在肌肉膜上形成了一个点火的混合器，对肌肉进行点火，使得肌肉制动，构成脏器的控制机构。这个模型，称为"交感神经–副交感神经控制模型"。

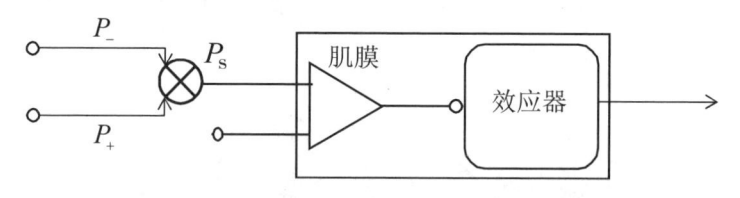

图 15.2　脏器控制模型

为了建立统一性的模型关系，我们设交感神经输入的信号记为 P_+，副交感神经输入的信号记为 P_-，脏器在无交感神经和副交感神经时自我工作的信号频率记为 P_s。交感神经和副交感神经和脏器连接后实现信号的混合，三者输入形成的总的点火功率记为 P_F。

交感神经和副交感神经形成的是拮抗关系，由于它们的相互作用使得脏器功率输出发生变动，则它们之间满足的关系就可以统一表示为

$$P_F = P_\pm + P_s \tag{15.1}$$

式中，$P_\pm$ 为调谐项，它是 P_+ 和 P_- 相互作用形成的调谐项。尽管这个方程是对脏器进行点火的普遍性方程，但它显示了交感神经和副交感神经以及脏器自我运作的普遍表达形式。因此，这个方程，我们称为"交感神经–副交感神经拮抗调谐方程"。设在脏器中神经动作脉冲的能量为 E_u，则式（15.1）就可以简化为

$$P_F = E_u (f_\pm + f_s) \tag{15.2}$$

式中，$f_\pm$ 为调谐频率；f_s 为自我激发的工作频率。从式（15.2）可以看出，在 f_s 的基础上交感神经和副交感神经的拮抗作用会使得频率增加和

减弱，使得人体的动力系统可以振荡运动。自主神经系统工作模式如图 15.3 所示。

图 15.3　自主神经系统工作模式

这是一个非常有趣的振荡模式。在这个振荡模式中，P_s 和 f_s 构成了脏器在没有任何干预的情况下自发的振荡模式。$P_+ + P_-$ 构成的交感神经和副交感神经因素使自我激发的工作频率外加了一个振荡的频率 $f_+ - f_-$，这个外加频率使脏器活动的频率相对于 f_s 出现偏离，从而形成新的振动模式。

15.2　交感神经和副交感神经程控模式

交感神经和副交感神经系统同时控制人体的脏器，它包含 3 种控制的模式。它通过 3 种控制的模式实现目标器官的拮抗控制。在这里，我们将建立这 3 种控制模式下的拮抗机制。

15.2.1　交感神经 - 副交感神经程控模式

自主神经系统中的所有受体均是以神经肌肉接头的形式，分别存在于节后神经元或者效应器官上。所有节前神经纤维都释放乙酰胆碱（ACh），并作用在节后神经元的 N1 型受体上。节后神经纤维则释放乙酰胆碱或者去甲肾上腺素（NE）。它的表现形式如图 15.4 所示[①]。交感神经和副交感神经均通过乙酰胆碱对下一级进行控制。

---

① SILVERTHORN D U, JOHNSON B R, OBER W C, et al. Human physiology: an integrated approach [M]. Vol.3. Pearson Education Indianapolis, IN, 2013.

数理心理学：心身热机电化控制学

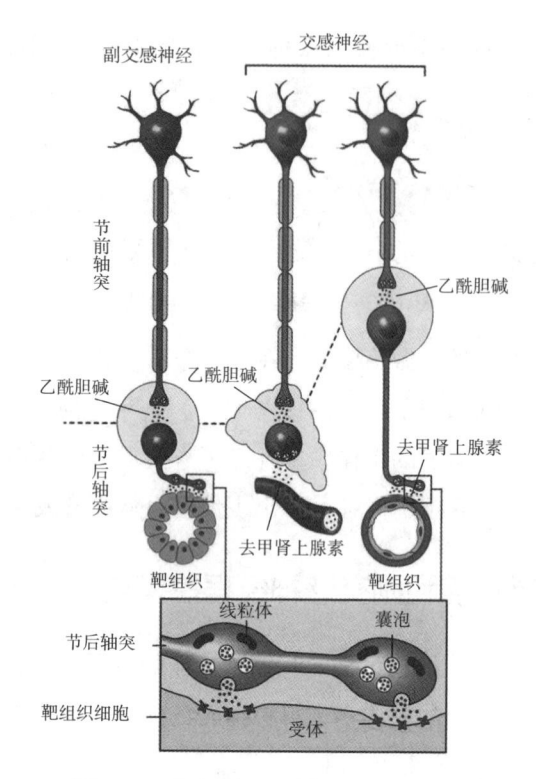

图 15.4　交感神经 – 副交感神经控制模式

15.2.1.1　副交感神经程控模式

副交感神经的节前神经通过乙酰胆碱传递介质，并通过结构神经元分泌的乙酰胆碱对目标物进行控制。副交感神经节的程控模式表示为

$$(ACh|A_c)(ACh|\pm) \tag{15.3}$$

式中，±表示兴奋性或者抑制性。

15.2.1.2　交感神经程控模式

交感神经通过节后神经节或者中间腺体影响目标器官。交感神经节的两种程控模式均可以表示为

第 15 章 自主神经控制

$$(ACh|A_c)(NE|\pm) \qquad (15.4)$$

从这个关系中，我们可以看到由乙酰胆碱作为神经控制的输入信号，信号控制通道的分化。

$$(ACh|A_c) \rightarrow \begin{cases} (ACh|A_c)(ACh|\pm) \\ (ACh|A_c)(NE|\pm) \end{cases} \qquad (15.5)$$

这两种分化控制的程序控制使得信号可以实现兴奋和抑制信号的两路控制。利用这个特性，就可以实现拮抗功能。

表 15.1 列举了人类自主神经系统对效应器官作用时的受体和作用递质，并给出了这些递质作用时对效应器起到加强或者减弱的作用[1][2]。在这里，我们需要说明的是，交感神经和副交感神经的控制本质是实现器官工作状态的拮抗控制，也就是振动形式的器官控制。在有些目标器官上，不存在副交感神经的控制，如血管系统，但不意味这些系统不能实现拮抗振荡的形态。血管系统本身就是一个弹性系统，当血管依赖交感神经的作用而收缩时，则收缩结束后依赖弹性和血流的动力作用，又会恢复常态，也构成了一个拮抗性质的动力系统。它的表现形式，也满足 $P_F = P_+ + P_- + P_s$ 的形式，只是它的动力源的性质发生了变化。在这里，我们就不再深入展开了。

表 15.1 自主神经系统胆碱能与肾上腺能受体的分布与其生理功能

效应器官	交感神经 递质	受体	作用	副交感神经 递质	受体	作用
心脏						
窦房结	去甲肾上腺素	β_1	心率加快	乙酰胆碱	M	心率减慢
房室传导系统	去甲肾上腺素	β_1	传导加快	乙酰胆碱	M	传导减慢
心肌	去甲肾上腺素	β_1	收缩加强	乙酰胆碱	M	收缩减弱

---

[1] 朱圣庚，徐长法. 生物化学（上）[M]. 北京：高等教育出版社，2021.

[2] 朱圣庚，徐长法. 生物化学（下）[M]. 北京：高等教育出版社，2021.

续表

效应器官	交感神经 递质	受体	作用	副交感神经 递质	受体	作用
血管						
脑血管	去甲肾上腺素	α₁	轻度收缩			
冠状血管	去甲肾上腺素	α₁	收缩			
	去甲肾上腺素	β₂	舒张（为主）			
皮肤黏膜血管	去甲肾上腺素	α₁	收缩			
胃肠道血管	去甲肾上腺素	α₁	收缩（为主）			
	去甲肾上腺素	β₂	舒张			
骨骼肌血管	去甲肾上腺素	α₁	收缩			
	去甲肾上腺素	β₂	舒张			
	乙酰胆碱	M	舒张			
外生殖器血管	去甲肾上腺素	α₁	收缩	乙酰胆碱	M	舒张
呼吸循环系统						
支气管平滑肌	去甲肾上腺素	β₂	舒张	乙酰胆碱	M	收缩
支气管腺体				乙酰胆碱	M	分泌增多
消化系统						
胃平滑肌	去甲肾上腺素	β₂	舒张	乙酰胆碱	M	收缩
小肠平滑肌	去甲肾上腺素	α₂	舒张	乙酰胆碱	M	收缩
括约肌	去甲肾上腺素	α₁	收缩	乙酰胆碱	M	舒张
唾液腺	去甲肾上腺素	α₁	分泌少量黏稠唾液	乙酰胆碱	M	分泌大量稀薄唾液
胃腺	去甲肾上腺素	α₂	分泌减少	乙酰胆碱	M	分泌增加
泌尿生殖系统						
膀胱逼尿肌	去甲肾上腺素	β₂	舒张	乙酰胆碱	M	收缩
内括约肌	去甲肾上腺素	α₁	收缩	乙酰胆碱	M	舒张
妊娠子宫	去甲肾上腺素	α₁	收缩			
未孕子宫	去甲肾上腺素	β₂	舒张			
眼						
瞳孔开大肌	去甲肾上腺素	α₁	收缩（扩瞳）			
瞳孔括约肌				乙酰胆碱	M	收缩（缩瞳）
睫状肌	去甲肾上腺素	β₂	舒张（视远物）	乙酰胆碱	M	收缩（视近物）
皮肤						
竖毛肌	去甲肾上腺素	α₁	收缩（竖毛）			
汗腺	去甲肾上腺素	α₁	促进神经性发汗	乙酰胆碱	M	促进神经性发汗
代谢						

续表

效应器官	交感神经			副交感神经		
	递质	受体	作用	递质	受体	作用
胰岛	去甲肾上腺素	α_2	减少胰岛素与胰高血糖素的分泌	乙酰胆碱	M	增加胰岛素与胰高血糖素的分泌
	去甲肾上腺素	β_2	增加胰岛素与胰高血糖素的分泌			
肝	去甲肾上腺素	α_1、β_2	肝糖原分解增加			

15.2.2 自主神经拮抗控制

自主神经系统通过交感神经和副交感神经的系统，不仅实现了拮抗作用的控制，还实现了脏器间工作的协同。这就需要通过神经系统之间的连接关系，并利用程控关系，建立它们之间的协同关系。

交感神经和副交感神经形成的拮抗关系，实际代表了对所控制器件的加强和减弱的两个方向。如果我们把表 15.1 用程控的关系表示出来，则会得到控制表达关系。控制的关系表现为下述 3 种控制模式。

15.2.2.1 双控制模式

我们把交感神经和副交感神经同时对目标器官进行控制的关系，称为"双控制模式"。它可以表述为

$$(\text{ACh}|A_c) \to \left\{ \frac{(\text{ACh}|A_c)(\text{ACh}|-)}{(\text{ACh}|A_c)(\text{NE}|+)} \right. \quad (15.6)$$

和

$$(\text{ACh}|A_c) \to \left\{ \frac{(\text{ACh}|A_c)(\text{ACh}|+)}{(\text{ACh}|A_c)(\text{NE}|-)} \right. \quad (15.7)$$

这两种方式构成了两种基本的组合模式。

15.2.2.2 单控制模式

这种方式，利用效应器本身在控制下生化效应均会随着时间衰减消失的机制，使得效应器恢复到常态，形成了振荡模式，这也构成了拮抗的两个状态，表述为

$$\boxed{(\text{ACh}|A_c)(\text{NE}|+)} \qquad (15.8)$$

$$\boxed{(\text{ACh}|A_c)(\text{NE}|-)} \qquad (15.9)$$

和

$$\boxed{(\text{ACh}|A_c)(\text{ACh}|+)} \qquad (15.10)$$

15.2.2.3 双强模式

这是一类特殊的模式，可以在眼睛的瞳孔开大肌和瞳孔括约肌上看到。这两个肌肉代表了肌肉收缩的两个方向。它们通过一个肌肉收缩而另外一个放松来实现瞳孔的打开和缩小，因此，它们两个构成了一个拮抗对。我们把这个模式记为

$$\begin{cases} \boxed{(\text{ACh}|A_c)(\text{NE}|+)} \\ \boxed{(\text{ACh}|A_c)(\text{ACh}|+)} \end{cases} \qquad (15.11)$$

综上所述，我们就可以看到，由交感神经和副交感神经构成的信号控制系统无论是上述哪种性质的控制模式，均可以实现关于控制器官或者效应器的加强和减弱的两个方向的控制，即均可以统一地表述为 $P_F = P_+ + P_- + P_s$ 的振荡控制的形式。为了简单表述这种控制的方式，我们把它统一记为

$$\boxed{(\text{ACh}|A_c)(\text{ACh}/\text{NE}|\pm)} \qquad (15.12)$$

它的含义是通过乙酰胆碱或者去甲肾上腺素的化学递质实现拮抗控制。这样，由交感神经和副交感神经控制的器件均处于拮抗状态。或者确切地讲，处于振动运动的状态。它们统一用 $P_F = P_\pm + P_s$ 来表达它的功能控制。这样，

第 15 章 自主神经控制

我们就把这两个表示式联合在一起，表示为

$$\begin{cases} R_{\text{c}} = \boxed{(\text{ACh}|A_{\text{c}})|(\text{ACh}/\text{NE}|\pm)} \\ P_{\text{F}} = P_{\pm} + P_{\text{s}} \end{cases} \quad (15.13)$$

它统一表达了由拮抗系统控制构成的动力系统的程控方式和动力信号的表述方式。拮抗控制关系见表 15.2。

表 15.2 拮抗控制关系

效应器官	交感神经	副交感神经
心脏		
窦房结	$(\text{ACh}\|A_{\text{c}})\|(\text{NE}\|+)$	$(\text{ACh}\|A_{\text{c}})\|(\text{ACh}\|-)$
房室传导系统	$(\text{ACh}\|A_{\text{c}})\|(\text{NE}\|+)$	$(\text{ACh}\|A_{\text{c}})\|(\text{ACh}\|-)$
心肌	$(\text{ACh}\|A_{\text{c}})\|(\text{NE}\|+)$	$(\text{ACh}\|A_{\text{c}})\|(\text{ACh}\|-)$
血管		
脑血管	$(\text{ACh}\|A_{\text{c}})\|(\text{NE}\|+)$	
冠状血管	$(\text{ACh}\|A_{\text{c}})\|(\text{NE}\|+)$	
	$(\text{ACh}\|A_{\text{c}})\|(\text{NE}\|+)$	
皮肤黏膜血管	$(\text{ACh}\|A_{\text{c}})\|(\text{NE}\|+)$	
胃肠道血管	$(\text{ACh}\|A_{\text{c}})\|(\text{NE}\|+)$	
	$(\text{ACh}\|A_{\text{c}})\|(\text{NE}\|-)$	
骨骼肌血管	$(\text{ACh}\|A_{\text{c}})\|(\text{NE}\|+)$	
	$(\text{ACh}\|A_{\text{c}})\|(\text{NE}\|-)$	
	$(\text{ACh}\|A_{\text{c}})\|(\text{ACh}\|-)$	
	$(\text{ACh}\|A_{\text{c}})\|(\text{NE}\|+)$	$(\text{ACh}\|A_{\text{c}})\|(\text{ACh}\|-)$
外生殖器血管		

续表

效应器官	交感神经	副交感神经
呼吸循环系统		
支气管平滑肌	$(ACh\|A_c)(NE\|-)$	$(ACh\|A_c)(ACh\|+)$
支气管腺体		$(ACh\|A_c)(ACh\|+)$
消化系统		
胃平滑肌	$(ACh\|A_c)(NE\|-)$	$(ACh\|A_c)(ACh\|+)$
小肠平滑肌	$(ACh\|A_c)(NE\|-)$	$(ACh\|A_c)(ACh\|+)$
括约肌	$(ACh\|A_c)(NE\|+)$	$(ACh\|A_c)(ACh\|-)$
唾液腺	$(ACh\|A_c)(NE\|-)$	$(ACh\|A_c)(ACh\|+)$
胃腺	$(ACh\|A_c)(NE\|-)$	$(ACh\|A_c)(ACh\|+)$
泌尿生殖系统		
膀胱逼尿肌	$(ACh\|A_c)(NE\|-)$	$(ACh\|A_c)(ACh\|+)$
内括约肌	$(ACh\|A_c)(NE\|+)$	$(ACh\|A_c)(ACh\|-)$
妊娠子宫	$(ACh\|A_c)(NE\|+)$	
未孕子宫	$(ACh\|A_c)(NE\|-)$	
眼		
瞳孔开大肌	$(ACh\|A_c)(NE\|+)$	
瞳孔括约肌		$(ACh\|A_c)(ACh\|+)$
睫状肌	$(ACh\|A_c)(NE\|-)$	$(ACh\|A_c)(ACh\|+)$
皮肤		
竖毛肌	$(ACh\|A_c)(NE\|+)$	
汗腺	$(ACh\|A_c)(NE\|+)$	$(ACh\|A_c)(ACh\|+)$
代谢		

续表

效应器官	交感神经	副交感神经
胰岛	$(ACh\|A_c)(NE\|-)$	$(ACh\|A_c)(ACh\|+)$
	$(ACh\|A_c)(NE\|+)$	
肝	$(ACh\|A_c)(NE\|+)$	

15.3 自主神经协同模式

自主神经系统的内部系统需要实现信号的连接，并构成了不同系统之间步调的协同。协同性是通过神经系统之间的连接、系统兴奋和抑制之间步调的同步和异步来实现的。在人体生理学中，这一功能现象已经得到了揭示。例如，在前文中，我们把供能系统、机械运动系统作为讨论重点。此外人体还有免疫系统、生殖系统，这些均构成了人的重要的子系统。上述的系统本质上是由脏器连接构成的亚系统，如血液循环系统、呼吸循环系统、消化系统、排泄系统等。贯穿这些系统的信号系统就包含了神经通信的交感神经和副交感神经系统、体液循环的生化通信系统。在讨论清楚交感神经和副交感神经系统后，需要讨论交感神经和副交感神经控制下，内脏系统之间的协同问题。

15.3.1 血液循环系统与呼吸循环系统的协同

血液循环系统与呼吸循环系统是供能系统中的两个重要的子系统。呼吸循环系统的功能是通过肺实现氧气和废气之间排出和更替。这就意味着，呼吸循环系统和血液循环系统之间需要进行功能之间的协同。而心脏和肺则是两个系统的动力驱动装置，受交感神经和副交感神经控制。

如图 15.5 所示，交感神经和副交感神经的系统之间，心肺的活动是同步协同的，也就是它们会同步加强。这个模式，我们表示为

数理心理学：心身热机电化控制学

$$\begin{cases}\overline{(ACh|A_c)(ACh/NE|\pm)}_{heart}\\ \overline{(ACh|A_c)(ACh/NE|\pm)}_{Lung}\end{cases} \quad (15.14)$$

式中，ACh/NE 表示交感神经和副交感神经释放的两种神经递质。这也意味着当心脏的活动加强，也就是循环系统活动加强时，呼吸循环系统的活动也同步加强。

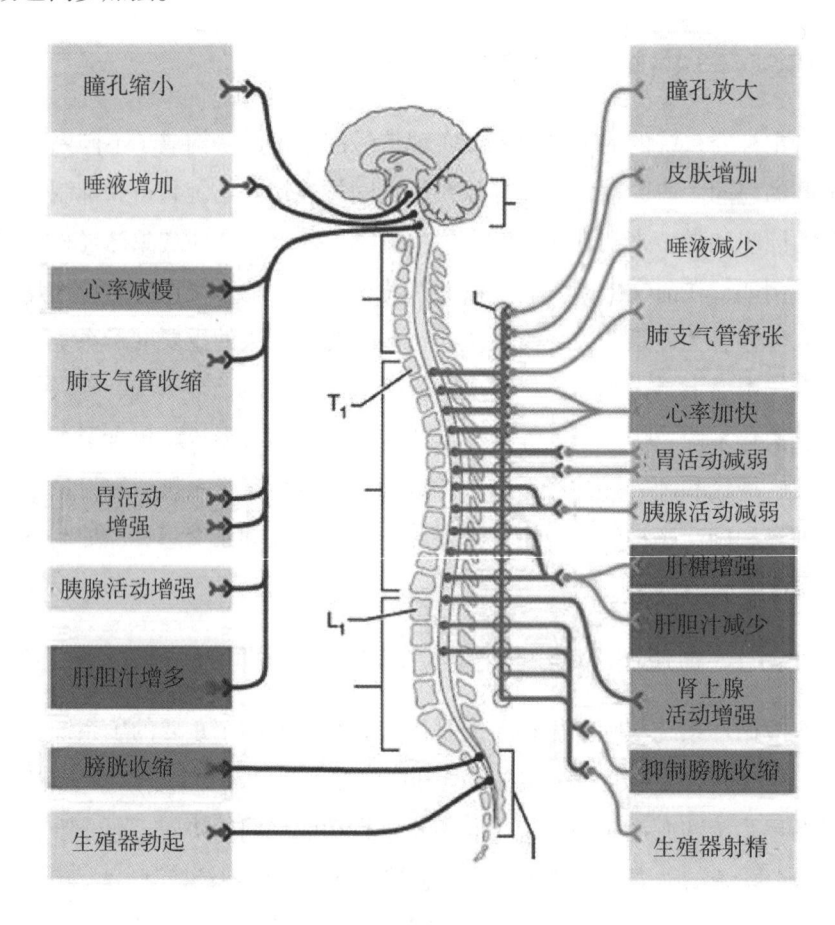

图 15.5 不同系统之间的协同

· 174 ·

15.3.2 供能系统与消化系统协同

消化系统是人体的能量转换系统，负责把外部的能量转换到人的血液循环系统中。这也意味着，以血液循环系统为参照，它和消化系统之间也存在协同的同步和异步问题。生物学的研究表明，这两个系统采用的是异步控制，即血液循环系统活动加强时，消化系统活动减弱。换言之，心脏工作能力加强时，人的消化系统活动减弱。这时人体一般处于运动状态，血液主要实现对外部运动系统的能量供给，消化系统的血液流量减弱。

如图15.5所示，交感神经和副交感神经系统控制的心脏和消化系统脏器、腺体之间的活动是异步的，也就是其中一个活动加强，则另外的脏器活动减弱。我们采用正负号和负正号来标识异步活动。这个模式，我们表示为

$$\begin{cases} \left[(ACh|A_c)|(ACh/NE|\pm)\right]_{heart} \\ \left[(ACh|A_c)|(ACh/NE|\mp)\right]_{digestive\ system} \end{cases} \quad (15.15)$$

下标表示脏器的名称，heart表示心脏，digestive system表示消化系统。这也意味着当心脏的活动加强，也就是血液循环系统活动加强时，呼吸循环系统的活动也同步加强。

15.3.3 供能系统与排泄系统协同

泌尿系统、排泄系统，是人体的重要系统，它们和供能系统之间的协同是异步的。我们把这个方式，也表示为

$$\begin{cases} \left[(ACh|A_c)|(ACh/NE|\pm)\right]_{heart} \\ \left[(ACh|A_c)|(ACh/NE|\mp)\right]_{excretory\ system} \end{cases} \quad (15.16)$$

对于生殖系统，它存在两种形式的行为：勃起行为和射精行为。这两个行为分别为异步和同步控制，因此，它的表达方式将和上述的模式相同，在此我们将不再展开。眼动系统等与交感神经和副交感神经相连接的系统，

在这里统一的表述为其他系统，表示为

$$\begin{cases} \overline{\left|(ACh|A_c)\right|(ACh/NE|\pm)}_{heart} \\ \overline{\left|(ACh|A_c)\right|(ACh/NE|\mp/\pm)}_{other\ system} \end{cases} \quad (15.17)$$

式中，∓/± 表示同步或者异步，下标 other system 表示生殖、眼动等其他上述未包括的系统。

15.3.4 交感神经–副交感神经的协同

综上所述，我们以心脏作为动力参照系统。交感神经和副交感神经构成的神经系统，通过神经的连接，实现对其他系统的脏器的控制，分为同步和异步两种通信方式。这样，以供能系统为参照，我们就用一个总体形式来表述，即

$$\begin{cases} R_c = \overline{\left|(ACh|A_c)\right|(ACh/NE|\pm)}_{heart} \\ R_c = \overline{\left|(ACh|A_c)\right|(ACh/NE|\mp)}_{digestive\ system} \\ R_c = \overline{\left|(ACh|A_c)\right|(ACh/NE|\mp)}_{excretory\ system} \\ R_c = \overline{\left|(ACh|A_c)\right|(ACh/NE|\mp/\pm)}_{other\ system} \\ P_F = P_\pm + P_s \end{cases} \quad (15.18)$$

这个表述形式，我们称为"自主系统协同控制方程"。在这里必须说明的是，尽管有些系统中的脏器表面上只受交感神经控制或者副交感神经单向控制，或者两种控制下均是正效应（如瞳孔扩大肌和瞳孔括约肌），但在数理上均使得效应器具有拮抗作用。这样，我们就得到了依赖交感神经和副交感神经进行控制的协同控制的方程，自主神经系统的工作方式的机制就被表示了出来。这个系统的机制一旦被揭示，在这个系统基础上对它进行调制的机制也就更加容易被揭示出来。这为理解在这个系统之上形成的复杂系统奠定了基础。

第 16 章　内分泌控制系统

人体通过血液循环系统实现体液和脏器的物质代谢，以及能量转换过程中的物质更替和生化活动。内分泌系统由内分泌腺及具有内分泌功能的器官和组织组成，通过分泌激素和利用体液，调节靶细胞、靶组织和靶器官的功能与代谢，从而达到控制的目的。

在前面，我们建立了人体脏器的功能振荡的数理描述，并建立了利用体液进行信号传输的拨号程控的通信机制，则在上述机制的基础上就可以讨论人体的代谢控制问题。

16.1　代谢振荡调谐

激素最终是要对靶细胞、靶组织、器官（下称"靶载体"）进行信号的通信，即影响生化活动代谢过程。这时，我们就需要建立关于"靶"载体的功能的数理描述。

16.1.1　靶代谢调谐方程

靶载体进行代谢活动是一个往复循环的过程。设该靶载体的输出功率为 P^T，靶进行代谢活动时，每次输出的能量为 E^T，单位时间内工作循环的频率为 f^T，则靶的输出功率可以表示为

$$P^T = E^T f^T \tag{16.1}$$

这个功率称为"靶功率"。设在维持活体存在时，靶自发性的功率输出为 f_0^T，则由于外界调谐，频率加快，它的振荡范围为 $\left[f_0^T, f_{MAX}^T\right]$，这个范围也就构成了靶功率输出的调谐范围。我们把 $E^T f_{MAX}^T$ 记为 P_+^T。

令

$$P_0^T = E^T f_0^T \qquad (16.2)$$

则靶调谐的功率范围为 $\left[P_-^T, P_+^T\right]$。在这个范围内，靶载体功率振荡满足

$$P_-^T = P_0^T \qquad (16.3)$$

由此，设靶载体代谢时，它在调谐范围内的值记为 $P_\pm^T$，则靶载体代谢时输出的总功率可以表示为

$$P^T = P_\pm^T + P_0^T \qquad (16.4)$$

这个方程，我们称为"靶代谢调谐方程"。这个方程表明，任意一个靶载体，它的功率输出可以分解为两项：P_0^T 为维持基础生存的功率输出，称为"基础代谢项"；$P_\pm^T$ 则是由于外界信使的作用诱发的代谢活动的变化，称为"调谐项"。

16.1.2 激素 – 靶调谐模型

根据生化器件，激素被释放到靶载体，信号被直接获取或者级联放大。我们把这个过程简化为一个放大器，而不关注它的生化过程（这个模型，我们将在后文中进一步阐述），如图 16.1 所示。激素就可以理解为靶载体的一个输入信号。

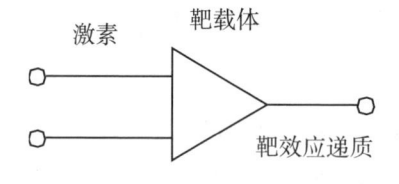

图 16.1 靶载体放大器

第16章 内分泌控制系统

根据生物元器件模型，它的信号的数学表述为

$$\begin{pmatrix} E_o^C(s) \\ Q_o^C(s) \end{pmatrix} = \begin{pmatrix} \beta_{TE}^C & \\ & \beta_{TQ}^C \end{pmatrix} \begin{pmatrix} E_i^C(s) \\ Q_i^C(s) \end{pmatrix} \quad (16.5)$$

在这里的放大系数为靶载体的放大系数。这个放大器促发靶载体产生效应，也就实现了对靶载体的控制。它的控制模型如图16.2所示。

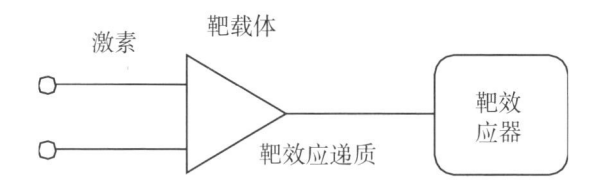

图 16.2 激素对靶载体控制关系

靶对效应器控制使得靶效应器诱发反应，导致靶载体产生功率输出的振荡反应，在 $[P_-^T, P_+^T]$ 范围内振荡，也就是激素要在一定范围内进行振荡。这就需要在通信方程中引入谐振动的信号。对式（16.5）两边同时乘以激素输入的频率 f^M，则可以得到

$$\begin{pmatrix} E_o^C(s)f^M \\ Q_o^C(s)f^M \end{pmatrix} = \begin{pmatrix} \beta_{TE}^C & \\ & \beta_{TQ}^C \end{pmatrix} \begin{pmatrix} E_i^C(s)f^M \\ Q_i^C(s)f^M \end{pmatrix} \quad (16.6)$$

用功率和电流来表示，则可以表示为

$$\begin{pmatrix} P_o^C \\ I_o^C \end{pmatrix} = \begin{pmatrix} \beta_{TE}^C & \\ & \beta_{TQ}^C \end{pmatrix} \begin{pmatrix} P_i^C \\ I_i^C \end{pmatrix} \quad (16.7)$$

式中，P 表示功率，I 表示电流。设 f^M 的最小值为 f_{min}^M，最大值可以为 f_{max}^M，则频率的振荡范围为 $[f_{min}^M, f_{max}^M]$。f_{min}^M 是维持靶载体生化活动的最低自发基准，则这个范围将和 $[f_0^T, f_{MAX}^T]$ 产生对应性。

到达靶载体的激素的数量就成为调谐的核心，也就是释放到靶载体并被俘获的载体的单位时间内的数量成为调谐的核心。

16.1.3 激素 – 靶调谐量子控制

在人体脏器或者细胞内参与代谢的物质是各种形式的化学物质，它们依赖生化反应实现代谢。设经过靶载体，也就是受体的化学反应的级联放大效应，一般会产生各种形式的酶来促发化学反应。设酶的化学价为 C_E，每次振荡期内产生的酶的摩尔数为 N_E，则可以得到

$$Q_o^C(s) = C_E N_E \tag{16.8}$$

输入的酶的化学价为 C_J，吸收的酶的摩尔数为 N_J，则满足关系

$$Q_i^C(s) = C_J N_J \tag{16.9}$$

根据上述关系，我们可以得到

$$C_J N_J = \beta_{TQ}^C C_E N_E \tag{16.10}$$

摩尔数则是代谢反应中反映化学关系的生物化学参数。这样，我们就找到了输入的激素和产生的酶之间的数量关系。

16.2 激素调谐模型

激素主要通过下丘脑、腺垂体、靶腺轴三级调节系统，实现对激素活动的调谐。利用我们前文建立的各级信号系统理论，就可以建立关于激素调谐、干预新陈代谢活动的调谐模型。

16.2.1 激素作用路线

内分泌系统激素作用的路线，如图 16.3 所示[1][2]。下丘脑、垂体、靶腺轴通过体液循环对靶载体产生作用效应，影响靶载体的功能性活动。

把该图式进行简化就可以得到图 16.4 的方式。下丘脑通过释放兴奋性和抑制性激素，调节腺垂体的输出的激素的量，使得靶腺激素的数量大小发生变化。把这三级合并在一起就可以得到激素信号振荡的调谐器。由于

---

[1] 朱圣庚，徐长法. 生物化学（上）[M]. 北京：高等教育出版社，2021.

[2] 朱圣庚，徐长法. 生物化学（下）[M]. 北京：高等教育出版社，2021.

激素携带的是关于靶载体的振荡功率的信号,则我们把调谐器的总输出表示为 P_A^C、I_A^C、E_A^C、Q_A^C、$Q_{A\max}^C$ 和 $Q_{A\max}^C$。根据体液量子通信,这个信号被等价地传递到靶器官实现控制,则丘脑调谐器的信号的振荡范围就可以表示为 $\left[P_{A\min}^C, P_{A\max}^C\right]$、$\left[I_{A\min}^C, I_{A\max}^C\right]$、$\left[E_{A\min}^C, E_{A\max}^C\right]$、$\left[Q_{A\min}^C, Q_{A\max}^C\right]$。它也是靶载体信号输出的调谐范围。利用这个范围的变化,激素实现了对靶载体代谢的调节。在上述值域内,以功率为例,设该值域范围内的任意一个值为 P_A^C,则这个值可以分解为两项:

$$P_A^C = P_{A\pm}^C + P_{A0}^C \quad (16.11)$$

式中,$P_{A0}^C = P_{A\min}^C$。在这里 $P_{A\pm}^C$ 我们称为"信号调谐项";而 P_{A0}^C 为基础代谢信号,它可以理解为一个保持身体温度恒定的温衡信号。这个方程,我们称为"激素调谐器调谐方程"。

由此,我们将可以得到其他信号同样的表述形式。为了表述方便和涵盖所有信号,我们将把调谐方程修改为

$$S_A^C = S_{A\pm}^C + S_{A0}^C \quad (16.12)$$

式中,S 表示上述 4 类信号的任意一类。这个方程,称为"广义激素调谐器方程"。

16.2.2 中枢调谐叠加调谐

我们可以看到,下丘脑实际上就是一个产生振荡信号的调谐器,使得人的内分泌系统能够实现代谢能量的调节,只要对调谐器的输入信号进行干预就可以了。

中枢神经对激素调谐器的干预,有以下两种形式。

(1)中枢神经和丘脑相连,对下丘脑进行调谐。

(2)中枢神经的自主神经,对腺体直接进行调谐。

这两种方式,满足了不同的调谐的层次。我们将在后续章节进行叠加调谐的讨论。

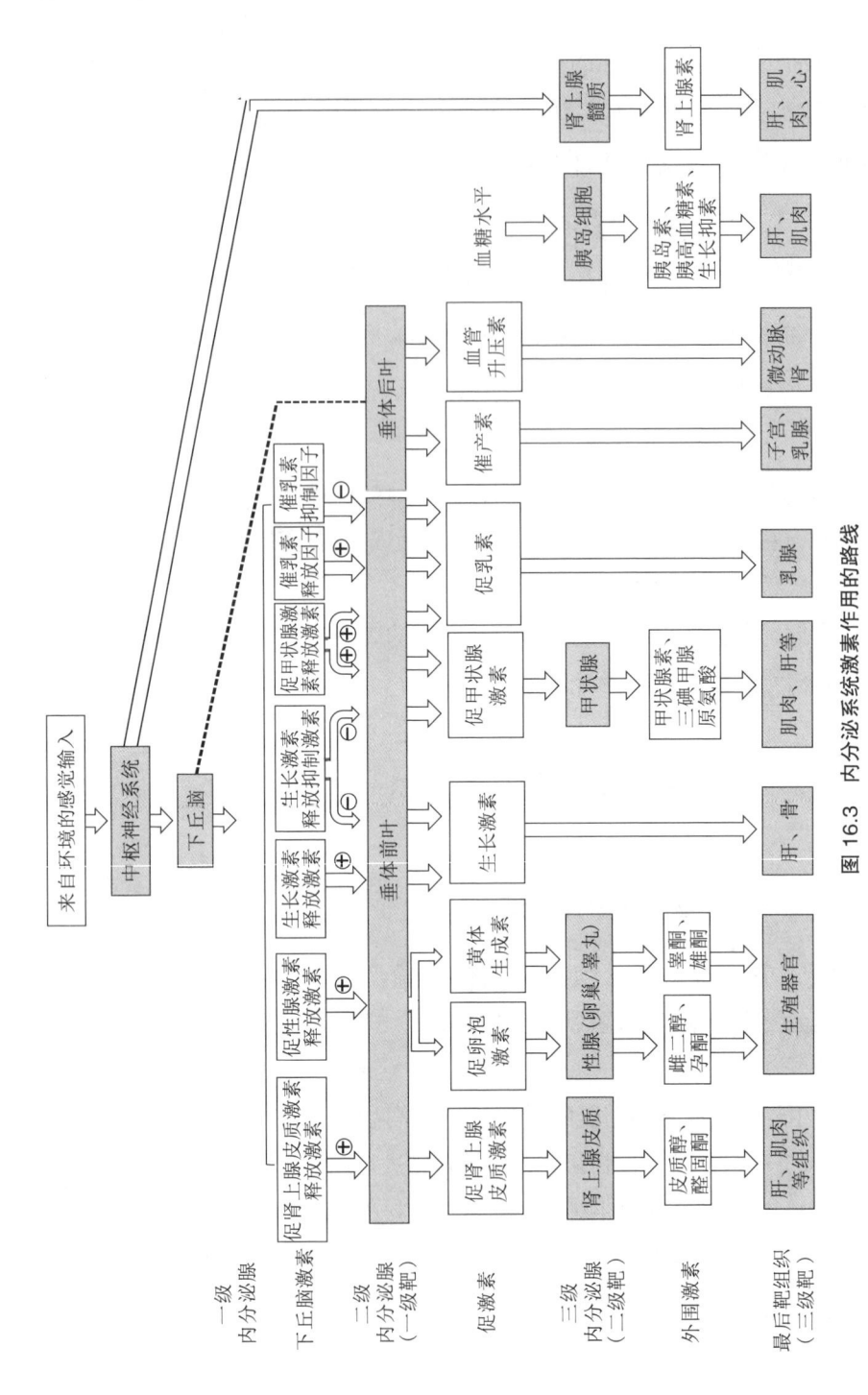

图 16.3 内分泌系统激素作用的路线

第16章 内分泌控制系统

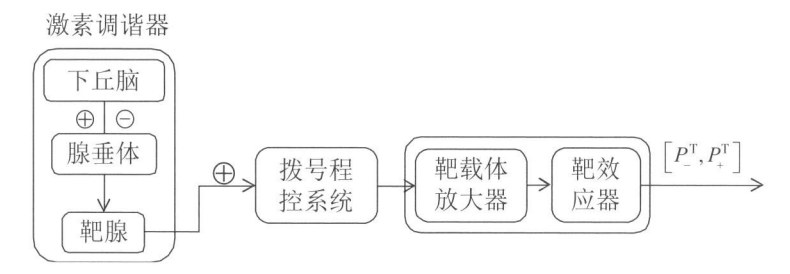

图16.4 激素调谐模型

第六部分

人体程控原理：调谐叠加原理

第 17 章　人体调谐叠加端口

人体自主控制系统、内分泌系统是负责人体动力控制的两大通信系统，可实现对人体动力的协同控制。而人体机械系统也是通过这两个信号系统接收来自系统外的控制信息，实现人体代谢能量供给。通过前面总的数理逻辑的构建，人体自主控制系统、内分泌系统的总逻辑已经显现在我们面前，它提供了两种基本形式的信号控制：神经电信号控制、人体代谢化学信号。这两类信号统摄人体的自主神经、内分泌，并在丘脑进行集成。

这时出现一个核心问题：这两类信号如何实现协同。两类信号的协同需要建立两类信号的直接对接，从通信科学的角度来看就是把两类信号实现转换。它要求通信的物质结构器件存在两类信号的对接端口。在这一章，我们将建立这个端口模型。

17.1　丘脑电化转换端口

人体的神经系统与内分泌系统之间需要进行协同的控制，即人体的活动需要供能系统、代谢活动进行同步协调，这就需要神经系统和代谢能量系统进行连接。在丘脑中，人体的中枢神经系统通过直接和间接的连接方式，对人的内分泌系统进行调谐，实现协同的同步。

17.1.1 神经对内分泌调谐方式

神经对于内分泌系统的调谐分为两种方式：①自主神经与内分泌调谐；②神经通过丘脑 – 腺垂体 – 靶腺轴调谐。

17.1.1.1 自主系统调谐

人体的自主神经系统利用交感神经和副交感神经的拮抗关系，实现对脏器机械功能的谐振动控制；而内分泌系统则实现细胞、组织、脏器的代谢能量供给的谐振动控制。这是人体本身的动力系统运作的一个协同：前者实现机械能的输出；后者实现能量的油料供给。二者完备，形成人体的机械运作系统的自动控制过程。

内分泌系统的很多腺体包含大量的交感神经和副交感神经纤维。自主神经系统可以直接影响这些内分泌腺的分泌活动。这个通道就实现了交感神经和副交感神经系统与内分泌系统之间的协同活动，或者说自主神经系统和内分泌系统之间直接实现了人体生理系统的协同。这是第一类的调谐方式，保证了人体自动化运行。这个模式，我们称为"自主系统调谐模式"。

17.1.1.2 神经 – 体液调谐

下丘脑通过丘脑 – 腺垂体 – 靶腺轴调谐，这是一个间接的调谐方式。自主神经系统和腺体的连接，保证了人体自主神经系统在自主运作时可以独立调谐人体的内分泌，使之保持了独立性，即使得人体系统可以独立自主运行。

间接调谐方式则通过下丘脑内分泌神经元的活动和垂体的血管网，激发激素并使激素进入血液，从而对人体的内分泌系统进行调制。这个系统是在人体自主控制的基础之上叠加了新的控制，提供了新的接口和可能。

17.1.2 神经–体液调谐电化变换

在丘脑中，存在一类特殊细胞：神经内分泌细胞。它接收神经传递来的电信号，并把这类信号传递到神经轴突，把神经末梢激素释放到血液中，实现对靶载体的寻呼和作用。这类细胞起到了把神经电能转换为激素化学能的作用，这是一个换能过程。同时，它也实现了将神经系统电信号和内分泌系统连接起来的作用，即实现电信号到化学信号的变换。从通信角度看，这就构成了信号的转接。

神经内分泌神经元的通信本质是把接收到的神经电信号，通过轴突末端的递质（激素）释放，实现电信号到激素信号的变换，从而影响内分泌调谐系统。因此，这部分神经元就是神经和内分泌的通信变换端口，也是电化转换端口。根据神经方程，我们可以建立电化转换的信号关系。

设神经输入的总功率为 P_i^{EC}，输入的总电荷为 Q_i^{EC}，神经内分泌神经元输出的动作电位的发放频率为 f_o^{ND}，输出的激素的电荷总量为 Q_o^{ND}，则它们之间的变换关系可以表示为

$$\begin{pmatrix} P_o^{ND} \\ Q_o^{ND} \end{pmatrix} = \begin{pmatrix} \beta_p & \\ & \beta_q \end{pmatrix} \begin{pmatrix} P_i^{EC} \\ Q_i^{EC} \end{pmatrix} \quad (17.1)$$

式中，β_p 和 β_q 是放大系数。这个方程的左侧是神经电信号，右侧是激素的输出信号，因此称为"电化变换方程"。对于激素，如果每个激素携带的电量为 q_{nd}^{ND}（或者是粒子电价），释放的激素的粒子个数为 n，则满足

$$Q_o^{ND} = n q_{nd}^{ND} \quad (17.2)$$

根据变换方程，式（17.2）就可以重写为

$$n = \frac{\beta_q}{q_{nd}^{ND}} Q_i^{EC} \quad (17.3)$$

对于一个神经元，在理想情况下它的放大系数为 β_q，激素的粒子价 q_{nd}^{ND} 是一个常数，则神经内分泌神经元实现了神经输入的电量和激素分泌的数量关系控制。它们之间满足线性关系，且是正比关系。根据上述方程，

则它是一个数字接口。

17.1.3 自主神经系统电化变换调谐

自主神经系统与内分泌系统的连接，使得交感神经和副交感神经对内脏机械动力系统进行谐振时，又可以协调代谢过程中的能量供应，这就使得人体热动力系统的机械能输出、油料供给（内分泌系统）协同起来。

自主神经系统由于直接和内分泌腺连接，根据神经的工作原理，它的调谐变换关系可以直接表示为

$$\begin{pmatrix} P_o^{ND} \\ Q_o^{ND} \end{pmatrix} = \begin{pmatrix} \beta_p & \\ & \beta_q \end{pmatrix} \begin{pmatrix} P_i^{EC} \\ Q_i^{EC} \end{pmatrix} \quad (17.4)$$

式中，β_p 和 β_q 是放大系数；P_i^{EC} 和 Q_i^{EC} 表示输入的总功率和总电量；P_o^{ND} 和 Q_o^{ND} 表示输出的总功率和总电量。左侧表示自主神经的输入信号，右侧表示通过轴突输出的信号。

自主神经系统到内分泌腺变换如图 17.1 所示。

图 17.1　自主神经系统到内分泌腺变换

这个关系实现了由神经到内分泌的信号的输出控制。

17.2　代谢信息变换

到此为止，我们基本上建立了自主神经系统、内分泌系统之间的自洽调谐关系，并同时建立了丘脑神经和外界连接的调谐端口，通过这些调谐的端口控制，实现外来信号对人体动力调谐的对接。在这个过程中，我们利用了物理学的两个基本定律：能量守恒、电荷守恒。在这两个基本定律

的基础上，我们建立了人的信息系统的通信关系。这是一个非常有意义的尝试，是物理学和生物信息相结合的一个关键产物。然而，这并不代表生物系统运作的全部，即到这里为止，我们讨论的整个人体运行的物质输送过程，以及物质输送和信息之间的关系。还需要另外一个物理守恒律——物质守恒——来诠释这一关系。

17.2.1 物质代谢方程

物质代谢发生在电化学过程、无机和有机的化学反应过程中。

设一个最简单的反应过程如下：

$$A + B \to C \quad (17.5)$$

式中，A是一种物质，B是一种物质，C是生成的物质。这个过程是物理的或者化学反应过程。根据物理学的物质守恒，这个过程满足以下关系：

$$C = AB \quad (17.6)$$

式（17.6）也就是物质守恒的体现。在这个过程中，吸收或者释放的能量记为 E_C。则完整的方式，就可以表示为

$$A + B \to C + E_C \quad (17.7)$$

设 A+B 具有的能量为 E_{A+B}，两者结合后，具有的能为 E_{AB}，则满足关系为

$$E_{A+B} - E_{AB} = E_C \quad (17.8)$$

如果把反应过程理解为一个信息过程，则可以得到下述关系：

$$\begin{pmatrix} AB \\ E_C \end{pmatrix} = \begin{pmatrix} 1 & \\ & 1 \end{pmatrix} \begin{pmatrix} A+B \\ E_{A+B} - E_{AB} \end{pmatrix} \quad (17.9)$$

这个方程反映了物质代谢中的物质守恒与能量守恒。因此，这个方程，我们称为"代谢通信"方程。在代谢过程中，设化学反应的过程是量子化的控制，即每次释放的粒子的个数为 $n_{mb}f_{mb}$（可以以摩尔为单位），且 $n_{mb}f_{mb}$ 为常数，发放的频率为 f_{mb}，单位时间内释放的总个数为 nf_{mb}，可以得到：

第 17 章　人体调谐叠加端口

$$\begin{pmatrix} n_{\mathrm{mb}} f_{\mathrm{mb}} \mathrm{AB} \\ n_{\mathrm{mb}} f_{\mathrm{mb}} E_{\mathrm{C}} \end{pmatrix} = \begin{pmatrix} 1 & \\ & 1 \end{pmatrix} \begin{pmatrix} n_{\mathrm{mb}} f_{\mathrm{mb}} (\mathrm{A} + \mathrm{B}) \\ n_{\mathrm{mb}} f_{\mathrm{mb}} (E_{\mathrm{A+B}} - E_{\mathrm{AB}}) \end{pmatrix} \quad (17.10)$$

令输出总功率 $P_{\mathrm{O}}^{\mathrm{MB}} = n_{\mathrm{mb}} f_{\mathrm{mb}} E_{\mathrm{C}}$，令输入总功率 $P_{\mathrm{I}}^{\mathrm{MB}} = n_{\mathrm{mb}} f_{\mathrm{mb}} (E_{\mathrm{A+B}} - E_{\mathrm{AB}})$，输入物质流速 $M_{\mathrm{I}}^{\mathrm{MB}} = n_{\mathrm{mb}} f_{\mathrm{mb}} (\mathrm{A} + \mathrm{B})$，生成物质流速 $M_{\mathrm{O}}^{\mathrm{MB}} = n_{\mathrm{mb}} f_{\mathrm{mb}} \mathrm{AB}$，则式（17.10）可以简化为

$$\begin{pmatrix} M_{\mathrm{O}}^{\mathrm{MB}} \\ P_{\mathrm{O}}^{\mathrm{MB}} \end{pmatrix} = \begin{pmatrix} 1 & \\ & 1 \end{pmatrix} \begin{pmatrix} M_{\mathrm{I}}^{\mathrm{MB}} \\ P_{\mathrm{I}}^{\mathrm{MB}} \end{pmatrix} \quad (17.11)$$

这个过程，我们称为"物质代谢信息方程"。如果是相反的过程，则上式进行反变换同样成立。如果存在更复杂的过程，则需对生成的物质和输入的物质进行拆解。因此，这个形式概述了普适意义的物质代谢过程中的信息过程。

17.2.2　人体中的信号过程

到这里为止，我们可以看到人体的 3 个信息过程均来自物理学的基本定律，它们分别是物质守恒、电荷守恒、能量守恒。这三个过程的信号通信分别在不同的信号过程中被采用。

17.2.2.1　心物过程

心物过程是一个基本的信息过程，即物理的信息被转换为神经信息的过程。在"心物神经表征信息学"中，它的主要关系利用了电荷的守恒关系、能量守恒关系，因此，很好地解决了外界物理刺激的能量向神经能量转化的问题。

17.2.2.2　心身过程

心身过程是一个对人体脏器进行控制的过程。它的主要信息通信方式，是通过离子的电量控制，使得对脏器发送点火的指令并附加指令的强度，而指令的大小强度则依赖通信过程中电荷的守恒关系来实现指令的数字化

指挥。这就构成了一个典型的数字控制系统。在内分泌系统中，这一特性，也同样地表现了出来。

17.2.2.3 代谢过程

接收到指令后的代谢的载体，依赖激素的促发，启动代谢过程。这个过程，同样需要对物质代谢的过程进行控制。而代谢过程的能量释放和吸收过程，由于是化学反应过程，则仍然可以通过"数量"的形式加以控制，$n_{mb} f_{mb}$ 构成了代谢过程的核心。在这里，我们将不再深入到生化领域给出这一普适的信息形式。

第 18 章 人体动力调谐原理

在心身信号系统中，存在两大类通信系统：神经信息通信系统、内分泌系统。交感神经和副交感神经为内核的信号控制系统构成自主控制系统；内分泌系统则以人体"体液"作为传输信号的介质，进行代谢活动的调节。来自外界的信号、人体心理的信号、环境变化的信号对人体的供能系统、代谢系统进行调谐，使之适应环境的变化。因此，对人体的自主神经系统、内分泌调节系统进行调谐，就必然成为一个核心控制内核。它需要我们建立关于人体两大通信理论的调制机制。在这一章，我们将在通信原理基础上建立自主神经系统、体液寻呼通信系统的工作机制。

18.1 人体系统调谐模型

人体的动力系统包含两个系统：生物机械运动系统、人体供能系统。这两个系统均需要神经系统、内分泌系统所组成的信号系统来调控。它需要一个普适意义的调谐模型，来建立关于人体控制和调制的逻辑关系。

18.1.1 人体信息调谐模型

人体信息调谐模型如图 18.1 所示。把交感神经和副交感神经作为输入端，自主神经系统通过与脏器的连接实现脏器功能的点火控制，构成自主神经系统的点火控制的振荡控制，从而构成调谐系统。同理，体液寻呼系统构成的第二个信号系统也遵循这一模式。这两类的共通模式就可以统一表示为人体信号系统的调谐模式。

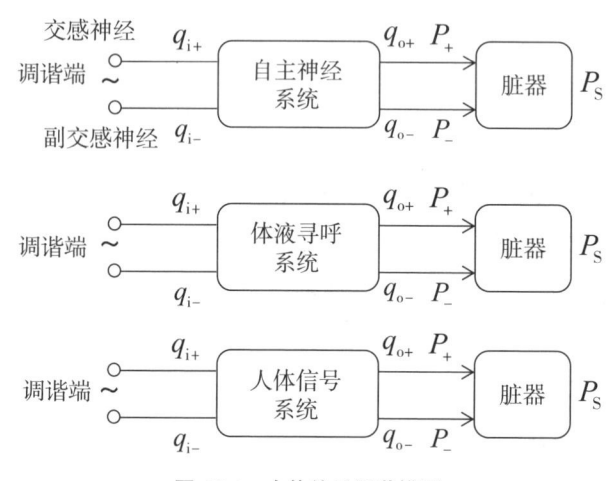

图 18.1　人体信号调谐模型

交感神经和副交感神经是两个独立对脏器或者效应器产生拮抗的系统。交感神经起源于脊髓的胸至腰段灰质侧角的中间外侧角（$T_1 \sim L_{1-2}$）。[1] 而副交感神经则起源于脑干的第Ⅲ、Ⅶ、Ⅸ、Ⅹ脑神经核和脊髓骶部的 $S_1 \sim S_4$。它的本质是对效应器肌膜实现点火控制，由节后的神经元来实现。信号的正负影响效应器使点火功率形成振荡形式，各脏器系统之间形成协同的同步和异步关系。

如果我们把交感神经和副交感神经的起源端视为信号输入端口，把自主神经视为一个系统，它对脏器的连接视为输出系统，这时自主神经就构

---

[1] HALL J E. Guyton and hall textbook of medical physiology, twelfth edition [M]. Guyton and Hall textbook of medical physiology, 2011.

成了脏器的控制器。而自主神经的输入源端就构成了对自主神经进行信号调制的调谐信号端，即调制端。由于它能实现脏器的动力活动与输入端的谐振动，因此，在这里我们称其为"调谐端"。

同理，体液循环的系统利用体液的寻呼系统，也实现了对脏器的代谢活动的增强和减弱的调控，构成了类似的调谐机制。这时，这一系统也就构成了内分泌系统的调谐系统。由于脏器的代谢活动受体液寻呼系统的激素和受体的连接影响，这时，体液寻呼系统运输来的激素和受体也可以理解为"点火"装置。点火后，形成级联放大对代谢活动产生振荡作用。

由此，人体的自主神经系统、内分泌系统均具备了不同神经递质作为点火装置的点火和放大系统。

因此，我们把这两个系统均等效为一种形式，就构成了"人体信号系统"调谐模式，具有统一性的模式表达。

18.1.2 人体调谐控制方程

在上述两种调谐模式下，脏器实现其功能性运作：①脏器作为机械与供能系统的机械输出；②脏器同时又作为代谢活动的器件，代谢活动本身的功能性输出。在前文中，我们已经讨论了这两种形式。

根据生化控制的原理，人体脏器控制的系统（神经点火或者激素点火）是通过电量进行控制的。由此，我们把上述调谐系统的输入端的两个端口的信号，分别记为 q_{i+} 和 q_{i-}，而把输出的信号记为 q_{o+} 和 q_{o-}。下标的 i 表示输入，o 表示输出，+ 表示兴奋性或者加强信号，– 表示抑制性或者减弱信号。根据前文的生化原理，则可以得到这些信号之间的关系满足下述形式：

$$\begin{pmatrix} q_{o+} \\ q_{o-} \end{pmatrix} = \begin{pmatrix} a_{11} & a_{12} \\ b_{11} & b_{12} \end{pmatrix} \begin{pmatrix} q_{i+} \\ q_{i-} \end{pmatrix} \quad (18.1)$$

式中，a_{11}、a_{12}、b_{11}、b_{12} 为常数。令

$$\boldsymbol{Q}_{I\pm} = \begin{pmatrix} q_{i+} \\ q_{i-} \end{pmatrix}, \quad \boldsymbol{Q}_{O\pm} = \begin{pmatrix} q_{o+} \\ q_{o-} \end{pmatrix}, \quad \boldsymbol{T}_{Q\pm} = \begin{pmatrix} a_{11} & a_{12} \\ b_{11} & b_{12} \end{pmatrix} \quad (18.2)$$

令人体通信调谐矩阵为 $\boldsymbol{T}_{Q\pm}$，则式（18.2）就可以简化为

$$Q_{O\pm} = T_{Q\pm} Q_{I\pm} \qquad (18.3)$$

这个方程，我们称为"人体调谐控制方程"。无论是自主控制系统还是内分泌系统，它导致的心脏的两种动力振荡形式（自主神经调谐、内分泌调谐）均满足

$$P_d = P_\pm + P_s \qquad (18.4)$$

下标 d 是英文 dynamic 的缩写。这时，这个方程，我们就称为"人体动力调谐方程"。这两个方程从控制、动力两个角度构成了对人体动力调谐理解的基本方程。由此，我们把它统称为"人体调谐方程组"，而统一记为

$$\begin{cases} Q_{O\pm} = T_{Q\pm} Q_{I\pm} \\ P_d = P_\pm + P_s \end{cases} \qquad (18.5)$$

18.2 人体调谐叠加原理

调谐系统给出了两个天然的影响人体的两个信号的端口。这样，对这两个端口进行不同信号的输入就可以形成对人体活动进行影响的多因素的叠加，这就需要建立关于多因素叠加的原理。

18.2.1 调谐因素分类

能够对人体动力系统进行影响的因素有很多，一般的情况下会分为以下几类。

18.2.1.1 感觉系统

感觉系统接收人体外界和人体内源性信号，并对这些信号进行响应，构成内外反馈系统。这就需要人体的运动系统、供能系统与之响应，即感觉系统的信号构成了对人体调谐系统进行影响的一类关键调制信号。

18.2.1.2 高级精神系统

人的高级认知活动也就是高级精神活动，要对外界刺激事件进行响应，

驱动人的机械运动系统进行响应，这时需要人体机械系统制动、供能系统供能、物质代谢系统代谢状态发生改变。高级精神系统构成对人体调谐系统进行影响的一类关键信号。

18.2.1.3 生物钟系统

人所生活的环境是以太阳为最后能源根源的资源环境。太阳光照引起的周期性变化，表现为两种性质的周期：太阳公转周期、地球自转周期。

这就产生了光照的周期性节律，它通过眼睛中的光感细胞对生物钟进行调谐，并影响人体调谐系统，发生周期性的调制，成为影响人体的一类关键调谐信号。

18.2.1.4 生殖系统

围绕生殖活动，人体尤其是女性群体表现出来的生理期，引起人体的代谢活动变化，成为调制人体的一类关键调谐因素。

18.2.1.5 生长系统

人体的脏器本身也具有生长、稳定、老化的官能变化。这个过程受人的生长激素的调节，这也构成了一类重要的调谐信号。

18.2.2 人体调谐叠加原理

考虑到信号调谐的多因素特性，我们将对人体调谐系统进行调谐的信号分别记为 $Q_{IJ\pm}$ 和 P_{dJ}，下标 J 表示第 J 个因素。输入到人体调谐系统的所有因素可以表示为 $\sum\limits_{J} Q_{IJ\pm}$，则

$$Q_{IJ\pm} = \begin{pmatrix} q_{iJ+} \\ q_{iJ-} \end{pmatrix} \quad (18.6)$$

它所调谐能量为 $\sum\limits_{J} P_{dJ}$，它受脏器的动力振荡约束。根据人体调谐方程，则可以得到

数理心理学：心身热机电化控制学

$$\begin{cases} \boldsymbol{Q}_{\mathrm{O}\pm} = \boldsymbol{T}_{\mathrm{Q}\pm} \sum_{J} \boldsymbol{Q}_{\mathrm{U}\pm} \\ \sum_{J} P_{\mathrm{d}J} = P_{\pm} + P_{\mathrm{s}} \end{cases} \quad (18.7)$$

式中，$\sum_{J} \boldsymbol{Q}_{\mathrm{U}\pm} = \begin{pmatrix} q_{\mathrm{i}1+} \\ q_{\mathrm{i}1-} \end{pmatrix} + \cdots + \begin{pmatrix} q_{\mathrm{i}j+} \\ q_{\mathrm{i}j-} \end{pmatrix} + \cdots + \begin{pmatrix} q_{\mathrm{i}N+} \\ q_{\mathrm{i}N-} \end{pmatrix}$。

因此，这个方程反映了人的调谐过程中多因素叠加的结果，称为"多因素叠加调谐方程"，也称为"人体调谐叠加原理"。只要建立上述多个因素对调谐过程的电量调制过程，也就搞清楚了人体在多因素调谐下动力系统往复循环振荡的规律。因此，人体生理学、神经科学、心理学的关键任务是找到调谐项及它们与人体的连接关系。

第七部分

心身动力原理：行为调谐模式

第 19 章　人体调谐行为模式

通过前面的理论构造，我们已经看清楚了人体动力系统的本质——它是一个谐振动系统。这个谐振动系统可以附加调谐因素，使得人体的动力系统可以在新的平衡上维持谐振动。调谐的概念也就自然而然地被引入。这个理论一旦清晰，附加的谐振动通过对人的两个关键系统输入新的信号，就可以满足实现胁迫振动。这样，抓住了人体的谐振动系统，也就抓住了人体动力学的关键。

同时，人的动力系统调谐的两个调制端一旦抓住，也就找到了胁迫调谐信号的输入端，人体的外加调谐的机制也就可以从信息和通信的方式来引入。这时，只要找到了外加的因素，就可以理解人的动力行为的表现（模式）和调谐之间的关系。

这就意味着，外界的、环境的、心理的因素一旦通过谐振的信息端口对人体进行调谐，在人体的行为模式上就会产生对应的模式。在谐振基础上，通过叠加原理，就可以确立调谐和行为之间的数理关系。

在这一章，我们将对谐振动与行为模式的关系做进一步的梳理，使它的普适性得以更加明了的显现。

19.1　人体谐振动模式

对人体进行调谐的因素有多种，在数理上这些因素会表现为拮抗的振荡方式，使得人体的调谐具有某种规则性。我们将根据调谐原理和人体生理学的相关知识，建立人的生理意义上的行为模式表达。

19.1.1　调谐周期模式

根据前文，我们得到了人体控制的功率调谐方程，它涵盖了人的脏器的机械动力控制、代谢系统的内分泌控制原理。考虑到调谐过程是一个动力过程，我们把方程式改写为时间形式，具体如下：

$$p(t) = p_{\pm}(t) + p_0(t) \qquad (19.1)$$

如果某种调谐行为具有时间上的周期性，则调谐具有周期性。设时间的周期为 $\tau_{\pm}$，设定初始时间为 t_0，代入式（19.1），则可得到

$$p(t) = p_{\pm}(n\tau_{\pm} + t_0) + p_0(t) \qquad (19.2)$$

式中，n 为自然数。若人的自主项 $p_0(t)$ 为一常数，或者近似为一定常数，则可以得到

$$p(n\tau + t_0) = p(t_0) \qquad (19.3)$$

即人的机械系统的两大通信系统控制的代谢和机械系统均具有周期性。

若 $p_0(t)$ 具有自己的周期性，设它的周期为 τ_s，则可以得到调谐方程为

$$p(t) = p_{\pm}(n\tau_{\pm} + t_0) + p_0(m\tau_s + t_0) \qquad (19.4)$$

式中，m 为自然数。因此，两个调谐函数相叠加后仍然会表现出周期波动。由于 $p_0(m\tau_s + t_0)$ 是人体的自主项，故受内部动力因素影响；而 $p_{\pm}(n\tau_{\pm} + t_0)$ 主要受外部因素调谐。

19.1.2　调谐分解

在人体中，所有谐振因素都会通过脏器或者载体进行控制效应叠加，人体的调谐效应则可以将调谐项分解。根据人体生理学、心理学相关理论，我们将调谐项分解，可以得到

$$P_{\pm} = P_{\pm}^{\text{clock}} + P_{\pm}^{\text{ps}} + P_{\pm}^{\text{growth}} + P_{\pm}^{\text{mind}} + P_{\pm}^{\text{other}} \qquad (19.5)$$

式中，$P_\pm$ 表示总调谐项；$P_\pm^{\text{clock}}$ 表示生物钟调谐项；$P_\pm^{\text{growth}}$ 表示生长调节项；$P_\pm^{\text{ps}}$ 表示交感神经和副交感神经调节项（即利用交感神经和副交感神经的端口进行的调谐）；$P_\pm^{\text{mind}}$ 表示心理调谐项；$P_\pm^{\text{other}}$ 表示其他因素调谐项。

由于每个调谐项均会引起脏器和代谢系统的谐振动频率发生变化，则总频率谐振项，也可以分解为

$$f_\pm = f_\pm^{\text{clock}} + f_\pm^{\text{ps}} + f_\pm^{\text{growth}} + f_\pm^{\text{mind}} + f_\pm^{\text{other}} \tag{19.6}$$

式中，$f_\pm$ 表示总频率谐振项；$f_\pm^{\text{clock}}$ 表示生物钟谐振频率；$f_\pm^{\text{ps}}$ 表示交感神经和副交感神经谐振频率调谐项；$f_\pm^{\text{growth}}$ 表示生长调谐项频率；$f_\pm^{\text{mind}}$ 表示心理频率调谐项；$f_\pm^{\text{other}}$ 表示其他因素频率调谐项。

同样，在信号传导过程中，电传导是一个关键的控制量，它的电量的调谐项也可以表示为

$$Q_\pm = Q_\pm^{\text{clock}} + Q_\pm^{\text{ps}} + Q_\pm^{\text{growth}} + Q_\pm^{\text{mind}} + Q_\pm^{\text{other}} \tag{19.7}$$

式中，$Q_\pm$ 表示总调谐的电量；$Q_\pm^{\text{clock}}$ 生物钟调谐中的调谐电量信号；$Q_\pm^{\text{ps}}$ 表示通过交感神经和副交感神经调谐的电量信号；$Q_\pm^{\text{growth}}$ 表示生长调谐中，信号传递的电量；$Q_\pm^{\text{mind}}$ 表示心理因素产生的调谐电量；$Q_\pm^{\text{other}}$ 表示其他因素产生的调谐电量。

这样，我们就可以得到调谐的分解方程：

$$\begin{cases} P_\pm = P_\pm^{\text{clock}} + P_\pm^{\text{ps}} + P_\pm^{\text{growth}} + P_\pm^{\text{mind}} + P_\pm^{\text{other}} \\ f_\pm = f_\pm^{\text{clock}} + f_\pm^{\text{ps}} + f_\pm^{\text{growth}} + f_\pm^{\text{mind}} + f_\pm^{\text{other}} \\ Q_\pm = Q_\pm^{\text{clock}} + Q_\pm^{\text{ps}} + Q_\pm^{\text{growth}} + Q_\pm^{\text{mind}} + Q_\pm^{\text{other}} \end{cases} \tag{19.8}$$

第一个式子描述了脏器或者靶载体的功率调谐形式；第二项描述了载体的谐振频率分解形式；第三个式子描述了对靶载体进行信号控制的形式。

因此，任意一个对人的谐振动系统进行干预的因素，它的调谐能量和电控制形式都可以表示为

$$\begin{pmatrix} P_{\pm} \\ Q_{\pm} \\ f_{\pm} \end{pmatrix} = \begin{pmatrix} P_{\pm}^{\text{clock}} \\ Q_{\pm}^{\text{clock}} \\ f_{\pm}^{\text{clock}} \end{pmatrix} + \begin{pmatrix} P_{\pm}^{\text{ps}} \\ Q_{\pm}^{\text{ps}} \\ f_{\pm}^{\text{ps}} \end{pmatrix} + \begin{pmatrix} P_{\pm}^{\text{growth}} \\ Q_{\pm}^{\text{growth}} \\ f_{\pm}^{\text{growth}} \end{pmatrix} + \begin{pmatrix} P_{\pm}^{\text{mind}} \\ Q_{\pm}^{\text{mind}} \\ f_{\pm}^{\text{mind}} \end{pmatrix} + \begin{pmatrix} P_{\pm}^{\text{other}} \\ Q_{\pm}^{\text{other}} \\ f_{\pm}^{\text{other}} \end{pmatrix} \quad (19.9)$$

即任何形式的调谐因素，如果要对人体的动力系统进行谐振动调谐，则它需要具有上述的完备性对接。这就相当于为任何外部进入的因素提供了一个标准接口，它的形式表示为

$$M_{\text{P}} = \begin{pmatrix} P_{\pm}^{\text{F}} \\ Q_{\pm}^{\text{F}} \\ f_{\pm}^{\text{F}} \end{pmatrix} \quad (19.10)$$

我们把这个量称为"调谐端口矢量"。

19.2 人体生物钟节律调谐

人体受生物钟调谐和受外界影响，从而发生节律性变化，如醒睡周期性变化。醒睡状态的变化是人的两类特殊状态。已有的观点认为，人的生物钟表现出昼夜特性、月变化特性和年变化特性。而这些受环境影响的因素，在神经科学中被广为研究。我们将根据已经建立的神经通信、生化通信、人体两大通信系统的谐振动关系，来尝试建立关于人的生物节律的调谐机制，期望在人体生理、神经科学及未来的研究中逐步地进行验证。这部分工作是尝试性的，并带有预测性质。

人的生物钟的一个重要调谐就是外部的环境变化。视觉通道中的部分神经并不具有"视"的能力，而是由于采集光线变化，这部分神经过视交叉上核（SCN）与松果体相连接，从而通过松果体来影响人体的代谢活动。在这里，我们将主要讨论这一神经通路对人体的调谐。

19.2.1 松果体数理本质

松果体是人体的一类重要腺体，又称"脑上腺"，位于间脑顶部。它的表面是结缔组织被膜，被膜随血管伸入实质内，分为许多不规则小叶，

小叶主要由松果体细胞、神经胶质细胞和神经纤维等组成。松果体神经来自外周神经纤维，包括交感神经、副交感神经、连合神经和肽类神经。

松果体的主要功能为分泌褪黑素，这类激素可以随血液循环对人体的靶载体进行作用。因此，从这个意义上而言，褪黑素的数理本质和前文讨论的激素相同。这样，褪黑素也就构成了信号的寻呼机制，并对人体进行两类作用，构成一类调制信号。我们把它的调制信号记为 $P_{\pm}^{PB}$。

19.2.2 光信号调谐描述

眼球的神经感光细胞是外界光信号的采集装置。我们把它看成一个信号的输入端，并根据我们建立的神经理论加以分析。设输入功率信号为 $P_I^V(t)$，其中 t 表示事件；任意起始时刻为 t_0；光信号的周期为 τ；则输入信号可以表示为

$$P_I^V(t) = P_I^V(t_0 + n\tau) \quad (19.11)$$

式中，n 为自然数。

在我们生存的环境中，存在三种影响 $P_I^V(t)$ 的因素：地球自转、月亮围绕地球自转、太阳公转。这三类天象变化均会影响到地球表面光的变化。根据傅里叶变换，$P_I^V(t)$ 是上述三个因素的叠加作用。由此，我们可以将其分解为

$$P_I^V(t) = P_I^E(t_0 + n^E \tau_d^E) + P_I^M(t_0 + n^M \tau_m^M) + P_I^S(t_0 + n^S \tau_y^S) \quad (19.12)$$

式中，P_I^E 为地球自转引起的功率变化的振幅，P_I^M 为月亮围绕地球旋转导致的光线变化的振幅，P_I^S 为太阳公转引起的光功率变化的振幅，τ_d^E、τ_m^M、τ_y^S 分别为上述三个因素的周期，n^E、n^M、n^S 为自然数。对于任意时刻 t，满足以下关系：

$$t = t_0 + n^E \tau_d^E = t_0 + n^M \tau_m^M = t_0 + n^S \tau_y^S \quad (19.13)$$

19.2.3 神经调谐变换

光信号经神经与松果体连接实现了外界环境信号对松果体分泌的调

制。设光信号经神经输出到松果体的调制信号为 $P_o^V(t)$,根据神经变换原理,输出信号到输入信号之间的变换关系是线性关系,设线性系数为 β^V,则

$$P_o^V(t)=\beta^V P_I^V(t) \qquad (19.14)$$

令

$$\begin{cases} P_\pm^E(t)=P_I^E\left(t_0+n^E\tau_d^E\right) \\ P_\pm^M(t)=P_I^M\left(t_0+n^M\tau_m^M\right) \\ P_\pm^S(t)=P_I^S\left(t_0+n^S\tau_y^S\right) \end{cases} \qquad (19.15)$$

则

$$P_o^V(t)=\beta^V\left[P_\pm^E(t)+P_\pm^M(t)+P_\pm^S(t)\right] \qquad (19.16)$$

这样,我们就得到了松果体的三个信号的调谐项。而这三个调谐项通过松果体的激素对靶载体进行振动节律调谐,就构成了靶载体的谐振动模式。

19.2.4 靶载体振动调谐

$P_o^V(t)$ 是松果体的输入信号,设松果体的放大率为 β^{PB},则松果体输出的信号可以表示为

$$P_o^V(t)=\beta^{PB}\beta^V\left[P_\pm^E(t)+P_\pm^M(t)+P_\pm^S(t)\right] \qquad (19.17)$$

设松果体分泌的激素经寻呼到达靶载体,靶载体的级联放大系数为 β^T,则输入到靶载体的信号为。

$$P_I^T(t)=\beta^T\beta^T\beta^{PB}\left[P_\pm^E(t)+P_\pm^M(t)+P_\pm^S(t)\right] \qquad (19.18)$$

令

$$\begin{cases} P_\pm^{TE}(t)=\beta^T\beta^T\beta^{PB}P_\pm^E(t) \\ P_\pm^{TM}(t)=\beta^T\beta^T\beta^{PB}P_\pm^M(t) \\ P_\pm^{TS}(t)=\beta^T\beta^T\beta^{PB}P_\pm^S(t) \end{cases} \qquad (19.19)$$

则可以得到

$$P_I^T(t)=P_\pm^{TE}(t)+P_\pm^{TM}(t)+P_\pm^{TS}(t) \qquad (19.20)$$

这样,我们就得到了外界光线变化对人体的调谐作用的表达。

19.3 生物钟节律行为

在生物钟节律的作用下，人类会在行为上表现出与之相适应的节律行为。《数理心理学：人类动力学》已经讨论了关于生物钟的行为模式。在行为上，用事件的效应来表示人的行为模式。我们仍然沿用这一方式。

19.3.1 醒睡行为模式

根据人类动力学，醒睡模式是典型的生物节律行为模式，可以表示为

$$E_d^E(t) = E_d^E\left(t_0 + n^E \tau_d^E\right) \tag{19.21}$$

式中，$E_d^E(t)$ 表示行为的效应。设定某一初始时刻为 t_0。以天为周期单位，则醒睡行为模式就表现出了以天为单位的周期性，而人体的神经调谐方程则是这一行为的内因描述。为此，我们把描述方程放在一起，这就构成了人类醒睡行为模式的整体描述。

$$\begin{cases} P_e^E(t) = P_1^E\left(t_0 + n^E \tau_d^E\right) \\ P_I^T(t) = P_\pm^{TE}\left(t_0 + n^E \tau_d^E\right) \\ E_d^E(t) = E_d^E\left(t_0 + n^E \tau_d^E\right) \end{cases} \tag{19.22}$$

第一个等式是外界环境对人的调谐式；第二个等式是松果体对人体靶载体进行调谐的表达式；第三个式子是人的周期性行为效应的表达式。这三个式子清楚地表明环境作用是外因，松果体调谐是内因。

19.3.2 广义生物钟模式

如果松果体具有三种分解的周期相，在此基础上，按照傅里叶分解，则它产生的行为效应也可以分解为三个基础项：

$$E(t) = E_d^E\left(t_0 + n^E \tau_d^E\right) + E_m^M\left(t_0 + n^M \tau_m^M\right) + E_y^S\left(t_0 + n^S \tau_y^S\right) \tag{19.23}$$

式中，$E_d^E\left(t_0 + n^E \tau_d^E\right)$ 为昼夜周期的行为模式效应，它产生于地球自转的周期变化；$E_m^M\left(t_0 + n^M \tau_m^M\right)$ 为以月为单位的周期效应，它产生于月亮升与落的周期性变化；$E_y^E\left(t_0 + n^S \tau_y^S\right)$ 为以年为周期的行为模式效应，它产生于以

太阳公转为周期性的变化。

由于这三相的调谐作用,则必然对应三类调谐相,它们的行为模式的内因和外因的描述可以表示为

$$\begin{cases} P_e^M(t) = P_I^M\left(t_0 + n^M \tau_m^M\right) \\ P_I^T(t) = P_{\pm}^M\left(t_0 + n^M \tau_m^M\right) \\ E_m^M(t) = E_m^M\left(t_0 + n^M \tau_m^M\right) \end{cases} \quad (19.24)$$

和

$$\begin{cases} P_e^S(t) = P_I^S\left(t_0 + n^S \tau_y^S\right) \\ P_I^T(t) = P_{\pm}^T\left(t_0 + n^S \tau_y^S\right) \\ E_y^S(t) = E_y^S\left(t_0 + n^S \tau_y^S\right) \end{cases} \quad (19.25)$$

式(19.24)和式(19.25)是月亮和太阳公转调谐单独作用式的行为模式和调谐之间的关系式。这样,我们就建立了三类因素的调谐模式和人的周期性行为之间的关系,也就是"生物钟行为模式"。

这是从数学调谐式中分离出来的调谐的方式,但每一项对生物节律影响的程度仍然需要试验来证实。上面的调谐并不包含脏器的自我振动的节律。

19.3.3 脏器生物钟模式

人体的脏器均表现出了生物钟模式,即在各个时间段均表现出它的最佳的兴奋期特征,也就是它的活跃的旺盛期,如图19.1所示。

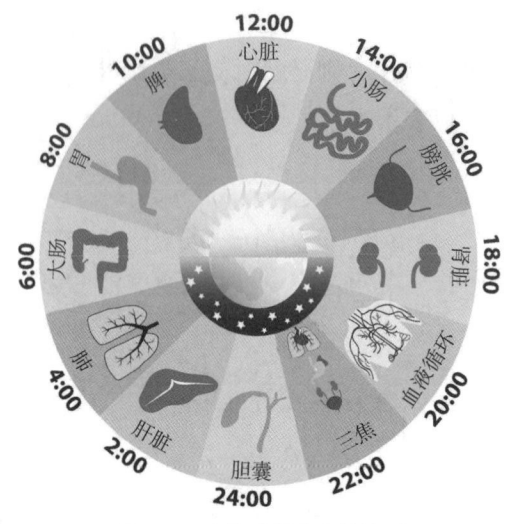

图 19.1　人体脏器生物钟控制

（资料来源：https://redhealthwear.com/blogs/news/why-are-circadian-rhythms-so-important）

脏器的活跃期，如果按照循环过程来看，它也恰恰构成了一个能量摄入和运送依次运作的完整过程。我们可以看到人的脏器类似一个生产线，依次进行活动加强，实现功能上的协同和运作。在中医中，这个活动方式又和经络联系在一起，形成了依次和经络兴奋相匹配的运作方式，被称为"子午流注"（图 19.2）。

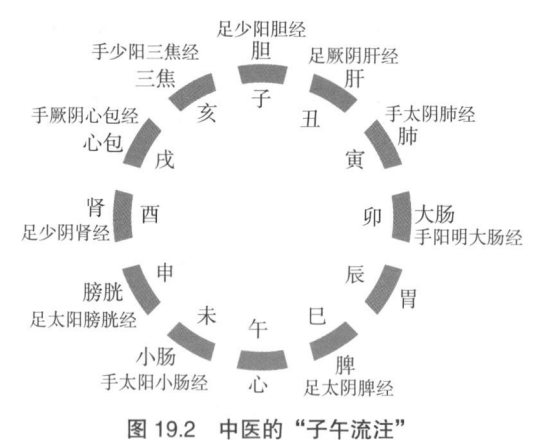

图 19.2　中医的"子午流注"

第 20 章　心身调谐行为模式

在人体的调谐模式中，来自心理的调谐项构成了一类重要调谐反应。在精神指挥下，身体发生制动反应，它的本质就构成了心身关系。根据《数理心理学：人类动力学》，人的精神反应也会表现出模式化，这就使得心身的调谐必然表现为模式化，也就是"心身调谐模式"。

《数理心理学：心理空间几何学》《数理心理学：人类动力学》已经建立了人的心理的认知表征、行为模式与心理力学。心理力学也建立了行为模式表达的模式方程，并给出了它的普遍性形式。高级认知规则的普适性的建立、人体生理动力系统的确立，这两个基础性工作使得心、身两个动力系统的关系建立成为可能。具有精神意义的精神信号和具有生理意义的身体动力信号之间的调谐关系，就成为一个必然要解决的问题。

《数理心理学：人类动力学》对心身动力关系给出了大胆的基本假设，使得精神信号和生理信号的连接具有了一个桥梁。因此，在心、身两个基础性工作的基础上，我们可以重新审查这一力学关系的架构。它将包含 2 个基本问题：①行为模式方程的数理本质；②心身调谐模式与人的行为模式之间的关联。

这两个关系，就构成了人的行为模式、人体机械动力调谐模式的机制总概括，同时揭示了人的心身协同的一致性问题。一旦这个问题得以揭示，为后续的心身动力学的构建建立基础。

20.1 心身动力关系模型

心和身联系在一起的一个关键关系就是，高级的精神活动对身体进行调谐，协同人的精神与物质世界互动。换言之，如果无身体协同，人与物质世界互动需要的机械活动将无法进行。它是精神外化的必要手段。这也是在人体谐振动中，心理要素成为一个重要分解项的关键原因。在这里，我们首先确立心身协同关键描述的数理机制。

20.1.1 行为模式方程

高闯提出行为模式方程，用以揭示人的精神驱动的人类行为，表述如下[1]：

$$A = V + \Delta V \tag{20.1}$$

式中，A 表示对某客体功能的评价量；V 是客体的价值观念；ΔV 是由场景决定的评价差异量。这个方程称为"行为模式方程"。考虑到驱动价值评价的因素包含两类：驱动因素和抑制因素，任意一种评价在性质上就表现为两类特征：正性或者负性。在数理上，以中性评价为参考零点，正性和负性评价的大小就代表了它的正值和负值的大小。

由于人的行为是由评价来驱动的，这就意味着人的评价性行为需要驱动人体的动力系统与之相协同。因此，考虑到评价的正负性质，评价就构成了对人体驱动的调谐项。我们把这个调谐项记为 $A_\pm$。

在行为模式方程中，我们把精神驱动的行为都归结为"评价量"进行度量并驱动的行为。$A_\pm$ 的存在也就在事实上锚定了一个事实，即人的价值量也具有正负性质。在这里需要说明的是，驱动身体运作的评价一定是决策的评价，即人体的驱动因素和抑制因素相互平衡之后的合成性评价。高闯利用力学叠加原理，清晰地阐明了这一点，这就意味着，进入人的动力调谐的人的评价是驱动和抑制两个因素叠加之后的合成评价[2]。

---

[1] 高闯. 数理心理学：人类动力学 [M]. 长春：吉林大学出版社，2022.

[2] 同上.

20.1.2 人体能量调谐振动

对于人体而言，它的谐振动系统是由谐振项来驱动的。若人体谐振动的自发频率为f_0，人体各脏器、组织的频率调谐项为$f_\pm$，则人体任意脏器的调谐总频率也就可以表示为

$$f = f_\pm + f_0 \qquad (20.2)$$

同样，它对应的总功率调谐项也就可以表示为

$$P = P_\pm + P_0 \qquad (20.3)$$

式中，$P_\pm$为功率调谐项；P代表人体的总功率；P_0表示基础活动功率。

高闯在《数理心理学：人类动力学》中，公布了评价量与心脏之间的数理关系[①]：

$$f_\pm = k_{pp} A_\pm + b_{pp} \qquad (20.4)$$

式中，k_{pp}为心动常数；b_{bb}为心动常数距。考虑到态度评价具有正负性，态度的正性增加，身体能量应该增加，则调节频率$f_\pm$应该加大，那么，$k_{pp} > 0$。我们假设$A_\pm$的区间值为$[A_{MIN}, A_{MAX}]$，且考虑到$A_\pm$的正负性，则A_{MIN}是负的最大值，A_{MAX}是正的最大值。因此，当$A_\pm = A_{MIN}$时，$f_\pm = 0$。这时，心脏由于抑制作用又回到初始状态。同样，当$A_\pm = 0$时，也就是中性态度时，人的调节频率为$f_\pm = b_{pp}$。当$A_\pm = A_{MAX}$时，$f_\pm$达到最大值，也就是个体的最大调节幅度，如图20.1所示。

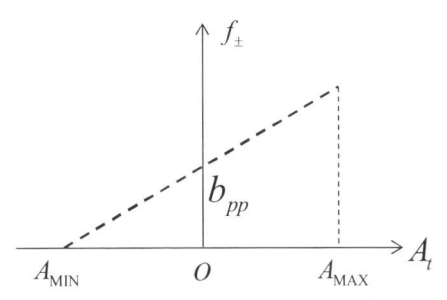

图20.1 调节频率和态度评价之间的关系

注：横坐标表示评价量，它是一个心理量；纵坐标表示自主神经和迷走神经对心脏调节的频率。

---

① 高闯. 数理心理学：人类动力学[M]. 长春：吉林大学出版社，2022.

数理心理学：心身热机电化控制学

在心动关系中，$A_\pm$ 是认知量，属于精神的范畴；$(V_{E\text{-relax}} - V_{E\text{-contract}})\rho_{energy}$ 属于心脏的功能量；$f_\pm$ 属于神经控制量。这样，精神、生理、神经控制之间的关系就确立了。在这一机制下，心脏输出的总能量就可以表示为

$$P = (V_{E\text{-relax}} - V_{E\text{-contract}})\rho_{energy} f_0 + (V_{E\text{-relax}} - V_{E\text{-contract}})\rho_{energy}(k_{pp}A_\pm + b_{pp}) \quad (20.5)$$

式中，P 为心脏输出功率，$V_{E\text{-relax}}$ 为心脏放松时的体积，$V_{E\text{-contract}}$ 为心脏收缩时的体积，ρ_{energy} 为血液单位体积内的能量密度，k_{pp} 为心动常数，b_{pp} 为心动常数距。

20.1.3 心身关系动态描述维度

通过上述的描述，心身的动力关系可以用两个维度来描述，也就是用两个调谐量来描述。评价本身决定了人的体验本身，因此，由评价调谐决定的维度称为"愉悦维度"；由人体动力系统进行的调谐称为"能量谐振维度"，也称为"唤醒维度"，即能量的激发维度。这样，我们就得到了一个二维的模型（图20.2），它和心理学的"情绪模型"恰好一致。

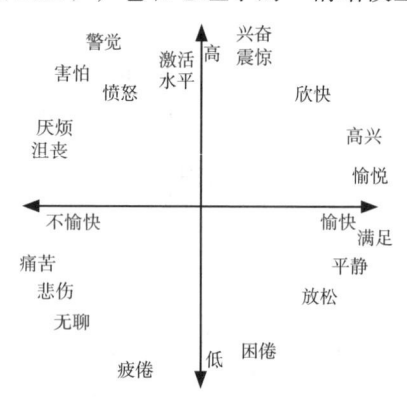

图 20.2 Russell 情绪环形模型

注：在 Russell 模型中，愉快和不愉快、激活水平的高强度－弱强度被作为情绪的两个维度。

从这个模型中，我们就可以看到了一个基本关系，即各种情绪的表达词，本质上是评价的一种体现。它一方面承担了对人的体验程度的表达，另一方

面担负了对人体能量的调谐。这样，二维的情绪模型就和其他的划分方法从本质上区分了开来。这也从数理上揭示了"心身"关系的独立性质。

语义是人的心理的表征，在语义学中，利用语义测量方式得到的二维的心身情绪模型，也直接证明了这一方法的有效性。

20.2 心身行为模式模型

在数理心理学中，情绪被认为是心理的反馈动力过程，它需要对这个过程进行行为的评价。在评价中，长期的价值观念会使个体形成一定的行为模式。不同的个体在行为模式上会存在差异，这就构成了人格特质的差异。心身关系给出了基于评价的评价量和人体动力激发之间的关系，这就意味着，精神活动和身体能量调谐会形成对应的行为模式和人格特质，这就是关于心身的人格特质。

20.2.1 评价模式

根据行为模式方程可知任何形式的评价均可以由价值观念来支配，而价值观念一旦形成则会相对稳定而成为"常量"，这就意味着人的评价具有某种稳定性。在去除场景化之后，对某类客体功能的评价也就是由价值观念主导。当 V 为一个常量时，我们把它记为

$$V = C_{MB} \tag{20.6}$$

式中，C_{MB} 为常数。不同的人格个体均具有这个量，度量它们之间的差异可以采用常模化的人格测量。因此，它的人格量也就是 C_{MB} 的大小。由此，可以表示为

$$P_{MB} = C_{MB} \tag{20.7}$$

式中，P_{MB} 表示人格量。

20.2.2 心身人格

人的评价对人的调谐具有正负性，它可能诱发能量正的激发，也可能

诱发负的激发，这是因为人的能量的激发是驱动性评价和抑制性评价共同作用的结果。

$$A = A_D + A_S \qquad (20.8)$$

式中，A 为评价量；A_D 为驱动性评价；A_S 为抑制性评价；加号为布尔逻辑求和运算。

而人的身体能量的调谐，则会出现两种情况：能量增加或者抑制。这样就会出现 4 种可能，见表 20.1。

表 20.1　评价与身体能量激发组合

身体能量	评价	
	正	负
正	正正	正负
负	负正	负负

这个组合也表明，当人的评价稳定时，人就具有 4 种类型的"心身人格"的特质。恰巧的是在心理学中，埃森克二维人格与之匹配，如图 20.3 所示。这从侧面说明，埃森克人格的本质是心身关系中形成的人格关系。

图 20.3　埃森克模型

第八部分

心身动力原理：心身驱力

第 21 章　心身动力端口假设

对身体两个动力系统进行同步协同调谐，是驱动人体动力系统进行供能、实现机械系统制动的关键。来自高级阶段的心理调谐，是心身关系的桥梁。在前文中，我们已经分离出了这个调谐项，并根据人的行为模式方程确立了人的认知量和人的动力之间的一个关系。随之而来的问题是，如何在高级的精神信号和人体信号之间建立物质通信的中介机构，以驱动人体的调谐。换言之，人脑需要有一个专门通信机构，以建立心身之间区分信号性质的一个转换端口。这个结构也就构成了"心身对接端口"。人的心身对接的端口问题，也就构成了"心身动力端口假设"问题，它必定会成为心身神经基础通信问题。这一功能，我们认为，是由杏仁核来实现的。同时，还需要考虑这个端口在高级认知中担负其他功能。基于这个基本出发点，本章将重新回顾我们在数理心理学的基本理论框架下构建的精神认知的功能，并在总框架下建立关于"杏仁核"的功能性作用的假设。

由此，这就需要从认知与神经功能关系上考察以下三个核心的数理问题。

（1）经典的杏仁核的基本发现及其完备性。

（2）经典的杏仁核的功能发现与认知功能的关系。

（3）经典的杏仁核的功能发现与人体动力调谐的关系。

第 21 章 心身动力端口假设

为此，我们将提出杏仁核的功能假设，并给出它的功能学的描述和意义。

21.1 杏仁核功能假设

杏仁核和高级脑功能区、丘脑及以下区域均存在信息互动。在信息流上显露出的功能性质，使得杏仁核在高级认知功能和心身关系中扮演的角色慢慢显露。在神经科学中，杏仁核处理两种形式的信息流：①杏仁核和脑高级认知功能区的信息互动；②杏仁核信号投射到丘脑、下丘脑、自主神经而产生的信息互动。

基于这两种信息流和高级阶段认知功能的搭建[①]，就可以进一步解析人的高级认知功能、心物关系、心身关系的协同调谐关系，即杏仁核是心物、心身、高级认知三类信息流交叉的通信处理机构。

考虑到这种数理性质的行进路径，我们将利用数理心理学已经具备的功能关系，确立杏仁核的基本框架，为未来高级认知功能的神经底层框架建立基本数理逻辑关系。

21.1.1 杏仁核高级互动

认知神经科学领域已经确立了杏仁核和脑高级功能区之间的互动关系，并指出其在记忆、学习中担负了重要的功能，如图 21.1 所示。在由互动形成的学习与记忆的作用中，从信息通信和控制角度看，它暗含了多层次的基础信息关系。

---

① 高闯. 数理心理学：人类动力学[M]. 长春：吉林大学出版社，2022.

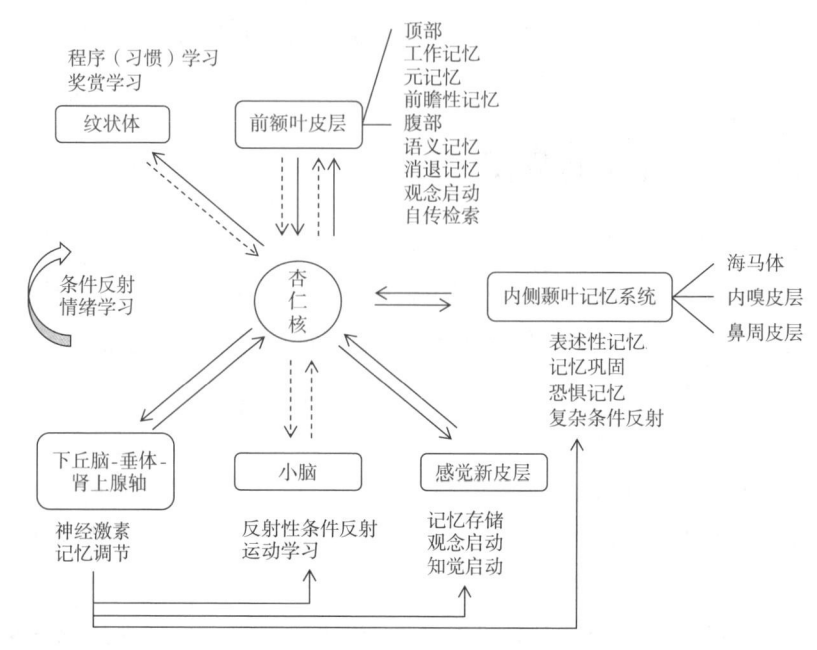

图 21.1　杏仁核与脑皮层的互动构成了信息反馈关系

21.1.1.1　反馈关系

互动关系本质是一个相互作用的关系。从信息过程来看，互动关系也是一种反馈关系，即一个脑功能区对杏仁核进行作用时，它的效应又通过杏仁核的反作用构成了一个反馈关系，影响该脑功能区；反之，亦然。

21.1.1.2　反馈信号调整

根据控制论，反馈的信号往往构成正反馈或者负反馈的信号，对信息过程产生干预。它往往伴随反馈信号和输入信号的叠加混合。要实现这些功能，也就意味着信息的反馈系统具有存储信号的能力，并具有比较信号的能力。这就构成了信号的存储和记忆问题，甚至涉及稳定信号的获取，也就是学习问题。在人的高级阶段，这些问题被概括为存储、记忆、学习、与启动。由此，互动关系中的反馈关系显露了杏仁核担负了反馈信号中信号运算的角色。

21.1.2 杏仁核人体互动

杏仁核主要由三个部分组成：基底核、侧核、中央核。中央核与丘脑、中脑、旁氏区、下丘脑等相连接。而下丘脑、旁氏区、中脑是人的自主神经发出区，也就是杏仁核接收了大部分脑区来的信号，这就建立了高级脑区到自主神经调谐的神经通道，即中央核承担了向人体与外周进行调谐的信息中介作用。这个模式如图21.2所示。

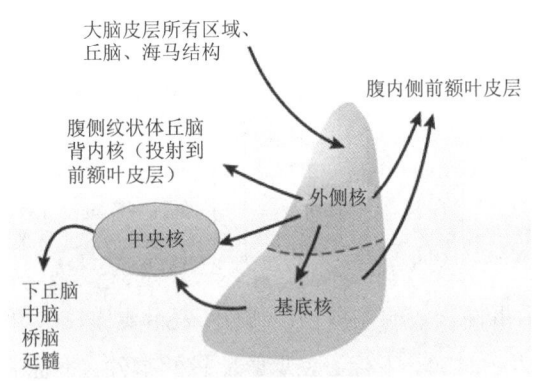

图 21.2　杏仁核与人体调谐信息流

21.2　杏仁核高级认知调谐假设

杏仁核中的两种形式的信息流，使得杏仁核具有了连接高级认知的功能、人体调谐的功能。从信号通信的性质看，它具有了信息处理的"端口变换"的性质。在心身关系中，它担负了心身变换的"端口功能"。由此，我们需要建立关于杏仁核的普适性模式关系。

21.2.1　认知比较器

杏仁核和高级皮层区之间的互动，并担负了与人脑高级皮层间的相互作用角色，使得杏仁核和高级认知之间具有了反馈关系。由此，我们假设，杏仁核承担了高级认知评价比较器的功能，实现了对历史信号、未来信号进行比对的功能。

高闯提出了情绪反馈矩阵[①]。把当前事件和未来事件进行对比，我们把历史事件、未来事件作为参考，则可以得到两种形式的差异运算。利用事件结构式，可以表述如下

$$\Delta \boldsymbol{E}_{cr} = \boldsymbol{E}(t_c) - \boldsymbol{E}(t_r)$$

$$= \begin{pmatrix} w(t_c)_1 \\ w(t_c)_2 \\ i(t_c) \\ e(t_c) \\ w(t_c)_3 \\ t(t_c) \\ mt(t_c) \\ bt(t_c) \\ c(t_c)_0 \end{pmatrix} - \begin{pmatrix} w(t_r)_1 \\ w(t_r)_2 \\ i(t_r) \\ e(t_r) \\ w(t_r)_3 \\ t(t_r) \\ mt(t_r) \\ bt(t_r) \\ c(t_r)_0 \end{pmatrix} = \begin{pmatrix} w(t_c)_1 - w(t_r)_1 \\ w(t_c)_2 - w(t_r)_2 \\ i(t_c) - i(t_r) \\ e(t_c) - e(t_r) \\ w(t_c)_3 - w(t_r)_3 \\ t(t_c) - t(t_r) \\ mt(t_c) - mt(t_r) \\ bt(t_c) - bt(t_r) \\ c(t_c)_0 - c(t_r)_0 \end{pmatrix} \quad (21.1)$$

式中，$\Delta \boldsymbol{E}_{cr}$ 表示事件比较的差异项；$\boldsymbol{E}(t_c)$ 表示要比较的事件；$\boldsymbol{E}(t_r)$ 表示参考的事件，t 表示时间。下标 c 表示要比较的事件，下标 r 表示参照事件。两者的差值构成了事件的差异，而评价则需要对上述的差异项进行度量。根据三基元的属性，事件结构式的每一项又可以表述为三基元信号，则上述的每一项可以表示

$$\Delta \boldsymbol{E}_f = \begin{pmatrix} p(t_c) \\ w(t_c)_3 \\ t(t_c) \end{pmatrix} - \begin{pmatrix} p(t_r) \\ w(t_r)_3 \\ t(t_r) \end{pmatrix} = \begin{pmatrix} p(t_c) - p(t_r) \\ w(t_c)_3 - w(t_r)_3 \\ t(t_c) - t(t_r) \end{pmatrix} \quad (21.2)$$

式中，$\Delta \boldsymbol{E}_f$ 表示事件结构式中每一项；p 表示属性量；w_3 表示空间位置；t 表示时间。这是用三基元表示的比较差异计算。从数理上讲，任意一个属性量可以表示为其他两个要素的函数，即由属性构成的信号可以表示为

$$P_s = p(w_3, t) \quad (21.3)$$

由此，任意一个要素的信号变化，就可以表示为

[①] 高闯. 数理心理学：人类动力学 [M]. 长春：吉林大学出版社，2022.

第21章 心身动力端口假设

$$\Delta P_s = p\left(w(t_c)_3, t_c\right) - p\left(w(t_r)_3, t_r\right) \quad (21.4)$$

在高级认知中，我们认为杏仁核作为差值运算的比较器，这种比较器称为"认知比较器"。通过杏仁核，认知活动根据差值的计算得到差异结果的评价。根据差异值，我们就可以得到正性评价和负性评价。

21.2.2 杏仁核反馈模型

我们把杏仁核作为认知比较器，由此假设：在人的高级认知阶段，杏仁核对高级的认知信号与已经存储的参考信号进行比较运算，并对比较信号给出正性或者负性评价，如图 21.3 所示。外界输入信号为 S_1，它流向人的大脑皮层的功能区。功能区处理的信号又作为反馈信号，输入到杏仁核，杏仁核作为比较器，与参考信号进行比较后，输出正性、负性或者中性评价，对输入信号进行调谐，这就构成了高级认知的反馈关系，即杏仁核和高级皮层之间构成了信号反馈的关系。而属性信号又往往是功率信号，我们把对比的信号变化改成功率信号，用大写"P"来表示功率信号，则可以得到

$$\Delta P_s = P\left(w(t_c)_3, t_c\right) - P\left(w(t_r)_3, t_r\right) \quad (21.5)$$

这个等式，我们称为"杏仁核比较器方程"。根据计算结果，对信号进行评价，则构成了杏仁核的"评价量"输出。由此，这个信号变换，我们称为"杏仁核评价变换"。设评价量为 $A_{\pm}$（包含正性、中性、负性评价），杏仁核的评价变换为 T_{AG}，则它们之间的信号变换关系为

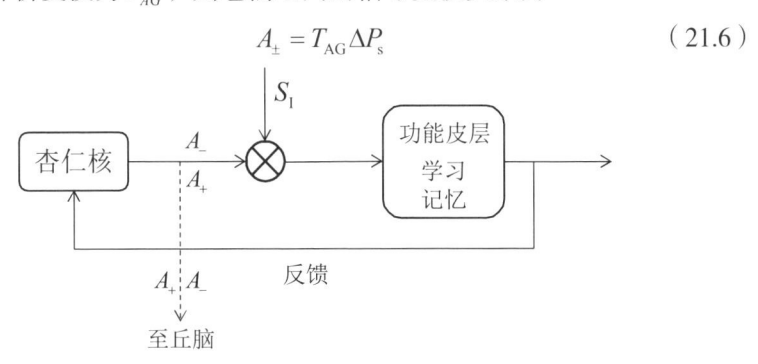

$$A_{\pm} = T_{AG} \Delta P_s \quad (21.6)$$

图 21.3 杏仁核与功能皮层、人体调谐关系

21.2.3 杏仁核经典实验发现

杏仁核兼具比较器和评价调谐功能，在信息系统中所承担的角色可以在高级认知功能的生理学中得到实验印证。

21.2.3.1 杏仁核有创动物实验发现

杏仁核功能的发现和动物实验紧密相关。20世纪50年代，科学家切除了猴子的杏仁核之后，发现猴子不再具有恐惧性情绪。这一结果揭示了切除杏仁核的动物失去了和参考信息比对的功能。

21.2.3.2 杏仁核异常病人实验

对杏仁核异常的病人进行行为实验研究，发现病人失去了恐惧能力。这一点的结果和动物实验保持了一致性。

21.2.3.3 杏仁核新异刺激实验

在新异刺激作用下，杏仁核会发生反应。新异的本质是相对于参考而言，差异比较大，这也揭示了杏仁核在正常反应状态下的信息加工模式，也是对高级阶段认知功能的一个诠释。

综上所述，杏仁核和各个皮层之间的互动构成了高级认知评价的一个反馈回路，并在事实上担负了信息比较器的作用。

21.3 心身调谐端口假设

杏仁核在高级认知活动中担负的认知反馈的比较器和运算器的功能，使得杏仁核在各类信号处理中成为一个处理评价性质的集成中心。从杏仁核出发，杏仁核又同时向下与丘脑、自主神经相连接。而自主神经的交感神经和副交感神经恰恰是心身调谐的关键入口。从这个意义上，杏仁核担负了高级皮层（精神活动）对人体动力调谐的转换的角色。从通信意义上讲，它可能构成了上下信息转换的"中间端口"。

21.3.1 心身调谐端口假设

根据图 21.2、图 21.3 所示，杏仁核能够向下进行传递信号的连接，并考虑到高级的精神加工具有向下调谐的能力，我们提出杏仁核"心身调谐端口假设"：杏仁核比较得到的评价，具有正负属性的调谐性质。它和自主神经的连接，构成了对人体调谐的心身连接通道。设由杏仁核诱发的自主神经的调谐量记为 $P_\pm^M$，或者说杏仁核输入到自主神经的调谐量为 $P_\pm^M$，则评价量和自主神经的信号量之间满足的关系为

$$A_\pm = T_{AGM} P_\pm^M \tag{21.7}$$

其中，T_{AGM} 是评价信号到自主神经调节信号的变换，它由杏仁核与自主神经的连接关系来决定。

21.3.2 心身调谐信息变换方程

根据各个皮层和杏仁核的互动关系，皮层的任何一个高级的活动区与杏仁核之间的互动均构成了一个信号的反馈关系。又根据式（21.7），这些因素诱发的评价均可以通过变换关系传递到自主神经，对人体动力系统产生调谐。由此，这些来自高级阶段的调谐因素，可以被分解为

$$\begin{aligned} P_\pm^M &= P_\pm^{PFC} + P_\pm^{MTL} + P_\pm^{SNC} + P_\pm^{CB} + P_\pm^{HPA} + P_\pm^{CEL} + P_\pm^{SA} + P_\pm^{Other} \\ &= T_{AGM}^{-1}\left(A_\pm^{PFC} + A_\pm^{MTL} + A_\pm^{SNC} + A_\pm^{CB} + A_\pm^{HPA} + A_\pm^{CEL} + A_\pm^{SA} + A_\pm^{Other}\right) \end{aligned} \tag{21.8}$$

式中，T_{AGM}^{-1} 为 T_{AGM} 的逆矩阵，$P_\pm^{PFC} = T_{AGM}^{-1} A_\pm^{PFC}$，$P_\pm^{MTL} = T_{AGM}^{-1} A_\pm^{MTL}$，$P_\pm^{SNC} = T_{AGM}^{-1} A_\pm^{SNC}$，$P_\pm^{CB} = T_{AGM}^{-1} A_\pm^{CB}$，$P_\pm^{HPA} = T_{AGM}^{-1} A_\pm^{HPA}$，$P_\pm^{CEL} = T_{AGM}^{-1} A_\pm^{CEL}$，$P_\pm^{SA} = T_{AGM}^{-1} A_\pm^{SA}$，$P_\pm^{Other} = T_{AGM}^{-1} A_\pm^{Other}$。评价量是各个脑区功能诱发的评价量。因此，式（21.8）也建立了各个脑区功能与人体动力系统之间的调谐关系。这个分解式，我们称为"心身调谐信息变换方程"。式（21.8）中各项的上标是各个皮层区的缩写，对应的皮层因素如图 21.1 所示，对应的脑区见表 21.1。

表 21.1 脑区和缩写对应关系

序号	脑区	缩写
1	前额叶皮质	PFC
2	感觉新皮质	SNC
3	小脑	CB
4	下丘脑–垂体–肾上腺轴	HPA
5	纹状体	SA
6	条件性情绪学习	CEL
7	内侧颞叶记忆系统	MTL
8	其他因素	Other

第 22 章 心身动力

精神评价与人体动力调谐之间的连接，使精神动力和人体动力之间的桥梁被建立起来，心身动力关系也就连接在一起，即依赖人的认知系统、人体神经控制、生物化学信号的控制，心身的动力关系在数理上被连接了起来，但还有很多的信息机制有待确认。

心理调谐和人体动力调谐之间的数理关系，使得心身动力制动中心理的评价量受到了人体的生理条件的约束。在这一约束下，根据调谐动力机制，确立心身动力关系背后的生理机制的内因，也就成为心身动力的一个核心问题。

22.1 心身动力适配方程

人的行为制动，在高级认知阶段由评价量来决定，在人体中则由人体的动力调谐和人体自主动力系统来决定。但是人的认知的评价量需要和人体动力系统之间"适配"和"兼容"，否则人的评价量在数理上对人体动力系统的调谐将无法具有对应性。因此，我们首先讨论调谐和认知评价中的"适配"和"兼容"问题。

22.1.1 心身动力适配方程

令

$$A_{\pm}^{M} = A_{\pm}^{PFC} + A_{\pm}^{MTL} + A_{\pm}^{SNC} + A_{\pm}^{CB} + A_{\pm}^{HPA} + A_{\pm}^{CEL} + A_{\pm}^{SA} + A_{\pm}^{Other} \qquad (22.1)$$

则可以得到

$$A_\pm^M = T_{AGM} P_\pm^M \quad (22.2)$$

式中，$P_\pm^M$为由杏仁核诱发的植物神经的调谐量，或者说杏仁核输入到植物神经的调谐量；T_{AGM}为评价信号到植物神经调节信号的变换。

特殊情况下，人的评价量和心脏供能关系之间满足

$$P = (V_{\text{E-relax}} - V_{\text{E-contract}})\rho_{\text{energy}} f_0 + (V_{\text{E-relax}} - V_{\text{E-contract}})\rho_{\text{energy}}(k_{pp} A_\pm^M + b_{pp}) \quad (22.3)$$

式中，P为心脏输出功率；$V_{\text{E-relax}}$为心脏放松时的体积；$V_{\text{E-contract}}$为收缩时的体积；ρ_{energy}为单位体积内的能量密度；k_{pp}为心动常数；b_{pp}为心动常数距。

$$f_\pm = k_{pp} A_\pm^M + b_{pp} \quad (22.4)$$

在人体的动力系统中，$f_\pm$虽然是从心脏的工作频率中得到的，但是它的周期性也同步促发了其他循环脏器工作的周期性，并实现了这些脏器之间工作频率的协同，这一工作频率参数是人体生理决定的。这就意味着，人体的评价量受$f_\pm$约束，即对人体动力进行驱动的评价量并不是一个随意设定的参数，它和每个人的工作频率相关，也就是由人体生理来决定。这是人的认知评价与人体生理之间的一种"适应性"。由此，我们把式（22.4），称为"心身动力适配方程"。

心身动力适配性也意味着个体心身人格的形成受制于人体生理的因素。在心身关系中，令$A_\pm^M = A_{MB}$，则在长期的过程中这个量趋于一个稳定量（或者理解为一个平均量），即

$$P_{MB} = A_\pm^M = V_{MB} = C_{MB} \quad (22.5)$$

式中，P_{MB}为心身人格量；V_{MB}为评价对应的价值量；C_{MB}为常量。

22.1.2　心身动力方程

心身动力关系决定了心身评价是一个二维动力关系。Russell模型给出

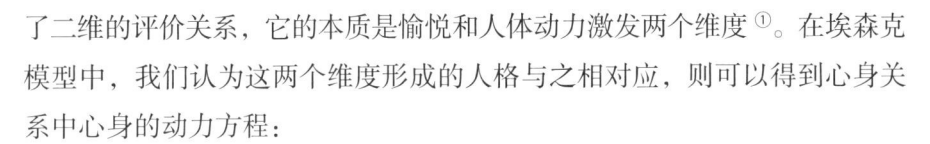

了二维的评价关系，它的本质是愉悦和人体动力激发两个维度[1]。在埃森克模型中，我们认为这两个维度形成的人格与之相对应，则可以得到心身关系中心身的动力方程：

$$F_{MB} = P_{MB} A_{\pm}^{M} \tag{22.6}$$

式中，F_{MB}为心身动力。

高闯提出人体精神动力方程[2]，这一形式和精神动力的表述形式相一致。这个方程，我们称为"心身动力方程"。

22.2　功与劳

到现在为止，我们对人体的动力系统的讨论，已经涉及以下四个系统。

（1）人体机械运动系统：依赖杠杆原理形成的机械系统，使人类个体与物质世界进行物理作用。

（2）人体机械热动系统：依赖人体生物材料的脏器系统，实现人体热机能量循环供给。它是人类机械运动系统得以运行的热动系统。

（3）人体机械调谐系统：依赖人体神经的电信号调谐控制和人体生化系统供能的调谐控制，人体建立了热机与机械运动系统的控制系统。

（4）人体精神动力系统：能够通过精神动力对人体进行调谐，从而实现心身协同运作。

这样，一个以精神动力为最高统摄、以人体机械系统为机械属性、以生物热动系统为机械动力的心身系统运作的全貌就展现了出来。人的精神在与物质世界的互动中，心物依赖心身关系的认知闭环得以形成。

这时，我们就可以把人机械做功、精神的劳动联系在一起。这个问题，称为"功与劳"问题。它必然是心身关系中的一个基础问题。它包含以下两个基本力学过程。

---

[1] RUSSELL J A. A circumplex model of affect [J]. Journal of Personality and Social Psychology, 1980, 39（6）: 1161.

[2] 高闯. 数理心理学：人类动力学 [M]. 长春：吉林大学出版社，2022.

（1）物理做功过程。它通过人的机械运动系统，对外做功，遵循物理做功规则。

（2）心力的"操劳"过程。物理的做功过程也是人的心理力不断驱动"做功"事件的过程，也就伴随着心力的操劳过程。

22.2.1 物理功

根据物理学规则，个体对其他物体施加的力记为 $F(t)$，引起其他客体的位移为 dr。把人作为一个机械动力装置，它做的功，可以表示为

$$dw = F(t) \cdot dr \qquad (22.7)$$

式中，dw 表示客体发生微小位移 dr 时做的功。

如果我们需要知道一段时间内，对物体做的功，就需要对式（22.7）进行积分，得到以下关系：

$$W = \int_{t_0}^{T} F(t) \cdot dr \qquad (22.8)$$

式中，t_0 表示初始时刻；T 表示结束时刻。

22.2.2 心理劳

高闯提出人的劳的计算[①]。以某一时刻的事件为参照（假设以我们未来期望的事件为参照），则该时刻可以记为 t_f，如果 t_h 是相对于 t_f 发生的一个微小的事件的变化的量，则可以得到事件变化的效应。

---

① 高闯. 数理心理学：人类动力学[M]. 长春：吉林大学出版社，2022.

第 22 章　心身动力

$$d\boldsymbol{e} = \boldsymbol{E}(t_h) - \boldsymbol{E}(t_f) = \begin{pmatrix} w(t_h)_1 - w(t_f)_1 \\ w(t_h)_2 - w(t_f)_2 \\ i(t_h) - i(t_f) \\ e(t_h) - e(t_f) \\ w(t_h)_3 - w(t_f)_3 \\ t(t_h) - t(t_f) \\ \mathrm{mt}(t_h) - \mathrm{mt}(t_f) \\ \mathrm{bt}(t_h) - \mathrm{bt}(t_f) \\ c(t_h)_0 - c(t_f)_0 \end{pmatrix} \quad (22.9)$$

从这个表达式中，我们可以看到，如果式（22.8）中的 d$\boldsymbol{r}$ 的位移效应变化实际是式（22.9）中的一个子项，即

$$d\boldsymbol{r} = w(t_h)_3 - w(t_f)_3 \quad (22.10)$$

也就是客体在空间的位置上发生效应变化。而事实上，事件发生的效应的变动，并不仅仅是物理位置的变化，还会存在其他事件的独立结构属性的变化。在这个过程中，我们把指向目标物的心理力记为 $\boldsymbol{F}(\Delta)_{ff-i}$，在心理空间中，它是一个矢量，而 d$\boldsymbol{e}$ 也是一个矢量。由此，我们定义个体在做某个事件时付出的"心力"为

$$dw_1 = \boldsymbol{F}(\Delta)_{ff-i} \cdot d\boldsymbol{e} \quad (22.11)$$

式中，dw_1 表示客体发生微小事件变化 d$\boldsymbol{e}$ 时付出的心力，我们称为"劳"。如果我们需要知道一段时间内个体做事所付出的"劳"，就需要对上式进行积分，则得到以下关系：

$$W_1 = \int_{t_0}^{T} \boldsymbol{F}(\Delta)_{ff-i} \cdot d\boldsymbol{e} \quad (22.12)$$

式中，t_0 表示初始时刻；T 表示结束时刻。如果我们把"功"理解为一个物理过程的话，它是由物理作用力的作用产生的。那么，"劳"则是由于心理力的作用，诱发事件的变化，产生的一个积累过程。

当有了"劳"之后，我们就可以定义个体做某个事件时的效率。我们定义，人类个体在单位时间内所做的"劳"表示为

$$\eta_1 = \frac{F(\Delta)_{ff-i} \cdot \mathrm{d}\boldsymbol{e}}{\mathrm{d}t} \qquad (22.13)$$

式（22.13）表明，个体处理事件效率的高低，既和付出的心理力的大小有关，又和引起的事件的变化有关。当心理力和 de 变化方向的投影越大时，发动事件的变化效应越明显，个体处理事件的效率也就越高。

第九部分

人体机械动力原理：生物热机

第 23 章 人体机械热机模型

在热机基础上，人体的脏器、组织、系统形成了不同等级的能量输入和输出的系统，驱动脏器、组织、系统往复循环，形成机械热机系统。这就需要我们在热机基础上，在不同层次上阐述人体机械热机的工作原理，并根据物理热力学阐述人的热机原理，对以往经典的中、西的唯象学理论体系进行公理化、整体性水平的理论架构。

23.1 广义热机

自然界的热机系统首先是一个开放系统。开放循环系统不断地吸收和释放能量，使得系统发生循环，构成了一个往复运作的系统，这个系统就是广义热机。生化循环反应、植物、人体、自然热力环境，均可以形成开放系统，并形成热力和热机系统。

23.1.1 开放系统

开放系统从物质世界进行物质和能量交换，这一特性决定了在开放系统内部存在着吸收能量的动力机制，同时也具有对外释放能量的机制。它构成了开放系统能量吸收、释放的两个相反方向。

在自然界中，开放系统大量存在。开放系统通过对系统内外的相互作用，使得开放系统从外界吸收能量，同时对外释放能量。

第 23 章　人体机械热机模型

定义：开放系统通过系统内外相互作用，实现系统能量的增加和降低。在开放系统中，能够使系统能量增加的动力因素称为"阳因素"；反之，使系统能量减少的耗散因素称为"阴因素"，如图 23.1 所示。

图 23.1　开放系统

这两个因素使开放系统的能量发生变化。设系统能量存储容量为 W^T，诱发的变量为 V，则能量增加和能量减少过程中均满足信息能量方程[①][②]：

$$\mathrm{d}w = \pm \frac{W^T}{V} \mathrm{d}V \tag{23.1}$$

23.1.2　循环系统

定义：若一个系统不断输入能量和输出能量，使系统不断发生输入和输出的循环，且在循环过程中系统可以恢复到初始状态，则这个系统称为"循环开放系统"或者"理想循环系统"，如图 23.2 所示。

图 23.2　循环开放系统

对于理想循环过程，由于系统可以恢复到初始状态，则输入的能量和输出的能量必须相等。设输入的能量为 w_i，输出的能量为 w_o，则

$$w_i = w_o \tag{23.2}$$

23.1.3　广义机械热机

定义：一个不断耗能的循环过程，若存在两个动力学因素 A 和 B，B 实现系统能量向其他形式转化，损耗的能量为 ΔW，A 则不断补充损失的

---

① 高闯. 数理心理学：心物神经表征信息学[M]. 长春：吉林大学出版社，2023.
② 高闯. 数理心理学：广义自然人文信息力学[M]. 长春：吉林大学出版社，2024.

能量 ΔW，这就构成了一个循环过程，如图 23.3 所示。因此，A 和 B 就形成了一个热机。这个热机，我们称为"广义热机"。

图 23.3 广义热机

根据广义热机的定义，任何一个往复不断地获取外界热能并进行往复运作的循环，均可以作为一个"热机"，这就为我们理解各种形式的热机提供了基础。

23.1.4 热机种类

在自然界中，存在各种形式的热机。它们作为开放系统不断吸收外界能量，并不断驱动热力系统循环。按照人文地理环境，这些热机主要包括以下五类[1]。

（1）自然地理热机：在自然地理环境中，依赖太阳或者其他形式能量作用，驱动地球表面的能量运行介质，实现地球表面的物质循环。自然地理热机是一个广泛存在的热机，对地球表面进行塑造，使得地表不断发生演化。

（2）化学热机：即依赖化学反应形成的闭环而构成的一类循环过程。这类循环过程是生物得以产生和维持生物体循环的物质基础，在生化层次广泛存在。

（3）植物热机：植物体构成的生物系统是一个开放系统，它不断吸收外界能量，驱动植物体运作，并消耗能量。植物热机是自然界中广泛存在的热机系统。

---

[1] 高闯. 数理心理学：广义自然人文信息力学 [M]. 长春：吉林大学出版社，2024.

第23章 人体机械热机模型

（4）动物热机：动物体构成的生物系统也是一个开放系统，它不断吸收外界能量，驱动动物体代谢的循环。它的热力系统广泛存在于动物体内。

（5）人体热机：人体构成的生物系统也是一个开放系统，并依赖脏器形成的物质循环系统实现能量循环。它是生物演化的高级形态。

23.2 人体热动系统机械模型

人体热机构成了人体热动的输出装置。由于热动力系统的能量"燃烧"循环过程，人体热机需要辅助系统以实现它的平稳、稳定运行。人体的脏器系统，则构成了热机运行的辅助系统，我们称为"人体热辅助系统"。因此，在这里，我们将通过建模方式，确立人体生理系统在热机动力系统中扮演的功能角色。

23.2.1 热机系统模型

根据人体的循环系统连接关系（见血液循环系统），并将人体视为一个热机系统，则脏器间功能的组合构成了整体的热机系统。根据这一假设，我们就可以把脏器功能联系起来，得到人体热机模型，如图23.4所示。在结构构成上，它和机械热机表现出惊人的相似性，但又不完全相同。

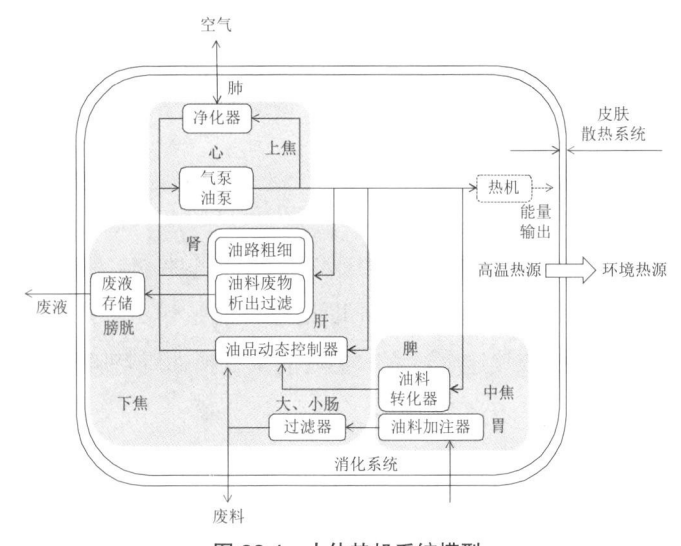

图23.4 人体热机系统模型

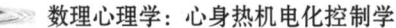

在这个模型中,我们将血液视为携带物质的工况介质。外界进入的能量物质、代谢燃烧的废料,都依赖这个介质运输。这样,根据人体生理学相关理论,我们首先把维持热机系统运行的关键功能部件提取出来,包括七个部分:①热机,由 ATP 和 ADP 的循环构成热机。②空气净化器或者净化器,由肺来承担,具有吸气管和排气管两个功能。③动力泵(包括气泵和油泵),由心脏来承担。气泵由心脏和肺连接的脏室来承担。油泵由向周边泵血的两个脏室来承担。④油路废物过滤与粗细控制器,由肾脏来承担;⑤油品动态控制器,由肝脏来承担。⑥油料净化器和能量转化,由脾脏来承担。⑦油料加注器,由消化系统来承担。血液介质流动的方向用箭头来表示。

这个模型,考虑了生物学的三个基本规则。

(1)血液循环系统的基本通路。也就是它的基本连接关系和生物学的血液循环系统相符合。

(2)脏器的功能。每个简化出来的热机器件和人体生理学的脏器相对应。

(3)生化信号。脏器间的相互制约关系由生化信号进行联系。这个我们将在下文进行讨论。

因此,这个模型是在整体水平上依据生物学基本原理,同时考虑它的热力学功能属性的基础,提出来的"机械系统"的模型。它将在机械功能上来回答脏器及其附属器件的机械属性。

23.2.1.1 人体热机

人体热机主要由 ADP 和 ATP 构成的化学循环驱动。它主要提供了人体代谢过程中的能量,并向外源源不断地进行能量输出。人体的脏器、肌肉等部分的活动主要依赖这个过程,实现能量变换而维持脏器、肌肉活动。热机循环过程用下式来表达:

$$ATP \underset{\text{合成酶}}{\overset{\text{水解酶}}{\rightleftarrows}} ADP+Pi+能量 \tag{23.3}$$

由于 ADP 和 ATP 不断循环，使得热机往复运作。

23.2.1.2　油泵与气泵

热机需要不断地进行能量补充维持循环过程，同时也把代谢过程中产生的废料源源不断地运输出去，这就需要动力来驱动血液往复流动。把血液视为能源物质（或者油料），承担推动作用的就是心脏。

心脏有四个腔体。右心房负责接收身体回流的血流，左心室负责把新鲜血液泵向四周，它们两个就构成了油泵。右心室把血液推到肺部，左心房接收来自肺部的新鲜交换血液，它们构成了气体交换时的气泵。因此，利用肺循环，心脏的两个脏室就构成了排气泵和吸气泵，统称为"气泵"。

23.2.1.3　净化器

肺通过机械运动实现扩张和收缩。在这个过程中，肺利用扩散实现血管中氧气和二氧化碳的交换。因此，肺在循环过程中可实现燃烧气体向血液系统的吸入和实现二氧化碳的排除。因此，它实现了热机系统的空气交换，也就是一个"空气净化器"。

23.2.1.4　油料净化器

脾是人体主要的免疫器官，它在人体中的主要功能是对血源性抗原产生免疫应答。淋巴结主要是对淋巴液中的抗原产生免疫应答。因此，脾脏的主要功能是对血液起到过滤作用：体内约 90% 的循环血液流经脾，脾可以使血液得到净化。从这个意义上我们就可以看到，脾的功能在于维持了血液的干净。由此，我们把脾作为血液介质的"净化器"。当外界物质进入血液系统后，脾实现了对输入物质的净化。

23.2.1.5　油料加注器

人体消化系统负责把外来能量和物质经过消化，注入血液，使得血液不断得到能量、物质补充。因此，在这里我们把消化系统及其附件作为油料的加注器。

23.2.1.6　油品动态控制器

血液介质要把物质和能量源源不断地平稳输送到热机，才能使热机平稳稳定运行，这需要维持输送物质的平衡。人体热机燃烧物质依赖血液运输，会出现血液成分的动态变化，需要有器件对物质与能量的动态变化进行响应和调整。我们认为，它由"肝"来承担。它的本质就是实现血液的营养质的动态平衡，从而实现对"油品"的控制。

23.2.1.7　油品过滤

由于血液是一个可往复循环使用的物质，二氧化碳和氧气经肺排出和吸入，而代谢的其他无机和有机代谢物质和废料则需要经过过滤排出，这就需要对血液中的有害物质进行过滤处理。在这个过程中，肾担负了热机循环中的这一角色。因此，我们把肾作为血液废品排泄的过滤器，也就是油品过滤器，这就使得代谢物质的水平处于一个平衡状态。

23.2.1.8　三焦系统

中医把脏器之间组合在一起，提出"三焦"：心、肺合在一起形成的系统称为"上焦"；脾、胃合在一起形成的系统称为"中焦"；肝、肾、大肠-小肠合在一起形成的系统称为"下焦"。从这个系统中，我们可以清晰地看到它们之间的逻辑关系。尤其是中焦在上焦、下焦之间，起到了物质、能量流通的上下联通关系。

23.2.2　热机系统问题

热机系统模型是在考虑人体的物理性、生物性、机械性、生化信号控制，以及它的神经电控制基础上得到的。当把这些特性整合在一起后，就需要考察热机"部件"（脏器）之间相互配合时所形成的整体功能。这时，机械特性就让我们从复杂的生化等关系中脱离出来，而从整体水平上考虑热机机械系统的整体工作问题。我们把它分化为以下基础问题。

23.2.2.1 热力系统环境温度

人体热机系统不断地工作，就会产生热能，也就构成了高温热源。高温热源的热能如果累积，就会造成热机系统的温度不断升高。散热是使热源温度不至于无限制上升的方法之一。人体进化出了汗腺，它通过排出汗液和一部分物质向外散热。此外，来自深层代谢的热能通过皮肤向外传导，也是散热的一种方式。在物理学中，两个热源之间的关系问题就构成了"热力学"的"效率问题"。我们把它作为人体热机力学的基本问题之一。

23.2.2.2 热系统工况

人体的热力学系统由上述各个热力系统的部件构成，并共同推动人体的供能系统稳定地运作。每个脏器的工作状况均会影响到整体热力系统的运行。依赖于生物化学机制、神经电控机制，人体的脏器间形成了相互作用的机制，实现系统内各个部件之间的配合工作。这就构成了热力学系统的工况问题，它是人体热力系统的基本问题之一。

23.2.3 脏器机械热机

人体的脏器是一个开放系统，它依赖热机系统把循环来的能量转换为脏器所需要的能量，并把代谢的能量输出出去。

如图 23.5 所示，血液携带的物质和能量输入到脏器中，通过 ATP 和 ADP 的转换，获得能量，驱动脏器实现其具有的功能。这部分能量，我们称为"脏器功能性消耗能量"，它构成了脏器的耗散因素，也就是脏器的"阴因素"。而通过血液能量输入到热机中的能量，是脏器系统能量的"吸收部分"，或者说是"能量增加部分"。这个部分，就是脏器的"阳因素"。这样，脏器就实现了能量的输入和输出转化，并实现了脏器功能。

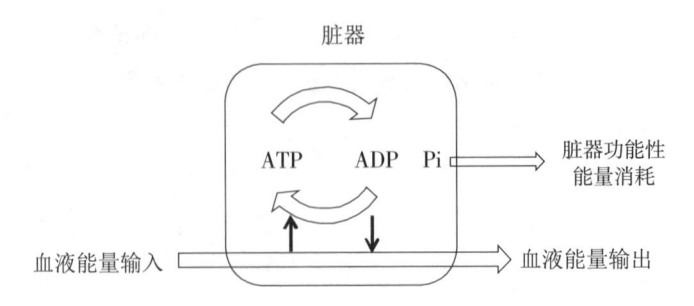

图 23.5 人体热机系统模型

心脏作为脏器，通过冠状动脉吸收能量，并通过 ATP 和 ADP 的能量转换实现肌肉收缩和舒张，完成机械制动动作。这就实现了它的脏器功能：能量被转换为了跳动的机械能。

这一方式，同样适用于人体运动系统的杠杆系统。在这个系统中，肌肉与骨骼构成的系统也是一个开放系统，不断吸收血液输入的能量，并通过肌肉构成的热机系统实现能量的转换。这个系统，我们称为"运动肌动热机系统"。

23.2.4 细胞机械热机

人体的细胞是一个开放系统。细胞内外构成了稳定的生物环境。在这个生物环境中，细胞接收物质和能量，并把代谢的物质和能量排出到外环境中。这样，细胞也就构成了一个"生物热机"，如图 23.6 所示。

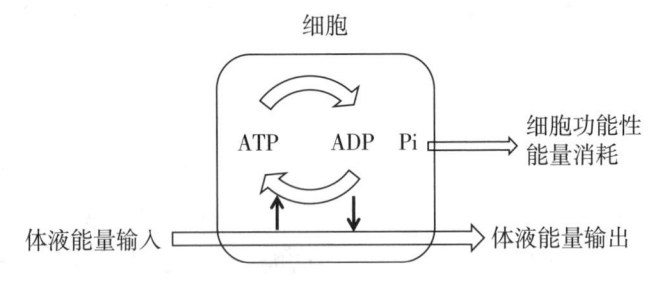

图 23.6 细胞热机系统模型

综上所述，我们在人体基础上，得到了三个层级的"热机系统"，它们构成了不同层级的热力单位。这样，根据这样的热力单位，我们就可以采用热力学的知识,来对这些问题进行数理机制的分析。

23.2.5 植物机械热机模型

根据植物学的原理和化学热机的能量变换机制,可知植物是一个开放系统。另外,植物从体外获取能量并维持自身的消耗,也就构成了一套供能、耗能的能量循环系统,这就形成了一个由外界能量驱动(供能),并维持自身循环的"植物热机"。植物利用 ATP/ADP 循环形成了热机,构成了一个热力机械系统。

如图 23.7 所示,绿色植物主要依靠太阳光合作用实现光能转换。光能的转换主要包含两个过程:第一个过程为植物的叶片吸收光能,利用水实现光能转化为化学能;第二个过程为通过化学能的转换,利用输入的二氧化碳、其他物质合成葡萄糖,利用植物的内部输送通道(韧皮部和木质部)实现能量的输送,并在体内实现能量存储。我们把这个动力过程进行简化,就得到了植物的机械热机模型,如图 23.8 所示。

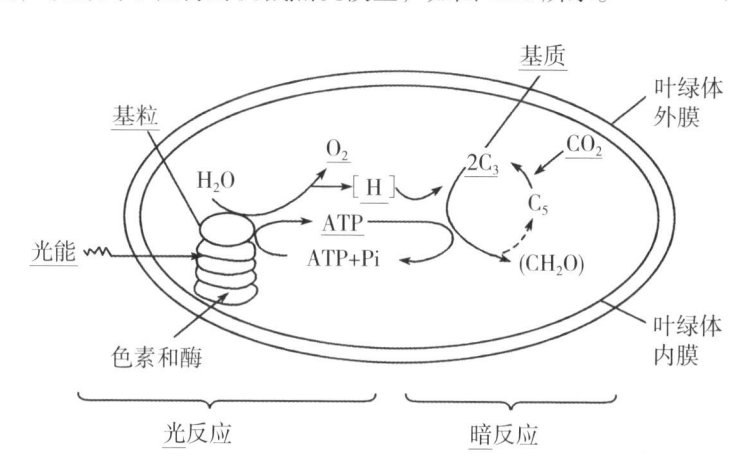

图 23.7 植物光合作用工作模式

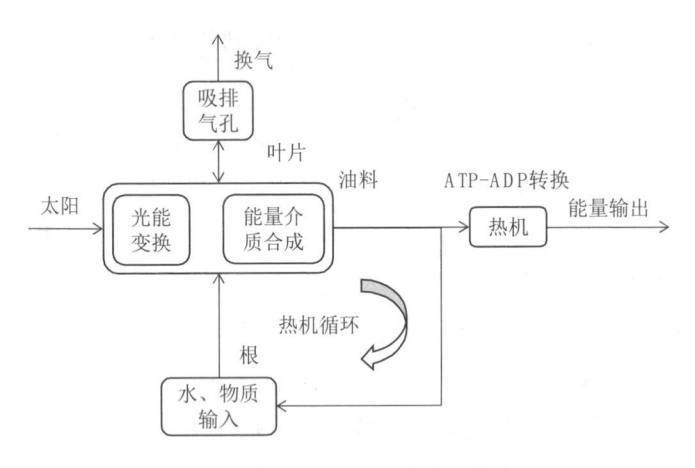

图 23.8 植物机械热机循环模型

23.3 代谢热机

人体的机械热机活动建立在生物脏器的物质代谢基础之上,也就是说,脏器的生物性活动伴随新陈代谢活动。而脏器的物质代谢活动建立在各种形式的生物化学反应上,这就需要在人体的机械热机活动的基础上对物质、能量的代谢交换进行反应控制。在这里,我们将根据"生物化学"的基本模式,建立关于人体物质代谢的热机模型,由此揭示人体代谢活动的功能性原理。

人体腺体分泌的激素与靶器官受体结合,促发靶器官的生化代谢活动。激素和靶器官的受体之间满足寻呼关系,激素承担了控制过程中的信使角色。基于这个信号,实现对靶器官代谢的控制。从这里出发,就可以讨论靶器官的物质代谢了。

23.3.1 代谢热机

根据生物化学的相关理论,激素和受体之间存在两种反应方式:兴奋性和抑制性反应。把兴奋性作为正信号,把抑制性作为负信号。这样,根据拨号通信原理,激素类似拨号的编码,受体承担了解码器的角色。二者联系在一起,实现了拨号编码和解码的功能,如图 23.9 所示。

第23章 人体机械热机模型

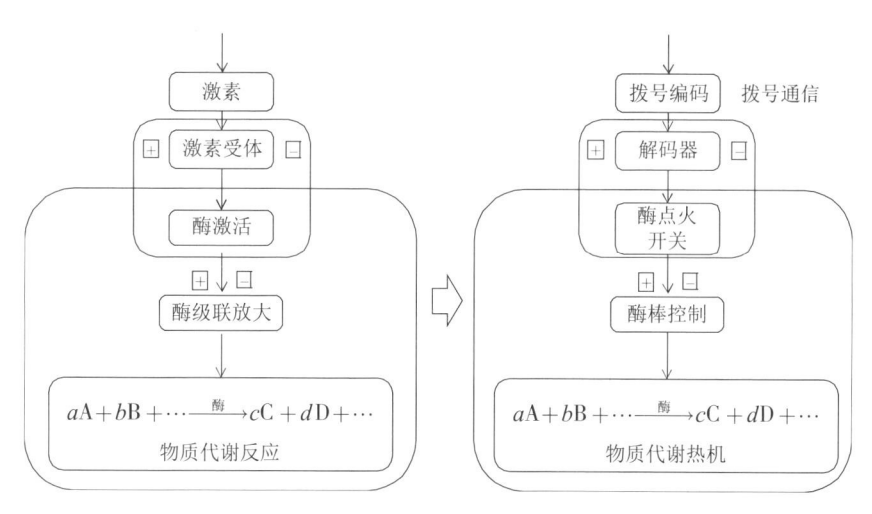

图 23.9 代谢热机

激素受体受到激素的激活，开始促发细胞体内"生物酶激活"，并将"生物酶"进行放大，即酶级联放大。这个过程中，酶的激活类似"点火"，因此也就可以称为"点火开关"。酶经过级联放大，数量增加，并加速细胞内的化学代谢活动。同样，酶也可以通过抑制作用而失活。这就使得酶具有可控变化的特征。

细胞内的代谢活动，记为

$$a\mathrm{A} + b\mathrm{B} + \cdots = c\mathrm{C} + d\mathrm{D} + \cdots \tag{23.4}$$

式中，A、B、C、D 表示反应和生成的化学物质，a、b、c、d 为化学方程式配平后的系数。

把上述化学反应看作一个物质代谢过程，则酶的级联放大类似一个控制生物反应代谢的控制棒，当它数量越大时，反应越强烈；反之，则减弱。类似把一个燃料棒放到火中，深入得越长，燃烧越旺盛；反之，则燃烧越弱。由此，把"酶"的级联放大和生物酶的失活比拟为燃烧棒的伸长和缩短，则级联反应或者失活称为"酶棒控制"，整个生化代谢反应的过程就可以看作一个"燃烧热机"，对外实现物质、能量的输出。这个热机，我们称为"代谢热机"，如图 23.9 所示。这个热机，把酶的激活和放大过程，作为一个"放大器"。激素的兴奋和抑制，作为信号的正、负控制。

整个细胞、脏器的"代谢热机"可以进一步简化为图 23.10 中的表述形式。

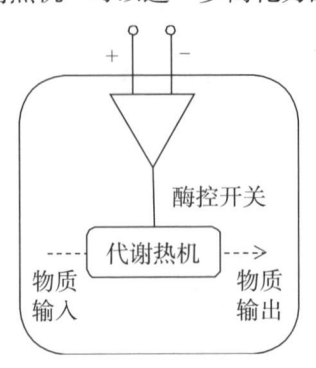

图 23.10 代谢热机

23.3.2 代谢调谐

设化学反应的进度为 ξ，根据代谢物质的化学反应，存在下述关系：

$$\mathrm{d}\xi = -\frac{\mathrm{d}n_a}{a} = -\frac{\mathrm{d}n_b}{b} = \frac{\mathrm{d}n_c}{c} = \frac{\mathrm{d}n_d}{d} \tag{23.5}$$

式中，n_a、n_b、n_c、n_d 为化学反应中液体内部的摩尔数，$\mathrm{d}\xi$、$\mathrm{d}n_a$、$\mathrm{d}n_b$、$\mathrm{d}n_c$、$\mathrm{d}n_d$ 为液体内部的物质的量的微小变化。

设心脏每跳动一次，a 物质输入脏器或者细胞液体环境中的摩尔密度为 ρ_a，体积为 v_h。设在一个微小时间 $\mathrm{d}t$ 内，心脏跳动的次数为 n_h，则心脏输入到代谢热机环境中物质量 M_h 为

$$M_h = \rho_a v_h n_h \tag{23.6}$$

它进入靶器官参与反应，参与反应的量占这个量的比率为 k_a，则

$$-\mathrm{d}n_a = \mathrm{d}(k_a M_h) = k_a \rho_a v_h \mathrm{d}n_h \tag{23.7}$$

在这里，设 k_a、ρ_a、v_h 近似为常量，则由此可以得到

$$\mathrm{d}\xi = \frac{k_a \rho_a v_h}{a} \mathrm{d}n_h \tag{23.8}$$

两边对时间进行微分，则可以得到

$$\frac{\mathrm{d}\xi}{\mathrm{d}t} = \frac{k_a \rho_a v_h}{a} \frac{\mathrm{d}n_h}{\mathrm{d}t} \tag{23.9}$$

令 E_a 为 a 物质的摩尔化学能。代入式（23.9），则可以得到

$$\frac{E_a \mathrm{d}\xi}{\mathrm{d}t} = \frac{k_a \rho_a v_h E_a}{a} \frac{\mathrm{d}n_h}{\mathrm{d}t} \tag{23.10}$$

令 $E_a^h = \rho_a v_h E_a$ 表示心脏每跳动一次，a 物质包含的化学能。令进程化学能 $w_\xi = E_a \xi$，则可以得到

$$\frac{\mathrm{d}w_\xi}{\mathrm{d}t} = \frac{k_a E_a^h}{a} \frac{\mathrm{d}n_h}{\mathrm{d}t} \tag{23.11}$$

再令 $p_\xi = \dfrac{\mathrm{d}w_\xi}{\mathrm{d}t}$，$f_h = \dfrac{\mathrm{d}n_h}{\mathrm{d}t}$，$E_a^\xi = \dfrac{k_a E_a^h}{a}$，式（23.11）就可以改写为

$$p_\xi = E_a^\xi f_h \tag{23.12}$$

这个方程，我们称为"靶器官功率调谐方程"。这个方程清晰地表明，生物脏器或者生物组织，物质代谢活动的功率，与心脏"频率"发生谐振作用。

23.3.3 代谢热机电化控制

这样，我们就可以看到人体存在两种形式的热机：供能机械热机、物质代谢热机。这两种热机在脏器和人体组织上往往被连接在一起，分别受到神经电信号、内分泌信号的控制。这样，我们就可以把这两种形式的热机整合在一起。可以看到，人体的脏器、组织对外进行功能输出时，电信号控制与内分泌控制之间的数理关系。

在前面，我们讨论了 ATP 和 ADP 的转换过程，并把这个过程作为一个热机。在肌肉中，该过程受神经控制。这个热机称为"ATP 热机"。它的主要功能是帮助生物体进行能量代谢。物质代谢的化学过程受到生物酶的控制，我们把这个过程称为"酶热机"或"代谢热机"。它受到激素的控制。这样，在同一个脏器或者组织中，它的控制形式就可以表述为图 23.11 的模型。这个模型命名为"代谢热机"，包含了物质代谢和能量代谢。

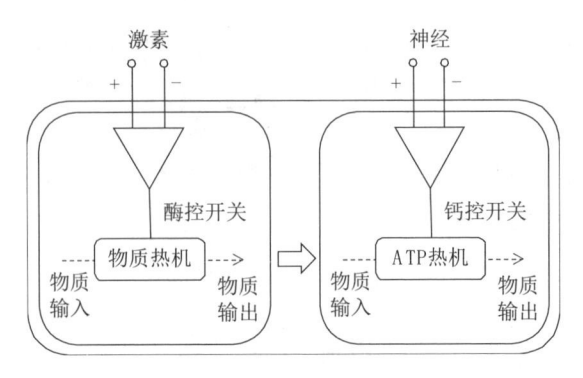

图 23.11　代谢热机

23.3.4　代谢热机的意义

在人的生命活动过程中，代谢活动分为物质代谢和能量代谢，这是两个密不可分的物质、能量的传输过程。代谢热机模型的提出，把两个过程联系在一起，具有以下重要的数理意义。

（1）电－化双路控制。在这个模型中，神经的电路、内分泌的化学通路双路控制的本质被显现了出来。这样，双路控制协同的本质就显露了出来。

（2）物质供应与耗散关系双因素控制。在脏器、组织内，物质供应、能量代谢是两个独立过程，它分属两个独立控制。

在进程上，两个过程均可以与心脏频率实现谐振。

23.3.5　下丘脑－垂体－靶腺轴控制

在前文,我们讨论过下丘脑－垂体－靶腺轴控制的问题。考虑到下丘脑－垂体－靶腺轴控制关系，并综合以往因素，我们可以得到如图 23.12 所示的下丘脑－垂体－靶腺轴控制模型。要说明的是，这个模型并未标出所有的反馈信号，可根据实际情况进行添加。

第 23 章 人体机械热机模型

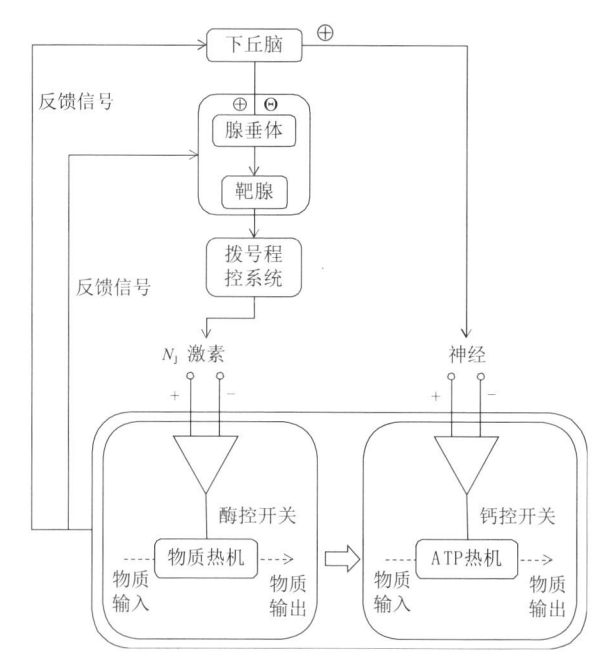

图 23.12 代谢热机协同控制

在这里，只要再考虑到下丘脑对对应腺体的信号控制关系，就可以建立全部的控制关系。

设某一腺体接收到的下丘脑的神经发放电量为 Q_h（单个脉冲电量），腺体产生的激素的化学价为 C_J，产生的垂体的摩尔数为 N_J。在这个过程，如果存在其他形式的信号通信的电量为 Q_{oth}，则根据电量守恒，满足以下关系：

$$Q_h = C_J N_J + Q_{oth} \tag{23.13}$$

这个方程，我们称为"丘激素方程"。从这个方程中，我们就找到了神经电量和丘脑激素之间的通信关系。如果两边乘以神经的发放频率 f_{hy}，则可以得到

$$Q_h f_{hy} = C_J N_J f_u + Q_{oth} f_{hy} \tag{23.14}$$

令 $I_h = Q_h f_{hy}$、$I_{oth} = Q_{oth} f_{hy}$、$I_J = C_J N_J f_{hy}$，则可以得到

$$I_h = I_J + I_{oth} \tag{23.15}$$

令 $I_{\text{oth}} = k_J I_J$，则式（23.14）就可以简化为

$$I_h = (k_J + 1)I_J \tag{23.16}$$

或者

$$Q_h = (k_J + 1)Q_J \tag{23.17}$$

这就是它们之间的控制关系。Q_h 同时又对神经产生影响，这就构成了双路的协同控制。因此，人体脏器的谐振在两个信息过程中也是协同的，具有相同的表现形式。在这里，也就不再重写它的形式了。

设下丘脑发放到腺体的神经频率为 f_{hy}，根据电量关系，则可以得到

$$Q_h f_{\text{hy}} = (k_J + 1)C_J N_J f_{\text{hy}} \tag{23.18}$$

令激素通量 $J = C_J N_J f_{\text{hy}}$，表示单位时间内产生的激素的粒子电流，也就是"通量"。而丘脑中的电流受到各种因素调谐，发放频率会发生变化，则这个频率可以分解为基频和其他成分，也就是

$$f_{\text{hy}} = f_{h0} + f_A \tag{23.19}$$

式中，f_{h0} 表示基频；f_A 表示调谐成分。根据前文中对神经调谐因素的划分，频率的调谐包括生物钟、心理、生长等因素，则 f_{hy} 就可以表示为

$$f_{\text{hy}\pm} = f_{\text{hy}\pm}^{\text{clock}} + f_{\text{hy}\pm}^{\text{ps}} + f_{\text{hy}\pm}^{\text{groth}} + f_{\text{hy}\pm}^{\text{mind}} + f_{\text{hy}\pm}^{\text{other}} \tag{23.20}$$

从下丘脑发出的神经信号就被分解为两路信号，一路走向自主神经和交感副交感调谐系统，另一路走向对内分泌调谐的信号调谐控制。在分解过程中，根据物理学的相关理论，神经信号满足下述两个特性

（1）电路的守恒律：满足电路的电流分解规则，即基尔霍夫方程。

（2）在频率上满足同步调谐控制。

这些规则在这些地方均显现出来。对于人类而言，信号系统的调谐控制是一个非常了不起的功能性控制。

23.3.6 代谢热机谐振表示

代谢的热机通过频率调谐，实现代谢热机供能、物质供应的谐振调谐。这时，我们就可以把频率作为调谐量，对内分泌调谐的功能进行功能

性描述。

设调谐的频率的最大值为 $f_{hy\text{-}max}$，最小值为 $f_{hy\text{-}min}$，二者的中值为 $f_{hy\text{-}m}$，满足

$$f_{hy\text{-}m} = \frac{f_{hy\text{-}max} + f_{hy\text{-}min}}{2} \quad (23.21)$$

则任意的一个谐振的频率值与中值的差异 Δf_{hy} 为

$$\Delta f_{hy} = f_{hy} - f_{hy\text{-}m} \quad (23.22)$$

以 $f_{hy\text{-}m}$ 为半径，作一个谐振圆。令 $\sin\theta = \dfrac{\Delta f_{hy}}{f_{hy\text{-}m}}$，则可以得到

$$f_{hy} = f_{hy\text{-}m} + f_{hy\text{-}m} \sin\theta \quad (23.23)$$

这个方程，我们称为"代谢热机谐振"，如图 23.13 所示。

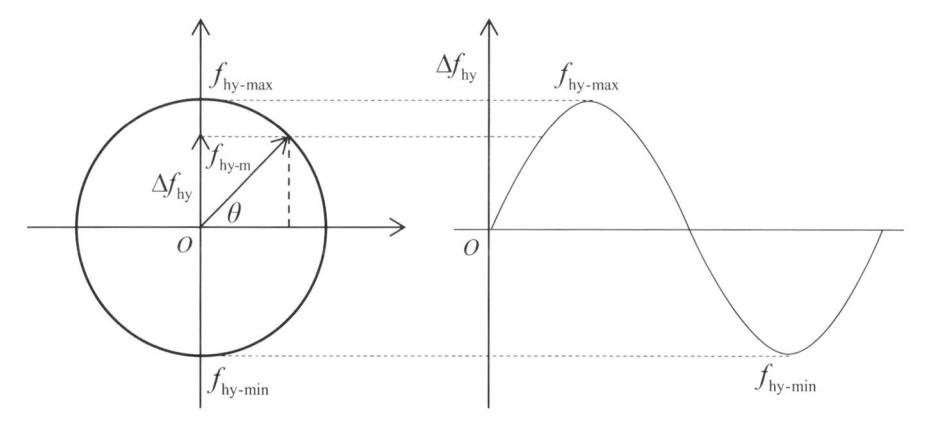

图 23.13 代谢热机协同控制

23.4 生化量子通信方程

人体热机建立在人体生化基础之上，帮助人体的脏器进行代谢。它揭示一个基本的问题，即生化物质之间如何实现信息控制。这个问题，我们称为"生化量子通信"。

23.4.1 生化通信方程

设存在一个基本化学反应，表示为

$$dD + eE + \cdots = fF + gG + \cdots \qquad (23.24)$$

式中，D、E、F 和 G 表示参与化学反应的物质和生成的物质。d、e、f 和 g 表示化学反应方程式中的配平系数。

设 n_D、n_E、n_F、n_G 是化学物质 D、E、F 和 G 参与反应的摩尔数，则这个数理关系是化学反应中物质之间配比关系的数理表述，存在关系：

$$\frac{n_D}{d} = \frac{n_E}{e} = \frac{n_F}{f} = \frac{n_G}{g} = \cdots \qquad (23.25)$$

在化学反应过程中，化学物质是信息传递的物质载体，它们之间的相互作用关系构成了信息过程。配比关系是由相互作用的关系来决定的。如果把生化过程理解为信息通信过程，则根据化学反应方程式，上述化学过程可以改写为信息通信方程，它有两种表述形式：量子控制方程、物质控制方程。

这两个过程是同一个过程的两个方面。

$$\begin{pmatrix} F & G & \cdots \end{pmatrix} \begin{pmatrix} n_F \\ n_G \\ \vdots \end{pmatrix} = \begin{pmatrix} D & E & \cdots \end{pmatrix} \begin{pmatrix} n_D \\ n_E \\ \vdots \end{pmatrix} \qquad (23.26)$$

或者

$$\begin{pmatrix} n_F & n_G & \cdots \end{pmatrix} \begin{pmatrix} F \\ G \\ \vdots \end{pmatrix} = \begin{pmatrix} n_D & n_E & \cdots \end{pmatrix} \begin{pmatrix} D \\ E \\ \vdots \end{pmatrix} \qquad (23.27)$$

这两个公式构成了转置，即如果我们对第一式子进行转置运算，就会得到第二个式子的形式。在通信上，表现出以下两个含义。

（1）第一个回答在生化通信中，化学方程中化学成分的配比由化学物质来决定，也就是说：在化学物质控制下，物质之间的量子配比关系。

（2）反过来，如果在通信中，利用量子配比关系作为通信原理，则输入的化学物质，则由配比关系来决定。则第二个式子回答了在生化通信中，配比操作决定了成分。

因此，第一个方程称为"量子通信方程"，第二个方程称为"量子成分通信方程"。

令 $\boldsymbol{T}_\mathrm{I} = \begin{pmatrix} \mathrm{D} & \mathrm{E} & \cdots \end{pmatrix}$, $\boldsymbol{S}_\mathrm{I} = \begin{pmatrix} n_\mathrm{D} \\ n_\mathrm{E} \\ \vdots \end{pmatrix}$, $\boldsymbol{T}_\mathrm{o} = \begin{pmatrix} \mathrm{F} & \mathrm{G} & \cdots \end{pmatrix}$, $\boldsymbol{S}_\mathrm{o} = \begin{pmatrix} n_\mathrm{F} \\ n_\mathrm{G} \\ \vdots \end{pmatrix}$, 则式

（23.26）可以改写为

$$\boldsymbol{T}_\mathrm{o}\boldsymbol{S}_\mathrm{o} = \boldsymbol{T}_\mathrm{I}\boldsymbol{S}_\mathrm{I} \tag{23.28}$$

和

$$\boldsymbol{T}_\mathrm{o}^\mathrm{T}\boldsymbol{S}_\mathrm{o}^\mathrm{T} = \boldsymbol{T}_\mathrm{I}^\mathrm{T}\boldsymbol{S}_\mathrm{I}^\mathrm{T} \tag{23.29}$$

式中，上标T表示"转置"，$\boldsymbol{S}_\mathrm{o}^\mathrm{T} = \begin{pmatrix} n_\mathrm{F} & n_\mathrm{G} & \cdots \end{pmatrix}$，$\boldsymbol{T}_\mathrm{o}^\mathrm{T} = \begin{pmatrix} \mathrm{F} \\ \mathrm{G} \\ \vdots \end{pmatrix}$，$\boldsymbol{S}_\mathrm{I}^\mathrm{T} = \begin{pmatrix} n_\mathrm{D} & n_\mathrm{E} & \cdots \end{pmatrix}$，

$\boldsymbol{T}_\mathrm{I}^\mathrm{T} = \begin{pmatrix} \mathrm{D} \\ \mathrm{E} \\ \vdots \end{pmatrix}$。

在这里，我们把 $\boldsymbol{T}_\mathrm{o}\boldsymbol{S}_\mathrm{o} = \boldsymbol{T}_\mathrm{I}\boldsymbol{S}_\mathrm{I}$ 和 $\boldsymbol{T}_\mathrm{o}^\mathrm{T}\boldsymbol{S}_\mathrm{o}^\mathrm{T} = \boldsymbol{T}_\mathrm{I}^\mathrm{T}\boldsymbol{S}_\mathrm{I}^\mathrm{T}$ 称为"生化量子通信方程组"，简写为

$$\begin{cases} \boldsymbol{T}_\mathrm{o}\boldsymbol{S}_\mathrm{o} = \boldsymbol{T}_\mathrm{I}\boldsymbol{S}_\mathrm{I} \\ \boldsymbol{S}_\mathrm{o}^\mathrm{T}\boldsymbol{T}_\mathrm{o}^\mathrm{T} = \boldsymbol{S}_\mathrm{I}^\mathrm{T}\boldsymbol{T}_\mathrm{I}^\mathrm{T} \end{cases} \tag{23.30}$$

23.4.2 生化反应进度

生化反应，总是在一定浓度的溶液中进行。设化学物质 D、E、F 和 G 的摩尔浓度为 ρ_D、ρ_E、ρ_F、ρ_G。设溶液体积为 v，则可以得到 $n_\mathrm{d} = \rho_\mathrm{d}v$，$n_\mathrm{e} = \rho_\mathrm{e}v$，$n_\mathrm{f} = \rho_\mathrm{f}v$，$n_\mathrm{g} = \rho_\mathrm{g}v$。

设化学反应进度为 ξ，可以得到

$$\mathrm{d}\xi = -\frac{\mathrm{d}(\rho_\mathrm{d}v)}{d} = -\frac{\mathrm{d}(\rho_\mathrm{e}v)}{e} = \cdots = \frac{\mathrm{d}(\rho_\mathrm{f}v)}{f} = \frac{\mathrm{d}(\rho_\mathrm{g}v)}{g} = \cdots \tag{23.31}$$

化简，可以得到

$$\mathrm{d}\xi = -\frac{\mathrm{d}\rho_\mathrm{d}}{d} = -\frac{\mathrm{d}\rho_\mathrm{e}}{e} = \cdots = \frac{\mathrm{d}\rho_\mathrm{f}}{f} = \frac{\mathrm{d}\rho_\mathrm{g}}{g} = \cdots \tag{23.32}$$

也就是说，只要找到了溶液中物质的摩尔浓度变化，就可以测定出化学反应的进度。

23.5 人体热机阴阳属性

人类身体是一个开放系统，它从外界获取能量和营养物质，并在社会化活动中消耗物质和能量。这一过程的实施，使得人类系统可以拆解为不同的子系统，包括消化系统、排泄系统、运动系统等。按照开放系统中各个要素起到的作用，同样可以对人体各个要素的动力性质进行阴阳属性性质的划分。

23.5.1 人体脏器阴阳属性

人体的脏器，被划分为五脏六腑。心、肝、脾、肺、肾称为"五脏"。小肠、胆、胃、大肠、膀胱、三焦称为"六腑"。

23.5.1.1 能量供给属性系统

高闯把人体的各个生理系统进行合并[1]，把它划分为供能系统、行为系统。其中，人的消化系统、血液循环系统、肺循环系统、免疫系统构成的总体系统，为人的供能系统。在这个系统中，消化系统承担了把外界能量转换到人体的作用。因此，消化系统的脏器被视为具有"阳"属性。消化系包括小肠、胆、胃、大肠、膀胱，它们构成了五腑。

而人体的脏器负责把人体的能量进行转换并燃烧释放，构成了人体能量耗散的动力因素，因此就被视为"阴"属性。人体的脏器包括心、肝、脾、肺、肾，它们构成了五脏。

23.5.1.2 三焦子系统属性

如果把整个人体视为一个系统，它获取外界的能量后，将会消耗能量，

---

[1] 高闯. 数理心理学：人类动力学[M]. 长春：吉林大学出版社，2022.

构成耗散因素。中医把这个耗散系统，划分为三个子系统——上焦、中焦、下焦，也就是三焦，如图 23.14 所示。从整体的能量耗散上，它们属于"阴"，构成了第六个腑。

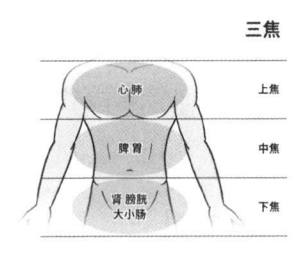

图 23.14 人的三焦

上焦指人体咽喉以下、横膈以上部位，主要包括心、肺等。中焦指上腹部位，即膈以下、脐以上部位，主要包括脾、胃等。下焦指下腹腔，即胃下口到二阴部位，主要包括肾、肝、大小肠、膀胱等。从系统上看，中焦部位连接了上下焦。由此可见，三焦是在上述五脏五腑的基础上，划分出来的更高一级的"开放系统"。

23.5.2 人体运动阴阳属性

人体系统的能量被输送到人体的机械运动系统，驱动骨骼及其肌动系统完成杠杆运动。把这个机械系统视为开放的动力系统，则由骨骼构成的为杠杆系统。骨骼构成了阻力臂，是能量的耗散因素；而肌肉则是这个系统的动力臂，是这个开放系统能量驱动的来源。因此，骨骼杠杆为"阴因素"，而在其上的肌肉、皮肤构成的肤筋为"阳因素"，如图 23.15 所示。

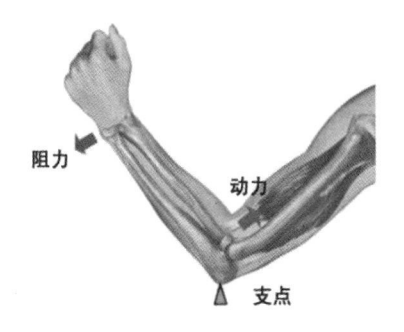

图 23.15 人体杠杆系统的动力和阻力

23.5.3 人体循环系统

人体的循环系统是一个开放系统，它把外界的物质和能量加载到系统上，并把物质和能量运往他处。能量及其载体就构成了循环系统能量增加的"阳因素"；而加载这个能量的血液，则把这部分能量运往低能量端，以进行使用并消耗。因此，血液和血管就构成了循环系统能量耗散的"阴因素"。中医有"血脉为阴、精气为阳"的表述。

23.6 植物体热机阴阳属性

在人类所生存的人文地理环境中，存在各种各样的动力学因素，它们对开放系统起到提升能量和耗散能量的作用。这样，根据开放系统对这两个属性的划分，我们就可以区分不同开放系统中阴阳因素的性质差异，并通过这个定义检验与中国古代科学体系中关于阴阳划分的一致性。

23.6.1 植物部位阴阳属性

把植物体视为一个开放系统。植物系统主要依赖光合作用吸收外界能量，并通过根系吸收物质和营养对能量进行消耗。这就构成了植物系统的两个因素：能量吸收和耗散的因素。且不同部位构成了不同的能量流动，如图 23.16 所示。

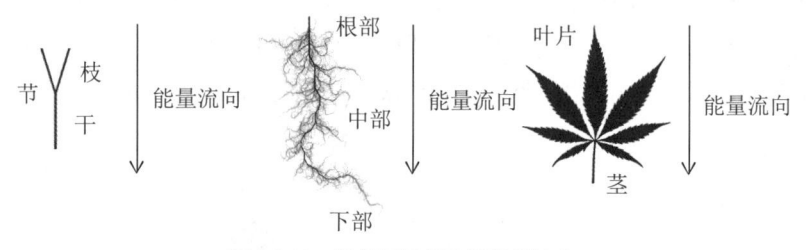

图 23.16 植物不同部位总能量流向

这样，总的能量流动就形成输入和输出的一个流向，不同部位在相互比较时，就构成了不同层次的开放系统，也就具有了不同的阴阳属性的划分。

根据开放系统的阴阳因素属性的划分，可以得出下述结论。

第 23 章　人体机械热机模型

（1）整个植物作为一个系统。地上部分是吸收外部能量的部分，属于阳因素；根系则属于能量的耗散部分，属于阴因素，如图 23.17 所示。

（2）地上部分作为一个系统，分为树枝和树干。树枝为太阳能光合部分，吸收能量，为阳因素；树干则为耗散部分，为阴因素。

（3）叶片和叶茎作为一个系统。叶子光合作用中心，吸收能量属于阳因素；叶茎耗散能量，属于阴因素，如图 23.18 所示。

（4）树枝和树枝的节作为系统。树枝是能量输入因素，树枝为耗散因素。前者为阳因素，后者为阴因素，如图 23.19 所示。

（5）树干作为系统。皮从外部吸收能量向内传导，外皮为阳因素；内部的木质为阴因素。

（6）花和果作为一个系统。花吸收能量，转化为果实能量。花为阳因素；果实为耗散因素，属于阴因素。

（7）根作为一个系统。根的上部向中部和下部传递能量，上部为阳因素，根中部为阴因素。若把中下部为一个系统，则中部为阳因素，下部为阴因素，如图 23.20 所示。

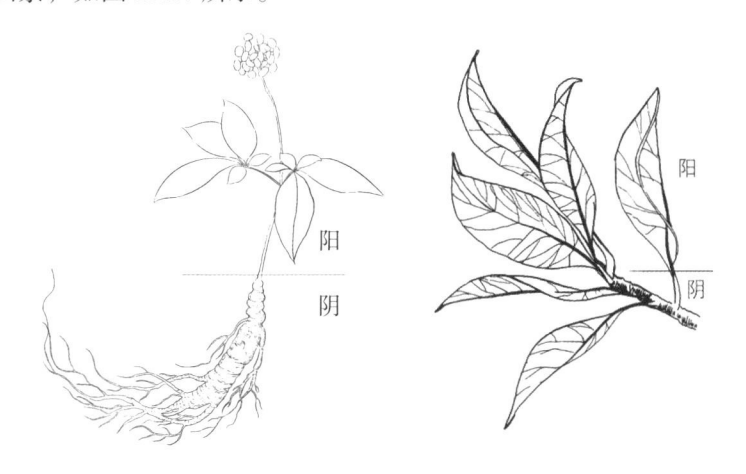

图 23.17　植物地上、地下阴阳部位划分　　图 23.18　叶片和茎阴阳部位划分

图 23.19　枝、节阴、阳部位划分　　图 23.20　根的不同部位阴、阳划分

23.6.2　阴阳标尺

在对植物和动物的物性、形状、代谢率等的研究的基础上，分形科学发现，分形生长的物质、质量和代谢率之间，满足对数线性关系。形状和质量之间，满足指数关系。

设单位质量包含的能量密度为 ρ_E^M，则质量为 m 的物体，包含的总能量为 $\rho_E^M m$。在不同的分形等级中，随着分形级数的改变，包含的能量也就不同。这样，我们就可以得到一个对能量进行度量的方法，也就是分形方法。设形状尺寸为 Y，则根据分形关系，它满足以下关系

$$\rho_E^M Y = k\rho_E^M m^a \quad (23.33)$$

左边是分形的总能量，记为 E_l，则式（23.33）就可以修改为

$$E_l = k\rho_E^M m^a \quad (23.34)$$

也就是说，随着分形等级的增加，上述的能力也会发生变化。

从这个角度出发，我们可以看出，上述植物的"阴阳"划分，实际是对植物的不同部位，进行逐级、逐层次系统划分时，每个层级均有能量的输入和输出，然后分别被命名为"阴"和"阳"。

将一棵树按照一个系统，逐级拆解为小的分形系统，这些小的分形系统均是一个独立开放系统，它们均有阳的因素、阴的因素。这就构成了逐级分开的"阴阳"因素的划分。也就是，在植物的不同部位，本质上，蓄积的能量并不相同。不同部位的能量之间，满足分形关系，如图

23.21 所示。

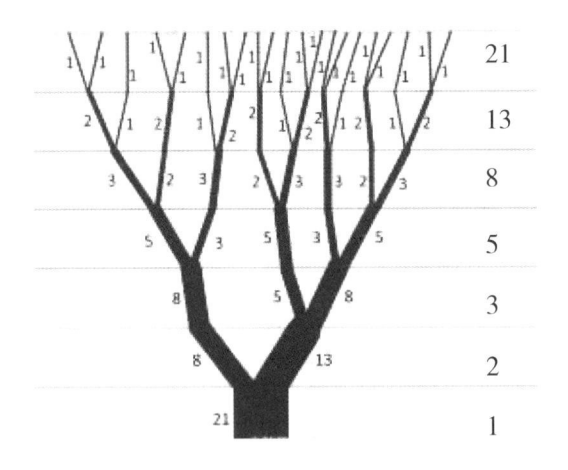

图 23.21 分形与阴阳关系

23.6.3 植物分形药理

《玄隐遗密》对植物的阴阳划分描述如下："以形而言，则花为阳，实为阴。叶为阳，茎为阴。枝为阳，节为阴。干为阳，根为阴。皮为阳，木为阴。地上为阳，土中为阴。"[1]

采用不同植物部位，对人体的调谐作用的效果并不相同。中医中采用了这一原理和技术。例如，人参富含的人参皂苷，具有抗氧化、抗炎、血管舒张、抗过敏等治疗作用。从含量上，叶子的人参皂苷含量高于人参根部，但是治疗效果低于根部，这困扰着很多人。从上述内容可以看到一个结论，不同部位不仅是化学元素含量不同，其能量的富集程度也并不相同。

在中医中，植物的形、色、性、味是植物药理描述的关键。由"形"形成的药理体系，本质源于植物的分形，这是很重要的一个关键发现。这样，通过分形，我们就找到了"植物药理学"的根源之一。

---

[1] 容成公. 玄隐遗密[M]. 北京：中医古籍出版社，2018.

第 24 章 热机谐振属性

人体具有生物材料属性，通过对生化功能、人体运动系统的机械原理等的简化，人体的机械热机属性也就显示了出来。在人体机械热机模型框架下，人体表现出热力动力属性、机械属性两种性质。这样，我们就可以在数理本性上来讨论人体基本动力学属性，并建立它工作的热力学原理。

24.1 人体热机拮抗动力

开放系统、机械热机在吸收和释放能量时形成热机循环这个特性，是生物性[①]得以长期往复循环运行的根本原因。根据开放系统属性，机械热机系统具有两个基本动力因素：阴因素和阳因素。这两个因素就构成了拮抗动力。拮抗性的存在使得系统动力达到平衡。因此，建立拮抗动力理论成为理解人体热机动力性的关键。

24.1.1 人体脏器阴阳属性

人体的机械系统，按照热机理论、开放系统理论，被划分出了阴阳的属性。在前面对开放系统的论述中，我们已经给出了它的基础理论的说明。对于脏器而言，按照人体热机的内源性热机，人体脏器同样接收循环系统

---

① 生物性：生物体的生命属性。

输送来的能量，通过能量的转换，完整脏器的功能。脏器中的能量转换，就构成了"内源性热机"，而体表肌肉活动中，实现能量的转换，就构成了"外源性热机"。对于人体热机的内源性热机。我们同样可以得到它的阴阳属性。这样，任意脏器、组织、细胞、人体机械系统，就可以简化为图 24.1 所示模式。

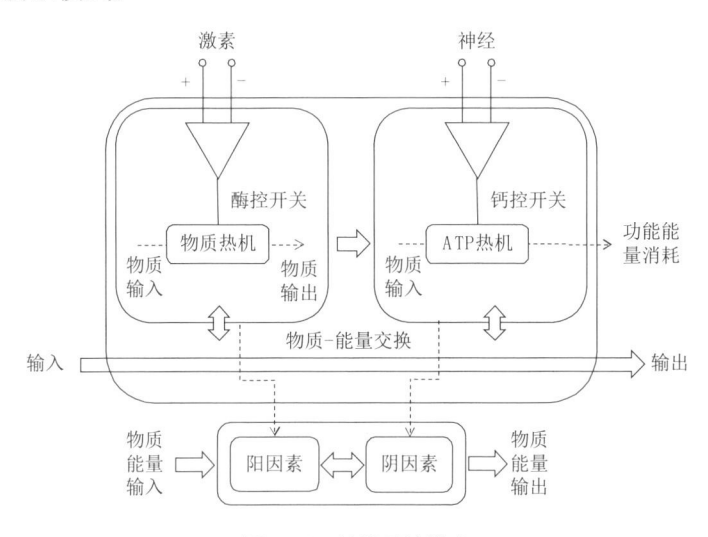

图 24.1 热机系统模式

在这个模式中，阳因素、阴因素构成了热机系统的两个动力因素。阳因素是系统能量转入的因素，阴因素构成了系统的耗散因素。

24.1.2 人体脏器拮抗动力

若图 24.1 中的热机系统具有存储能量的属性，则设它存储的能量为 W^{T}，输入到系统的物质的量为 n_p，输入一个小量 $\mathrm{d}n_\mathrm{p}$ 时系统变化的能量为 $\mathrm{d}w_\mathrm{op}$。根据信能方程，可以得到下述关系：

$$\mathrm{d}w_\mathrm{op} = \frac{W^{\mathrm{T}}}{n_\mathrm{p}}\mathrm{d}n_\mathrm{p} \qquad (24.1)$$

设在这个过程中，输入系统的信息动力为 F_p，则根据信息动力的定义，信息动力的大小为

$$F_\mathrm{p} = \frac{W^{\mathrm{T}}}{n_\mathrm{p}} \qquad (24.2)$$

同理,设阴因素对系统的能量进行耗散时,输出物质系统的物质的量为 n_n,输出一个小量 dn_p 时系统变化的能量为 dw_{on},则根据信能方程,可以得到下述关系:

$$dw_{on} = -\frac{W^T}{n_n}dn_n \qquad (24.3)$$

设在这个过程中输出系统的信息动力为 F_n,则根据信息动力的定义,信息动力的大小为

$$F_n = -\frac{W^T}{n_n} \qquad (24.4)$$

则这个系统的总的能量变化 dw,就可以表示为

$$dw = \frac{W^T}{n_p}dn_p - \frac{W^T}{n_n}dn_n \qquad (24.5)$$

对式(24.5)进行积分,则可以得到

$$w = W^T \ln \frac{n_p}{n_n} \qquad (24.6)$$

若

(1) $\frac{n_p}{n_n} = 1$,则 $w = 0$,系统的能量维持不变,处于平衡状态。

(2) $\frac{n_p}{n_n} > 1$,则 $w > 0$,系统的能量增加。

(3) $\frac{n_p}{n_n} < 1$,则 $w < 0$,系统的能量减少。

代入动力表达式,则可以得到

$$dw = F_p dn_p + F_n dn_n \qquad (24.7)$$

这个式子揭示了在物质交换过程中动力所起到的作用。

24.1.3 人体拮抗动力状态

在上述的开放系统中,阳因素和阴因素所起到的作用恰巧相反,且它们属于开放系统中的两个独立因素。它们的工作状态的不同,就会影响系

统总的动力平衡。而它们又是由生物材料和生物化学机制来支配的，这使得它的工作状态处于动态变动中。因此，我们需要对阳因素和阴因素的状态进行描述。

24.1.3.1 动力的虚与实态

设 $n_p = n_n$ 时，系统处于平衡状态，并以平衡时的状态作为参照。若 n_p 增加，意味着能量输入增加，这时的工作状态称为"阳亢"或"阳实"。对数曲线可以表示这个状态，如图24.2所示。反之，若 n_p 减少，意味着能量输入减少，这时的工作状态称为"阳虚"。

阴因素是同样的道理，以平衡时的状态作为参照。若 n_n 增加，意味着能量输出增加。这时的工作状态称为"阴亢"或"阴实"。对数曲线可以表示这个状态，如图24.3所示。反之，若 n_n 减少，意味着能量输出减少，这时的工作状态称为"阴虚"。

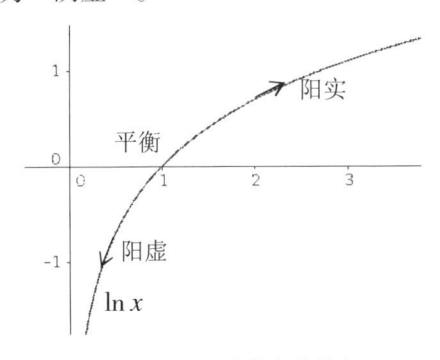

图 24.2　阳因素的虚实状态

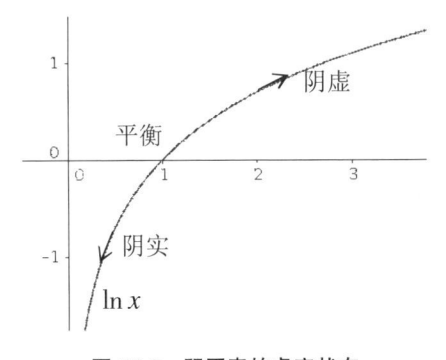

图 24.3　阴因素的虚实状态

24.1.3.2 物质流动的淤态

根据阳因素和阴因素的动力关系［式（24.6）］，可以得出在阳实的情况下系统的能量增加的结论。设系统的最高能量存储极限为 C_w。一旦达到这个限制，或者接近这个限制，物质和能量将无法进入到系统内部，也就出现了"拥堵"的情况，即系统的能量流通减弱或者极大降低，出现"淤积"情况。因此，我们认为它和中医的"淤"相对应。

24.2 内热机平衡

人体的脏器是整体热机中的一部分，它既驱动热机运行，又通过循环系统获得自身需要的能量。循环系统使脏腑通过物质间的交换联系在一起，并相互影响。从数理上讲，这也就构成了相互作用的关系。

24.2.1 能量供应调节

将血液的能量向外泵出，并循环到人体四周组织是心脏的功能之一。这时，心脏承担的是"油泵"的功能。此外，心脏又将身体回流的静脉血泵到肺中，实现气体交换。这时，心脏起到了气泵的作用。在这里，我们首先讨论心脏对能量供应的调节。

设心脏跳动的频率为 f_h，它包含两个成分：①自主神经跳动的基频频率 f_0；②通过交感神经和副交感神经对心脏进行调谐的调谐频率 f_A [1]。根据这两个成分，我们可以得到心脏跳动的频率为

$$f_h = f_0 + f_A \tag{24.8}$$

设每次跳动，射血的体积为 V_h，单位体积内的能量密度为 ρ_h，则心脏的能量输出功率就可以表示为

$$p_h = \rho_h V_h (f_0 + f_A) \tag{24.9}$$

---

[1] 高闯. 数理心理学：广义自然人文信息力学［M］. 长春：吉林大学出版社，2024.

第 24 章　热机谐振属性

式中，p_h 表示单位时间内心脏的输出功率。

设心脏跳动频率 $f_0 + f_A$ 的最大值为 f_{max}，跳动的最小值为 f_{min}。存在一个频率调谐圆，它的半径为极大值和极小值的中值。令中值为 f_m，则可以表示为

$$f_m = \frac{f_{max} + f_{min}}{2} \quad (24.10)$$

并设任意时刻的跳动频率与 f_m 的差值为 Δf，则可以得到

$$\Delta f = f_h - f_m \quad (24.11)$$

令 Δf 与 f_m 的比值为 $\sin\theta$，满足

$$\sin\theta = \frac{\Delta f}{f_m} \quad (24.12)$$

变形，则可以得到

$$\Delta f = f_m \sin\theta \quad (24.13)$$

这样，我们就可以看到，心脏频率的变化满足简谐谐振关系，这个关系可以用图 24.4 来表示。

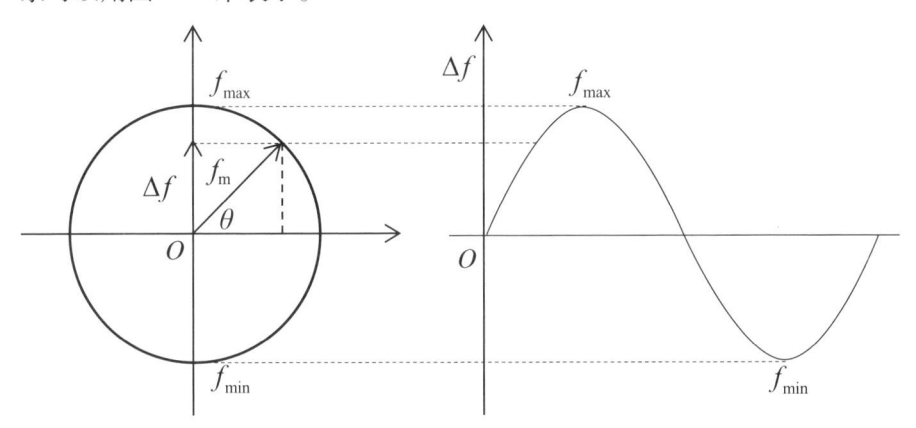

图 24.4　心脏跳动对循环的调谐

中医有"心主血脉"的观点。在这个谐振关系中，我们可以清晰地看到心脏如何通过频率的谐振，也就是心脏振动的功能，实现人体的循环状态的调谐。这样，"主"的数理含义被显现了出来。这是中医在整体水平

上对心脏的机械热力功能的经典概括，是一个非常了不起的发现。

24.2.2 能量平衡调节

在人体的机械热机中，脏器之间联合构成了人体最大的"内热力系统"。在这个系统中，各个脏器发挥着自己独立的功能。

在热机中，肝脏实现的是能量调节功能。而能量的主要表现形式，则是糖类物质。通过食物，糖类物质转化为血糖，通过肝的功能实现能量调节。

24.2.2.1 肝脏能量转换路径

图24.5所示是肝脏通过葡萄糖–血糖之间的循环转换，实现对血液中血糖的调节。血糖主要是人体的能量来源，又是肌肉中葡萄糖的来源，能够驱动肌肉动态、实时地反应。

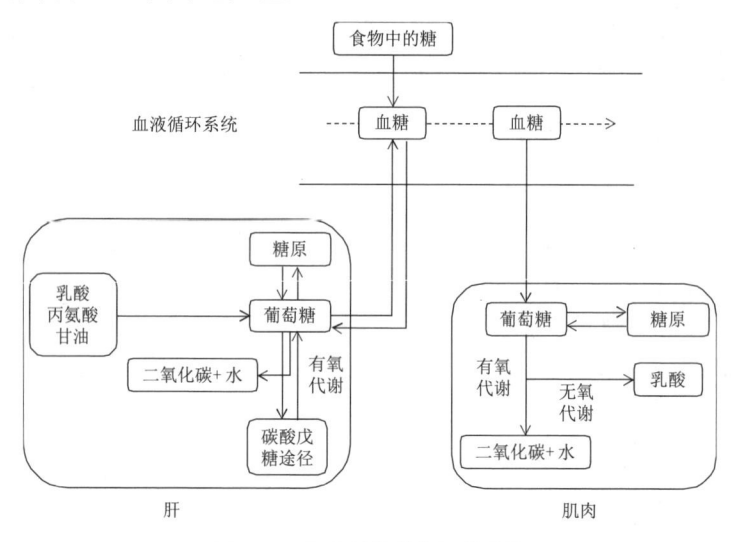

图 24.5 肝在糖代谢的调谐功能

在肌肉中反应的乳酸，又可以通过血液循环系统到达肝脏，实现葡萄糖的再合成，构成乳酸循环，如图24.6所示。这样，通过生化关系，我们就可以看清楚肝脏在人体中起到了两个关键作用：①调节血液系统中的能量；②调节骨骼肌肉的实时动态活动。

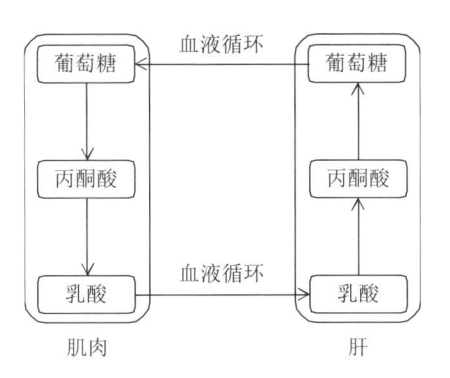

图 24.6 肝在乳酸循环中调谐作用

中医认为肝生火、肝主筋。从生化上来看，这就与生化的两个功能相对应：①肝脏对血液能量的调节对应着"肝生火"；②肝脏的能量调节决定着肌肉能量的使用，也就是"肝主筋"（这里的"筋"，也就是肌肉收缩活动）。

24.2.2.2 肝脏信能关系

肝脏在能量调节中，通过某种物质形式的变换，实现向血液进行能量、物质的输入和输出。设肝脏注入或者输出到血液的某种物质 i 的量子个数为 n，并设肝脏系统存储的能量为 W_1^T，并考虑到输入能量的过程为阳，转换出去的因素为阴，则根据脏器的拮抗动力，将这个过程中肝脏总的能量变化记为 w_{lo}，可以表示为

$$w_{lo} = W_1^T \ln \frac{n_p}{n_n} \qquad (24.14)$$

式中，n_p 为注入肝脏的粒子数，n_n 为输出肝脏的粒子数。设在血液中，各类粒子的总个数为 N，则上式可以修改为

$$w_{lo} = W_1^T \ln \frac{\rho_p}{\rho_n} \qquad (24.15)$$

式中，$\rho_p = \dfrac{n_p}{N}$，$\rho_n = \dfrac{n_n}{N}$，分别表示从血液中输入和从肝脏输出到血液的物质的浓度。它们的单位可以采用摩尔浓度。

24.2.2.3 肝脏能量调谐表示

设血液中能量的最大值为 w_{max}，最小值为 w_{min}，它的中值用 w_m 来表示，并满足

$$w_m = \frac{w_{max} + w_{min}}{2} \quad (24.16)$$

由肝脏调节引起的能量变化的值可以表示为

$$\Delta w = w_{lo} - w_m \quad (24.17)$$

设存在一个能量圆，它的半径的值为 w_m，令 $\frac{\Delta w}{w_m} = \sin\theta$，则就可以得到

$$\Delta w = w_m \sin\theta \quad (24.18)$$

这样，我们就可以得到肝脏对人体能量的调谐关系。肝脏在能量上的调节功能也就显现了出来。它满足一维的谐振性质，如图 24.7 所示。

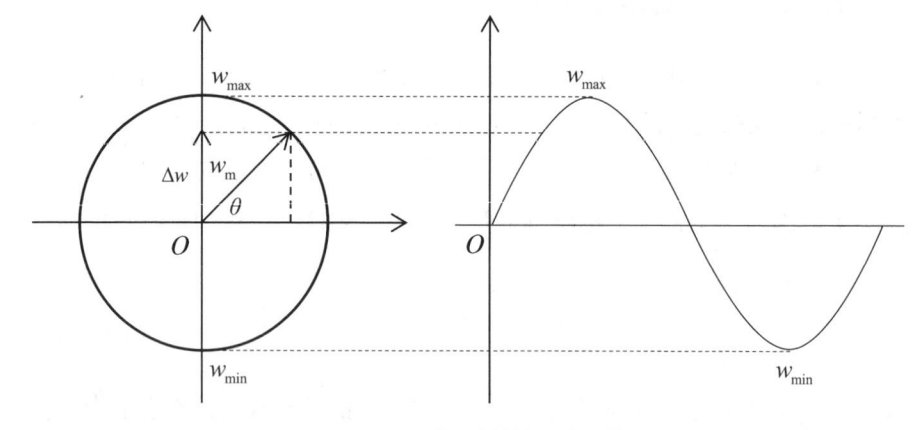

图 24.7 肝对血液的能量的调谐

中医有"肝主筋"的观点。人体的肌肉系统不断进行动态调节，能量实时发生变化，受到能量调谐的主导。在这个谐振关系中我们可以清楚地看到这个关键点：肝脏主导了功能系统中能量的动态变化调谐。这时，"主"的数理含义也就显现了。这是中医在整体水平上，关于人体热力功能基理的一个了不起的发现。

24.2.2.4 肝脏能量调谐表示

肝脏中能量的变化受到心脏的调节，则 Δw 受到心脏泵入的能量调谐。设心脏跳动每次泵入肝脏的能量为 E_{lh}，在获得 Δw 的能量时跳动了 n 次，则可以得到

$$\Delta w = E_{lh} n \quad (24.19)$$

也就是

$$E_{lh} n = w_m \sin\theta \quad (24.20)$$

对这个式子两边进行微分，则可以得到

$$E_{lh}\frac{dn}{dt} + n\frac{dE_{lh}}{dt} = w_m \cos\theta \frac{d\theta}{dt} \quad (24.21)$$

若 $\omega_g = \dfrac{d\theta}{dt}$，且 ω_g 为常数，则说明代谢过程为稳态，式（24.21）就可以简化为

$$E_{lh}\frac{dn}{dt} + n\frac{dE_{lh}}{dt} = w_m \omega_g \cos\theta \quad (24.22)$$

$f_h = \dfrac{dn}{dt}$，即 f_h 为肝脏血液刷新频率，代入式（24.22），则可以得到

$$E_{lh} f_h + n\frac{dE_{lh}}{dt} = w_m \omega_g \cos\theta \quad (24.23)$$

令调频功率 $p_{lf} = E_{lh} f_h$，调幅功率 $p_{lA} = n\dfrac{dE_{lh}}{dt}$，则

$$p_l = p_{lf} + p_{lA} \quad (24.24)$$

这样，就得到肝脏输出的总功率为

$$p_l = w_m \omega_g \cos\theta \quad (24.25)$$

这就得到了肝脏功率输出的谐振公式。

24.2.3 气体平衡调节

人体内主要形式的物质代谢需要氧气的参与，因此会在代谢过程中产生水，如肝的葡萄糖代谢、脂类代谢等。这个过程同时伴随产生二氧化碳。

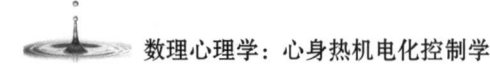

二氧化碳需经过肺排出。

24.2.3.1 肺的谐振平衡调节

设肺呼吸的频率为 f_1，它受自主神经调节，并同时受交感神经和副交感神经调节，这就意味着它包含两个成分：①自主呼吸基频频率为 f_{l0}；②通过交感神经和副交感神经对肺进行调谐的调谐频率 f_{lA}[①]。根据这两个成分，我们可以得到肺呼吸的频率为

$$f_{lh} = f_{l0} + f_{lA} \quad (24.26)$$

设每次呼吸，吸入氧气，并被吸收的体积为 V_1，单位体积内吸收的氧气的比率为 ρ_1，则肺的氧气的输入功率就可以表示为

$$p_1 = \rho_1 V_1 (f_{l0} + f_{lA}) \quad (24.27)$$

式中，p_h 表示单位时间内心脏的输出功率。

设肺跳动的频率 $f_{l0} + f_{lA}$ 的最大值为 $f_{l\text{-max}}$，跳动的最小值为 $f_{l\text{-min}}$。存在一个频率调谐圆，它的半径为极大值和极小值的中值。令中值为 f_{lm}，则可以表示为

$$f_{l\text{-m}} = \frac{f_{l\text{-max}} + f_{l\text{-min}}}{2} \quad (24.28)$$

设任意时刻的呼吸频率与 $f_{l\text{-m}}$ 的差值为 Δf_1，则可以得到

$$\Delta f_1 = f_1 - f_{l\text{-m}} \quad (24.29)$$

令 Δf_1 与 $f_{l\text{-m}}$ 的比值为 $\sin\theta$，满足

$$\sin\theta = \frac{\Delta f_1}{f_{l\text{-m}}} \quad (24.30)$$

变形，则可以得到

$$\Delta f_1 = f_{l\text{-m}} \sin\theta \quad (24.31)$$

同理，也可以得到二氧化碳的谐振形式，为了和氧气进行区分，则谐振曲线分别用氧气和二氧化碳进行区分，分别记为

[①] 高闯. 数理心理学：广义自然人文信息力学［M］. 长春：吉林大学出版社，2024.

第 24 章　热机谐振属性

$$\Delta f_1(\mathrm{O}_2) = f_{1\text{-m}} \sin\theta$$
$$\Delta f_1(\mathrm{CO}_2) = f_{1\text{-m}} \sin\theta$$
（24.32）

这样，我们就可以看到，肺呼吸频率的变化满足简谐谐振关系，这个关系可以用图 24.8 来表示。

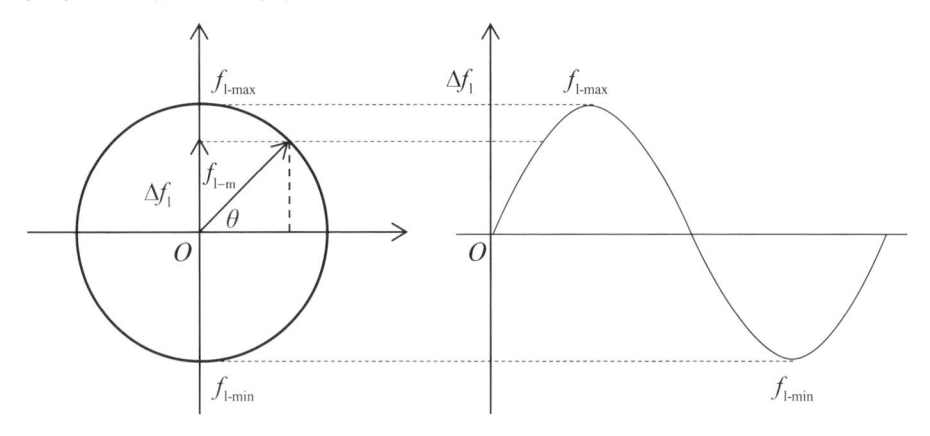

图 24.8　心脏跳动对循环的调谐

肺呼吸交换的过程在生物学中称为"外呼吸"，它通过血液循环系统和组织细胞进行氧气交换，并把二氧化碳携带出来，如图 24.9 所示。在外周组织细胞进行的气体交换，则被称为"内呼吸"。

图 24.9　心脏跳动对循环的调谐

设存在血液处于平衡水平的理想情况，则肺的呼入和组织细胞的交换之间一定存在某种对应关系，使得血液系统保持生化平衡。由肺输入的氧气和在组织析出的氧气之间的数量关系，用 a 来表示；组织输入到血液的二氧化碳和肺排出的二氧化碳满足的数量关系，用 b 来表示；则 a、b 之间的关系，可以用一个矩阵来表示

$$\begin{pmatrix} O_2(g) \\ CO_2(l) \end{pmatrix} = \begin{pmatrix} a & \\ & b \end{pmatrix} \begin{pmatrix} O_2(l) \\ CO_2(g) \end{pmatrix} \qquad (24.33)$$

式中，l 表示肺；g 表示组织。在内外平衡的情况下，不考虑中间交换的时间延迟，则这两个系数应该为 1。式（24.33）就可以修改为

$$\begin{pmatrix} O_2(g) \\ CO_2(l) \end{pmatrix} = \begin{pmatrix} 1 & \\ & 1 \end{pmatrix} \begin{pmatrix} O_2(l) \\ CO_2(g) \end{pmatrix} \qquad (24.34)$$

这个过程通过血红细胞作为介质来实现。通过这个关系，我们可以看到，肺的呼吸作用主导了外周组织的氧化活动，把血液循环系统作为一个通信介质[①]，则肺对气体的调谐作用也就被加载到了组织的呼吸活动中。这就意味着，肺的呼吸作用主导了外周组织内呼吸的调谐。

中医有"肺主气""肺主皮毛"的观点。通过肺的外、内呼吸作用和谐振关系，我们可以清晰看到，肺的谐振关系如何通过频率的谐振来影响外周组织和它的功能，实现人体的循环状态中气体的调谐。这时，"主"的数理含义就被显现了出来。这是中医在整体水平上对肺的机械热力功能作用的经典概括，是一个非常了不起的发现。

24.2.3.2 心肺息配数

心脏和肺依赖血管联系在一起，实现外呼吸气体交换。设每次呼吸进入肺的氧气的浓度为 $\rho_l^{O_2}$，肺的体积为 v_l，在肺中氧气的转换比率为 $\rho_l^{TO_2}$，则在肺中气体每交换一次，进入血液的气体的质量为 $\rho_l^{O_2} \rho_l^{TO_2} v_l$。

设心脏单个腔体的体积为 v_h，每次射血红细胞携带有氧气的摩尔密度为 $\rho_h^{O_2}$，则每次搏动输出的氧气的质量为 $\rho_h^{O_2} v_h$。

[①] 高闯. 数理心理学：心物神经表征信息学［M］. 长春：吉林大学出版社，2023.

设一次呼吸，肺部血液呼入的氧气通过 n 次心脏跳动可以被射出，由于在这个过程中氧气的量守恒（物质守恒），则可以得到

$$\rho_l^{O_2} \rho_l^{TO_2} v_l = n\rho_h^{O_2} v_h \qquad (24.35)$$

由此，就可以得到

$$n = \frac{\rho_l^{O_2} \rho_l^{TO_2} v_l}{\rho_h^{O_2} v_h} \qquad (24.36)$$

这个数，我们称为"心肺息配数"。

人在清醒不活动时的状态称为"静息状态"。正常人类个体在静息状态下，呼吸和心跳平稳。这时，n 值稳定，即式（24.35）中各项相对稳定。根据这个情况，就可以确定正常人群的"心肺息配数"。一旦确定了这个参照，就可以判断非正常情况下的息配数。

在中医中配比关系是进行脉诊判断的标准之一。

心脏与呼吸的配比关系如图 24.10 所示[①]。

| 呼气 | 正常人 4~5 次 | 呼气 | 3 次为不足 | 呼气 | 7 次为生病表现 |

脉搏

| 吸气 | | 吸气 | | 吸气 |

图 24.10　心脏与呼吸配比关系

24.2.4　血液代谢平衡调节

组织和外周代谢的物质产生 CO_2、O_2、H_2O 和其他代谢类化学物质，通过血液循环系统，由肾进行过滤并析出，从而使得血液能够维持化学平衡并维持一定的酸碱度。

设肾过滤引起某种物质粒子浓度发生变化，过滤后浓度的最大值为

[①] 孙思邈. 千金方[M]. 北京：民主与建设出版社，2022.

ρ_{max}，最小值为 ρ_{min}，二者的中值为 ρ_m，即 $\rho_m = \dfrac{\rho_{max}+\rho_{min}}{2}$。过滤后的实时动态的变化值为 ρ_f，它相对于中值的差值为 $\Delta\rho$，即 $\Delta\rho = \rho_f - \rho_m$。

按照上述方法，让 ρ_m 作为圆的半径，并令 $\dfrac{\Delta\rho}{\rho_m}=\sin\theta$，则这个圆，我们称为"过滤圆"。

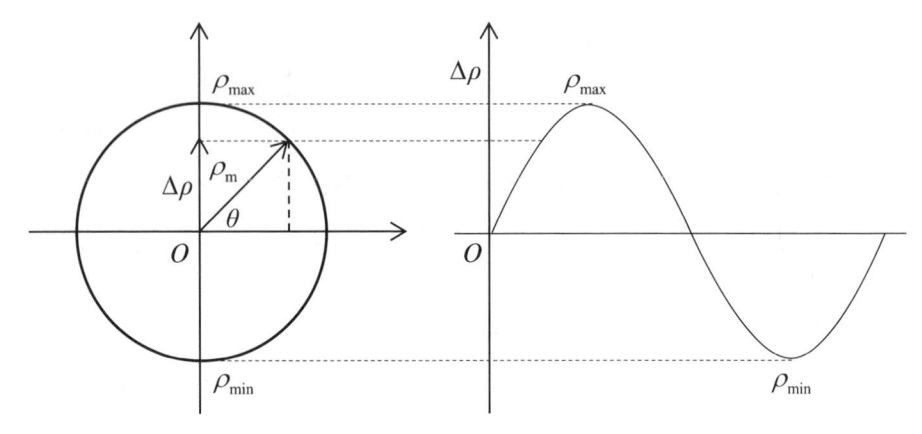

肾过滤谐振如图 24.11 所示。

图 24.11　肾过滤谐振

24.2.5　脏器之间的关系

通过上述内容，我们可以得到脏器具有以下功能。

（1）肝脏对血液的能量进行调节，也就是中医的"肝生火"。

（2）心脏对血液的供应进行调节，并促进外来物质转化。

（3）脾对血液的营养物质转换进行调节，转换的物质，经氧化产生身体需要的物质，也就是脾促进氧气的吸收。

（4）肺对血液的气体进行调节。

（5）肾对血液运来的代谢物质进行调节，而肾则对氧化的水、废料进行过滤。

脏器通过血液循环系统联系在一起，它们之间的相互促进关系在中医中被表示了出来，如图 24.12 所示。

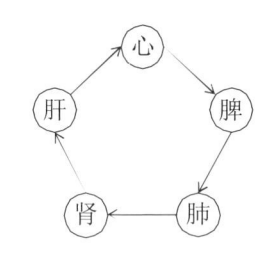

图 24.12　肾过滤谐振表示

24.3　脏器谐振模型

通过上述的论述，我们得到了最为常见的脏器的谐振模型。在此基础上，我们就可以在开放系统的基础上建立一般意义上的脏器或者组织的谐振模型，从而为人体神经和内分泌系统之间的工作方式提供一般性原理。

24.3.1　脏器谐振模型

人体的任意一个开放系统具有某项功能，则将它的参量记为 x，它的变化区间为 $[x_{\max}, x_{\min}]$。设它的中值为 x_m，且 $x_\mathrm{m} = \dfrac{x_{\max} - x_{\min}}{2}$。

定义：以 x_m 为半径的圆，这个圆称为"功能状态圆"。

任意一个时刻，功能状态与中值的差异量为 Δx，即 $\Delta x = x - x_\mathrm{m}$。

令 $\dfrac{\Delta x}{x_\mathrm{m}} = \sin\theta$，则可以得到

$$\Delta x = x_\mathrm{m} \sin\theta \tag{24.37}$$

这个公式，我们称为"脏器谐振模型"。

脏器谐振如图 24.13 所示。

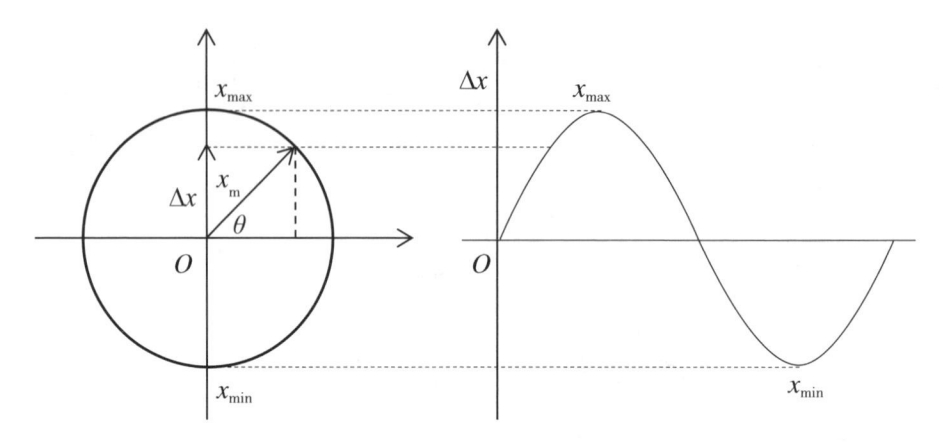

图 24.13　脏器谐振

24.3.2　肌肉器件模型

在人体中，肌肉是很多脏器（如心脏、肺、肠等）的基本构成元素。肌肉系统是一个可以调谐变化的开放系统。利用肌肉的构成和生化关系以及谐振关系，就可以建立肌肉的器件控制模型，如图 24.14 所示。

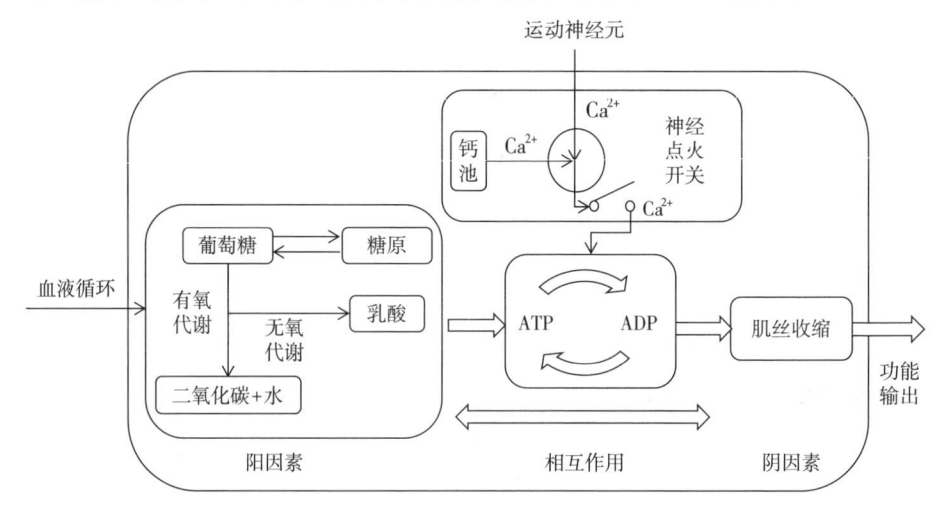

图 24.14　脏器谐振

把运动神经元与肌肉的连接，简化为神经点火开关，在这个过程中，Ca^{2+} 作为点火的"火源"促发 ATP 供能释放，驱动肌肉转换为机械能。而

第 24 章　热机谐振属性

肌肉系统通过血液循环系统将泵入的能量转换为 ATP，并将代谢物质向外输送。

从图 24.14 中，我们就可以清晰地看到，肌动性质的脏器中神经系统点火、血液循环系统的能量供应、肌动系统的功能输出、由热机构成的能量转化热机，四者之间的关系就显现了出来，具体如下。

（1）神经负责热机系统的点火。一旦促发，热机系统开始发动。

（2）热机系统把化学能转换为肌肉收缩的弹性势能。

（3）血液循环系统能量、物质输入。

（4）能量转换系统，把葡萄糖分解，转换为 ATP 能量。

24.3.3　脏器控制模型

人的脏器组织的代谢功能受到内分泌系统的控制，内分泌通过激素和脏器连接影响脏器的阳因素。因此，内分泌也可以简化为一个控制开关，则我们可以得到一般意义的脏器的控制模型，如图 24.15 所示。

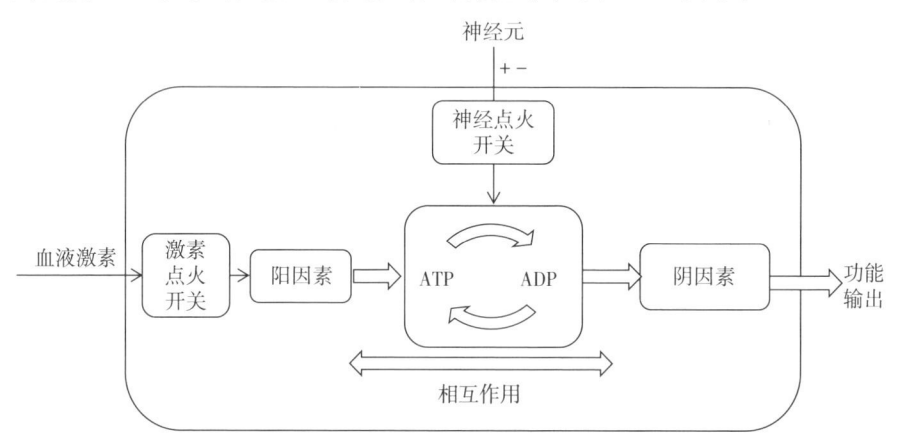

图 24.15　脏器谐振

在这个模型中，激素作为一个点火的开关，神经元对脏器的驱动，也被简化为一个开关。它们分别对脏器的阳因素、阴因素作用，实现"加强"和"减弱"的功能控制，分别用"+"和"-"号来表示。这样，影响脏器功能的状态至少有四个，如图 24.16 所示。

血液激素 → [+ 阴因素 −] [+ 阳因素 −] → 功能输出

图 24.16　脏器输入和输出状态因素

这样，这个关系就为寻找脏器之间在功能上的联系提供了基本理论依据。

24.3.4　脏器控制信能关系

由于输入的激素对脏器的调节，神经对脏器输出功能的调谐使脏器系统中的阳因素和阴因素均处于谐振状态，并满足脏器的谐振模型。这两个因素实现了脏器的物质、能量输入和输出。

设脏器的能量存储量为 W^T，则这个过程中，谐振的存在使得系统的能量增加或者减少。设输入或者输出的谐振量变量为 x，这个量引起系统能量的输出或者输入。设能量的输出或者输入的微量为 dw，则根据信能方程可以得到

$$dw = \frac{W^T}{x} dx \quad (24.38)$$

对式（24.38）进行积分，则可以得到

$$dw = W^T \ln x \quad (24.39)$$

在这里，我们把 $\ln x$ 称为"谐振信息熵"，记为 ss。令谐振过程中的信息力为 $F_s = \dfrac{W^T}{x}$。这个力也就是谐振过程的"回复力"，则信能方程可以表示为

$$dw = F_s dx \quad (24.40)$$

这样，我们就找到了信息力做功形式。设 x 的变化的值域为 $[x_{\min}, x_{\max}]$，其中 $x_{\min}$、$x_{\max}$ 分别为 x 的最小值和最大值。在这个值域范围内，设 x 与中值 x_m 的差异为 Δx，即 $\Delta x = x - x_m$，其中，$x_m = \dfrac{x_{\min} + x_{\max}}{2}$。并令

第 24 章 热机谐振属性

$\dfrac{\Delta x}{x_m} = \sin\theta$，也就是 $\Delta x = x_m \sin\theta$。

从上述表达可以看出，脏器在谐振力 F_s 的作用下，在高于最小值 $x_{\min}$ 之上发生往复循环的运动，构成谐振振动。这是人类生物脏器、组织表现出来的一类特殊的形式。它也可能适用于其他形式的生物物种，这需要新的证据来支撑。

第 25 章　人体热力环境

人体的本质是一个机械热机系统，它通过代谢系统为人类个体源源不断地提供代谢反应能量。

人体热机本质的揭示，提供了一个基本的技术路径，即通过物理学的热力学知识可以建立人与地球热机环境之间的数理关系。而关于人与自然热力环境之间的关系问题的研究却并不起源于现代科学，中国古科学体系就已确立了关于人类生存的自然环境的唯象学描述体系。

本章，我们将根据物理学中的热力学，中国古天文学、历法，中医等知识确立人体热力环境的描述，并使它们成为一个标准的数理架构体系。

25.1　地球生态环境表征

人体热机通过化学反应实现能量的释放，这个过程通过人体将热散失到人所生活的热力环境中。这就意味着，人作为一个热源不断和环境之间发生着热力交换。这个过程就会影响着人体热机的工作状态。

25.1.1　人与环境关系

环境和人体构成了两个基本的热源。人体通过体表进行散热；同样地，外界环境中的太阳、物体也以热辐射的形式向人传递热量。在这个过程中，影响两个热源之间能量传递的因素如下。

25.1.1.1 辐射热源

环境中的任何一个物体均可以产生热辐射，并通过介质和人体间进行能量的传递。热源物质主要包括太阳、物体辐射。

（1）太阳辐射能量。太阳是主要能量辐射源，它是太阳系能量的主要来源。人类社会生活的能量直接或者间接地来源于太阳提供的能量。

（2）物体辐射。我们生活中的物体，包括人类个体自身，也可以向外辐射能量，构成辐射热源。

25.1.1.2 热传导

人体热还可以通过传导物质向外进行热传导，这也是人体散热的一种方式。例如，人体皮肤、覆盖的衣服、睡觉时的被单、棉被等均构成了热传导的介质。

25.1.1.3 空气对流

空气对流是实现能量传递的一种方式。空气流动可以实现物体表面温度的降低。在环境中，空气的对流往往以"风"的形式表现出来。

25.1.1.4 蒸发因素

人体主要以汗腺排汗的形式实现热能的携带。汗腺在体表蒸发，又受到空气湿度影响，也就是受干燥、潮湿情况影响。

25.1.2 热力环境要素

根据上述论述，即从物理学角度看，自然环境的温度是由其构成的分子的热运动来决定的，也就是空气的成分组成和剧烈运动的程度来决定。从这个角度出发，人的热力环境的因素包括：太阳辐射、空气温度、空间湿度、空气对流。

基于这些因素，利用人的主观感受的心理量（心理常模）来度量环境温度，把环境温度划分为三个等级：寒、暑、热。寒是温度的极冷值；暑作为温度的极高值；热作为温度的一般值，或者是适宜温度（或中性温度）。这样，我们就得到了影响人体热机工作效率的一个维度——温度，如图 25.1 所示。

人体热机燃烧的结果会使得人体体温升高，人体的体温主要通过皮肤向外散热使人体维持恒温状态。根据物理学的相关理论，经过皮肤向外散热的因素包含两个：空气对流、皮肤出汗蒸发。

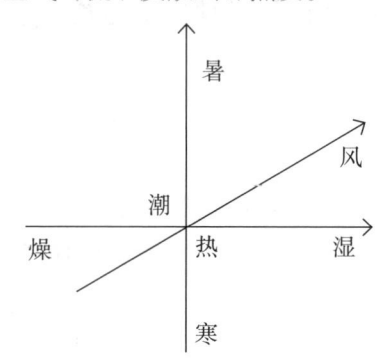

图 25.1　人体热力环境描述的三个维度

25.1.3　热力环境周期表征

人的热力环境主要受到太阳和地球表面的地质情况影响驱动空气、水汽介质，从而形成地表的温度变化、湿度变化、对流变化，这就需要根据日地系统建立关于人的热力环境的时间、空间变化的表示。在这里，我们采用中国古代历法、物候学来对地球物理环境进行表征。

25.1.3.1　天文季节表征

太阳是地球的热源，它的辐射会影响地表气候的变化，这是由太阳的公转所造成的。根据这个规则，我们可以根据太阳公转的规律建立天文季节。

冬至是太阳光直射处于最南端的时间；夏至则是太阳光直射处于北回归线的时间；春分和秋分则是太阳处于赤道，黑天、白天时间平分的时间。这样，用一个圆来表示一年循环的时间，就可以表征季节的划分。利用这四个时间点划分的季节，称为"天文季节"。

25.1.3.2 物候季节表征

地球接收太阳辐射能量并具有存储能量的特性，使得地面的温度的变化并不和太阳辐射强度同步，出现了延迟。由此，这就需要对地表发生的季节进行校正。中国利用气候、物候来表征一年季节变化，也就是二十四节气。

对于一年的划分，有以下两种观点。

（1）以大寒作为一年的温度最低点，大暑作为一年的温度最高点。也就是将大寒作为一年的开始。

（2）以春节作为一年的开始。

以上述哪个为起点虽然仍然存在争议，但并不影响它的数理本质，即地球系统的物理温度影响着气象、气候、物候的周期性变化。利用这种周期性和"圆"的循环方式，可表征季节的周期性变化。

月亮是对地球产生影响的另一个天体。按照月亮的周期，可划分出月份，这就是阴历产生的根源，即把一年划分为12个月份。

阴阳历，是中国最早采用的天文历法。直到当代仍然使用。它也成为理解中国古代科学的基础，如图25.2所示。

图25.2 中国的二十四节气

25.1.4　热力环境周期表征

在地球地表，空气受到热力驱动，驱动水循环运动，并产生风蚀、水蚀现象，对山体、水体、矿物质、土质等进行搬运。在水循环为基础的地理生态的功能系统中，中国人最早总结出了这个热力环境的动力要素——循环特征，并把它表示出来。

25.1.4.1　水循环物态表征

将水循环的要素总结并用几何学方式表示出来的是中国的先天八卦，它是"易学"的起始。在先天八卦中，水循环的八个要素被提了出来：泽（水源）、火（太阳能量、热能）、风（热力介质）、天（云）、山、地（土）、水、雷，如图25.3所示。它的本质，就是"水循环"的几何学表征（表示）[1]。

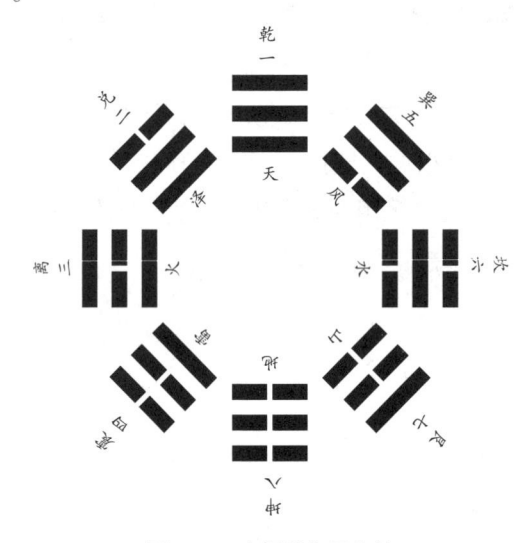

图25.3　中国的先天八卦

这样，就为人类热力环境的动力描述和简化奠定了基础。

---

[1] 高闯. 数理心理学：广义自然人文信息力学 [M]. 长春：吉林大学出版社，2024.

25.1.4.2 水循环动力表征

把水循环过程中的要素进行合并，并简化，外加上"地球植物要素"（木），就会得到五个基本要素：木、火、土、金（山）、水、雷、风、天（云），是水和空气表现出来的三态和对流现象。中国古代科学发现了这五个要素之间相互作用的关系，得到了五行模型，如图 25.4 所示。这是最早的对自然环境的动力要素的一个总结。当然，在易学理论中，这一模型并不限于对自然环境的描述，而发展为对更广域的物质对象的动力学描述。

图 25.4 五行模型

水循环和水循环动力要素的揭示，为我们建立水循环生态环境的周期、动力因素奠定了关键基础。

25.2 热力环境周期表征

日地系统的周期性使得地球的水循环活动表现出周期性的特征。了解了这个周期性，就可以指导人体热机运动的规律。中国古代科学是最早在这个方向探索的学科，并确立了这一唯象学体系。

25.2.1 五季划分

中国古人在对五行要素观察的基础上，将一年划分为五个季节，每个

数理心理学：心身热机电化控制学

季节的时间跨度是 73 天 5 时，并把这五个季节定义为春、夏、长夏、秋、冬[1]。在这五个季节中，每个季节的五个要素表现出来的优势特征并不相同，因此，把五个要素作为五个季节的物候特征。在不同的季节，它的气候特征与之也存在匹配关系。五季与五行物候优势特征之间的对应关系见表 25.1。五季与五行关系如图 25.5 所示。

表 25.1 五季与五行物候优势特征之间的对应关系

	季节	五行物候	气候
1	春	木	风
2	夏	火	热
3	长夏	土	湿
4	秋	金	燥
5	冬	水	寒

图 25.5 五季与五行关系

而五个要素会在一年中周期性变化，在特定季节表现出优势。

25.2.2 物候六分划分

在地球上，还要考虑到月亮周期划分，则动力学因素又要进行关于月

---

[1] 黄帝. 黄帝内经［M］. 北京：民主与建设出版社，2020.

亮周期的物候配置。考虑到热力环境的湿、燥、寒、暑、风、热等因素，把一年划分为六份，见表 25.2。

表 25.2 节气与五行物候优势特征之间的对应关系

序号	节气起始	五行物候	气候
1	大寒—春分	木	风
2	春分—小满	君火	热
3	小满—大暑	相火	暑
4	大暑—秋分	土	湿
5	秋分—小雪	金	燥
6	小雪—大寒	水	寒

这样，我们就得到了不同节气中，五行优势和气候物候特征之间的匹配关系。中国古代科学找到了人与生态环境的这种匹配关系，并找到了这种循环的特征，且以循环的方式表示了出来，是一个非常了不起的贡献。这个匹配关系也被称为"五运六气"，如图 25.6 所示。

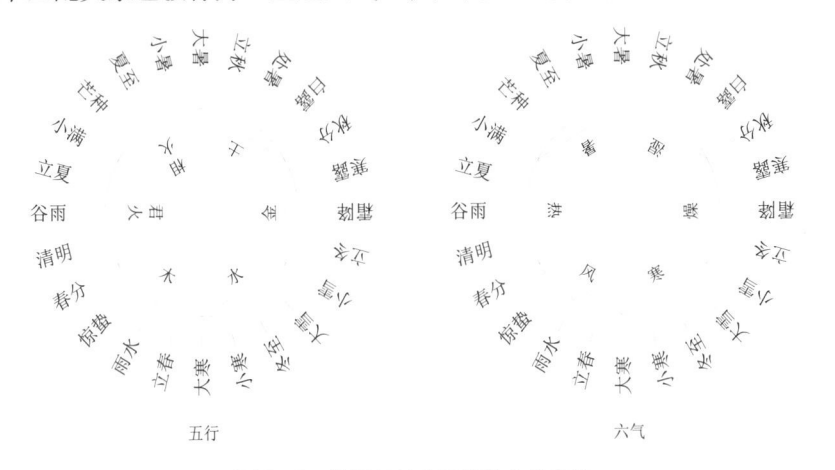

图 25.6 物候与热力环境的六分方法

25.2.3 人体热机效率

不同季节物候动力要素（水、木、金、火、土）对空气温度、湿度均会产生影响。而这些动力要素使得空气的湿、燥、寒、暑、热、风发生变动，进而影响到人体的热量散失，这就形成了环境对人体的调谐。

设热机的机械效率为 η，环境的温度为 T_c，人体的温度为 T_h。把人体视为高温热源（也就是高于环境温度），把人体视为理想热机，则人体热机的机械效率可以表示为

$$\eta \leqslant 1 - \frac{T_c}{T_h} \quad (25.1)$$

根据热力学的这个定律，我们可以看到，人体热机在正常运作时，它的机械效率不会超过这个值。这样，我们就找到了环境温度、人体体温与人体热机效率之间的数学关系。

25.2.4 异常热机效率

人类个体在遭遇到病毒、细菌或者其他异常因素时，人体的体温会出现发烧的症状，导致人体热机效率发生变化。把异常时的体温记为 T_{hd}，则它的热机效率 η_d 可以表示为

$$\eta_d \leqslant 1 - \frac{T_c}{T_{hd}} \quad (25.2)$$

由式（25.2）可以知道，由于 $T_{hd} > T_d$，这时的 $\eta_d > \eta$，也就是人体热机效率得到了提高。这也意味着人体的能耗释放增加，可以帮助人体免疫系统更加高效地杀死病毒或者细菌。

寒冷也可能造成热量损失，是另外一种形式的失常。当环境温度很低，且人体没有保护的情况下，T_c 的降低也会使得热机效率增高，能量损失增加，导致人体局部工作异常。

25.2.5 中医六气原理

中医提出了"六气"理论。通过人体热机理论的分析，我们已经可以从数理上来理解人与物质环境中的这些要素的基本关系。

寒、暑是季节性因素，受太阳公转的影响，这个因素我们记为

$T_s(t_0+\tau)$。其中，t_0为计时时刻，τ为时间周期。在背景温度基础上，每个环境又存在差异，如其他形式的局部热源、人文地理特征，使得局部温度发生变化，这个因素改变的温度，记为ΔT_1。这个局部因素，我们认为对应中医的"火"或"热"。这样，环境的温度可以修订为

$$T_2^B = T_s(t_0+\tau) + \Delta T_1(t_0) \quad (25.3)$$

风是影响人体热机与环境之间进行热交换的对流因素，也就是影响空气循环的因素。它是人体对外散热的工况物质之一，即通过这个介质可实现对外的热力交换。这个因素，我们记为T_w。

人体的汗腺排出汗液需要蒸发作用，空气的湿度会影响汗液向外的挥发。湿、燥是对空气干燥程度的因素的描述。潮湿不利于排汗，而干燥则利于身体潮气的蒸发。这个因素，我们记为T_h。则效率的公式，可以修改为

$$\eta^B \leqslant 1 - \frac{T_s(t_0+\tau, T_w, T_h) + \Delta T_1(t_0, T_w, T_h)}{T_1^B} \quad (25.4)$$

综上所述，中医的"六气"理论是对人体热力系统与外环境进行热力交换时的影响因素及其范围的总概括。

人体体温的异常来源于两个关键的外因，但是其机理并不相同。从热力系统和生化来看，包含以下两个诱发的原因。

（1）由于病毒、细菌入侵人体造成的免疫系统对病毒、细菌的清理，使得体温异常。这是内部热力系统的工作机制造成的。

（2）外界环境造成的体表温度变化，使得散热系统工作异常，从而导致体温异常。

25.2.6 人体热机的环境调谐

环境的温度、体表水分的散失、风的对流，都会影响到人体热机温度的调整，并进而影响到人体热机的工作效率和效能。而人体热机的工作情况又受到脏器调配，这就使得人体脏器受到环境因素的调谐。

空气温度的季节变化是温度调谐的关键因素。设体温为恒定值，则环境温度变化时，人体热机效率随之变化。在一年中，环境温度低，则热机效率高，反之亦然。在低温下，人的心脏负担最大。因此，冬季是心脏病的高发季节。

空气湿度也表现出季节性。在长夏的季节，空气湿度最大，皮肤排汗的能力得到削弱，人体的代谢水分主要依靠肾脏排出。因此，在长夏季节，肾脏负担最大，长夏季节是人的肾脏疾病易发季节。

中医脏器的季节性疾病和季节关联在一起，见表 25.3。

表 25.3 季节病和季节关系

序号	季节	加重季	治愈季
1	春	脾	肾
2	夏	肺	肝
3	长夏	肾	心
4	秋	肝	脾
5	冬	心	肺

25.3 人体热力环境调谐

人类所在的自然环境本质是一个热力环境。由于自然地理的规则性，使得热力环境具有循环周期性。人体在环境适应过程中进化出了适应热力环境的机制，并可以进行适应性调节使得人的热力系统的状态也会发生对应改变。我们把这类机制对应的问题称为"人体热力环境调制问题"。这就需要我们找到人体与自然地理环境适应过程中相互作用的信息关系，并找到它们的调制原理。在自然地理中，太阳是地球生物体的公共热源，它直接影响着地球的热力环境，并决定着人类生活的环境的温度。而环境温度影响着人类的热机系统，并直接影响人体热机的效率，从而构成了一类信号的调制。

25.3.1 人体热机效率

人体是一个热机，具有稳定的体温，故人类为恒温物种。人体热机要不断在环境中散热或者吸热，保持工作的稳定，并进化出了人体的体温调节的系统。将人体视为一个热源，环境也视为一个热源，就可以进行热机效率调制的讨论。

设 T_1 为高温热源的温度，T_2 为低温热源的温度，两个热源利用某种工作物质实现热源之间的能量传递。

人体热机在燃烧过程中产生热量，驱动肌肉运动对外做功。在这个过程中，人体热机把产生的废热向外传递。设体温恒定，这个过程中燃烧产生的热量为 Q_1，经过循环系统对外释放的热量为 Q_2，则它用于做功的能为

$$A = Q_1 - Q_2 \quad (25.5)$$

因此，在热力循环中，人体热机的效率可以表示为

$$\eta = \frac{Q_1 - Q_2}{Q_1} = 1 - \frac{Q_2}{Q_1} \quad (25.6)$$

25.3.2 人体热机调制原理

人体又是一个恒温热源，在微小范围内可以把空气作为稳定的热源环境。设人体的温度为 T_1，空气环境的温度为 T_2。根据卡诺循环（图25.7），人体热机的效率就可以表示为

$$\eta = 1 - \frac{T_2}{T_1} \quad (25.7)$$

从式（25.7）中，我们可以看出，人体热机效率首先受到体温和环境温度的约束影响。

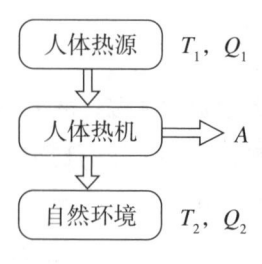

```
人体热源    T₁, Q₁
  ⇓
人体热机    ⟹ A
  ⇓
自然环境    T₂, Q₂
```

图 25.7 人体热机效率

从式（25.7）出发，我们就可以找到外界环境对人体热机调制的基本原理。在自然地理环境中，地球在太阳系中运行，包含两种形式的运动：公转和自转。我们把这个过程进行简化：地球上同样一个位置的辐射能包含以下两个成分。

（1）地球公转会引起一年之内的温度变化。

（2）地球自转引起的一天之内的温度变化。

这样，地球公转的辐射能成为地球热力环境的一个背景温度来源。而一天之内又会产生温度变化，从而两个因素进行叠加，如图 25.8 所示。

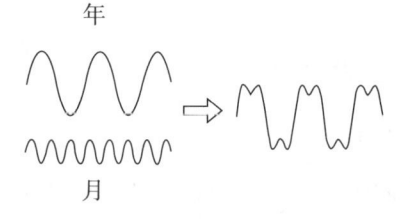

图 25.8 四季温度调制

我们考虑理想情况下的温度变化，即不考虑空气流动，不考虑太阳的稳定性问题，不考虑地理的变化。设温度为 T^Y，它是一个由地球公转引起的周期性变化函数，t_0 为某个计时时刻，以年为单位的周期记为 τ^Y，则可以得到

$$T^Y(t_0 + \tau^Y) = T^Y(t_0) \quad (25.8)$$

这个温度，我们称为"太阳调制温度"。它是造成环境温度直接变化的因素，由太阳来调制。

同理，地球又发生自转，则对于地球上的任意一点，在一天之内的温

度变化可以表示为

$$T^D(t_0+\tau^D)=T^D(t_0) \tag{25.9}$$

式中，τ^D为一天的周期，T^D为一天之内温度变化的函数。它受地球自转影响实现信号的调制。

地球上任意一点的温度T_2是上述两个温度因素叠加的结果，则可以表示为

$$T_2=T^D(t_0+\tau^D)+T^Y(t_0+\tau^Y) \tag{25.10}$$

把式（25.10）代入人体热机的效率公式，则可以得到

$$\eta=1-\frac{T^D(t_0+\tau^D)+T^Y(t_0+\tau^Y)}{T_1} \tag{25.11}$$

在理想情况下，我们首先设定人体温度为常数，则可以看到人体热机的效率会随着环境温度的变化发生调谐作用，即环境温度的变化会引起人体热机效率发生季节性的波动。

根据这一关系，我们就得到

$$\frac{T^D(t_0+\tau^D)+T^Y(t_0+\tau^Y)}{T_1}=\frac{Q_2}{Q_1} \tag{25.12}$$

对这个方程两端进行温度积分，则可以进一步得到

$$\frac{Q_1}{T_1}\mathrm{d}T=\frac{Q_2}{T^D(t_0+\tau^D)+T^Y(t_0+\tau^Y)}\mathrm{d}T \tag{25.13}$$

式（25.13）恰恰就是信能方程，则上式可以写为

$$\mathrm{d}w_\mathrm{o}=\frac{Q_1}{T_1}\mathrm{d}T=\frac{Q_2}{T^D(t_0+\tau^D)+T^Y(t_0+\tau^Y)}\mathrm{d}T \tag{25.14}$$

对式（25.14）两边积分，则可以得到

$$w_\mathrm{o}=Q_1\ln T_1=Q_2\ln\left[T^D(t_0+\tau^D)+T^Y(t_0+\tau^Y)\right] \tag{25.15}$$

若身体体温恒定，$\ln T_1$则为恒定值，只有Q_1发生调谐变化，w_o才能随着外界温度发生变化，也就是身体的供能也需要发生对应响应。这样，四

季的温度和一天之内的温度变化,均会影响到人体供能的变化。

25.3.3 人体脉动周期变化

在中医中,《黄帝内经》[1]很早就提出人体脉象随着季节变化的周期性,并在《素问·脉要棺微论》中指出:"万物之外,六合之内,天地之变,阴阳之应,彼春之暖,为夏之暑,彼秋之忿,为冬之怒。四变之动,脉与之上下,以春应中规,夏应中矩,秋应中衡,冬应中权。是故冬至四十五日,阳气微上,阴气微下;夏至四十五日,阴气微上,阳气微下,阴阳有时,与脉为期,之脉所分,分之有期,故知死时。"

可见脉象变化是人体适应自然界阴阳消长的一种周期性变化,因为四时正常脉象的形成是与四时气候变化相一致的。在这里,我们就看到了这种周期性的变化。

由于自然界的季节气候有更替,阴阳盛衰有变化,所以人体的脉象也就出现了"春弦、夏洪、秋毛、冬石"的特点,如图25.9所示。

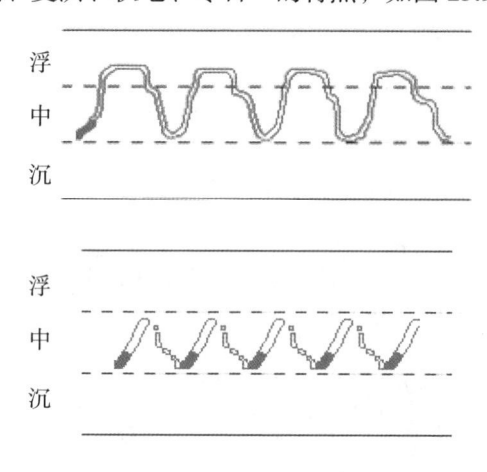

图 25.9　弦脉和洪脉示意图

---

[1]　黄帝. 黄帝内经[M]. 北京:民主与建设出版社,2020.

25.3.4 阴阳运动对应假设

人体热机随着环境温度变化而发生谐振动，它可以用三角函数来表示。则根据开放系统中阴阳因素的定义，我们就可以从这个始点出发来寻找热机系统和中医理论的一致性。

定义：阴、阳因素形成开放、谐振系统，如果能够形成循环、往复系统，则构成热机运动。在物象循环的谐振时间相中，以平衡点为界，谐振两侧分别为谐振的正和负，也就是阳或者阴。平衡位置称为"中"。它的正弦谐振曲线的四项依次命名为升、降、沉、浮。如图 25.10 所示。

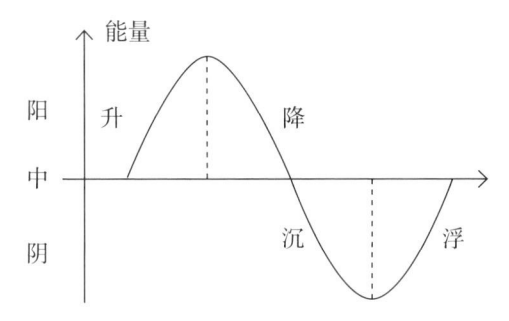

图 25.10 能量谐振的时间相

这样，通过上述对应假设，我们就可以和人文哲学中的阴阳属性的表象、变化一一对应起来。也就是说，阴阳学说的内核与人体热机的理论本质是一致的。由此，我们把这个学说作为人文哲学的一个基本公设，这就诠释了这个学说的基本合理性。人文哲学，通过对人文现象的各种观察，总结出了开放系统的这个基本属性特征，这是它的合理性的根源。由此，我们把这个公设称为"阴阳动力公设"。

25.3.5 阴阳演化对应假设

世界的本质是物质和能量，物质是能量的载体。

定义：一为物质和能量，二为开放系统阳因素、阴因素，三为相互作用，也就是信息能量关系，万物为信能驱动的物象结构。

在道家哲学中，"一生二、二生三、三生万物"是其哲学根源之一。

当我们把物质能量、开放系统的正负因素、物质分形信能关系与一、二、三相对应时，道家的基本哲学就和现代自然科学原理、演化对应了起来（见前文分形生长），且是合理的。由此，我们把这个公设称为"阴阳演化对应公设"。

25.3.6　气与物质能量对应假设

在东方哲学中，气论同样是一个关键的理论。

定义：物质的能量为气，气化也就是能量转化。不同形式的气，即为不同形式的能量和物质表现形式。

这样我们就可以把哲学中的气论和现代科学对应起来。这样，阴阳理论、气论在能量、物质关系上就形成了一个自洽的逻辑体系，它在东方哲学的内核和现代科学之间的对应关系也就一目了然。

25.3.7　阴阳学说数理本质

在人文哲学中，阴阳学说是一个关键内核。它构成了东方唯象学的一个关键内核。通过上述的三个对应假说，我们就找到了阴阳学说和信息能量理论的对应关系。这样，阴阳学说和信能理论之间的数理关系就对应了起来。这样，阴阳学说作为唯象学，就可以和信息能量理论实现架构性的统一，并被构造为数理体系。在人文科学中，这一思想是东方哲学的基本根基，将有可能实现原有理论体系的整体升级和更新、修正。它的数理本质，可能包含下述内容。

（1）开放系统的能量信息关系描述。

（2）开放系统的动力现象描述。

（3）开放系统的时间动力现象描述。

（4）开放系统的演化动力描述。

第 26 章　人体脏腑通信模型

人体形成的各级热力动力系统在热机驱动下实现组织、脏器、行为运动等系统的功能。这个系统的功能是通过人的代谢通路来实现的。而血液循环系统就是物质和能量的代谢通路，它连接了脏器和组织。因此，脏器不仅是这个循环系统的动力驱动因素，同时也是人体热机动力的输入。这就使得血液循环系统作为通路，让脏器之间形成了功能上的闭合通路，同时也对外形成了开环的能量输出通路。这个通信机制和神经的通信使脏器之间可以在物质和能量上形成闭环或者开环的控制。这样，通过生化信号，组织、脏器之间就可以实现物质、能量的信息通信。由此，我们就可以通过建立人体的脏腑之间，脏器与组织、行为之间的物质通信关系，来理解人的生理表现和动力行为。

26.1　人体脏器通信模型

人体热动系统给出了人体供能系统机械运作的基本原理。热动系统源源不断地向人体热机供能，实现能量的转换。热机换能端包含两个关键部分：人体内部的脏器、人体外部机械系统及其附属设施。例如，心脏通过冠状动脉为心肌供能，这是内部器官的供能方式。在外部，人体运动系统的肌肉利用热机提供的能量，实现肌肉收缩，完成运动。这些均建立在人体的血液循环系统提供的能量和物质基础之上。在人体热机系统中，这一过程被简化为一个控制模型，循环系统的血液介质成了信息传递的介质。这时，我们就可以利用信息学与通信模型，来讨论生化信息在人体的调制和表现问题。我们把这个问题称为"热动系统的表征问题"。

人体热机构成了人体热动力的输出装置，也是人体脏器或者其他器官、组织得以不断往复循环运作的基础。在这个过程中，脏器通过对血液介质的化学物质的干预，影响介质物质输送。这时，脏器调制化学物质的过程也就携带了脏器功能的信号，进而被调制进入人体的血液介质中进行传导。到达终端时，信号通过热机换能的机制表现出来，或者说脏器的功能信息被解调出来，这就构成了脏器信息在终端部分的信息通信问题。根据这一思路，我们就可以建立人体热动系统信息表征理论。

26.1.1 人体人际系统信息映射模型

人体热机的本质是 ATP 和 ADP 循环，它存在于人体的所有脏器组织和人体外周的所有组织中，因此，它是分布式的，如图 26.1 所示。在图 26.1 中，内部脏器的肌肉和组织是热机燃烧能量的输出机构，驱动脏器运行。在这里，为了简便起见，我们只画了肺部和外部的肌肉和组织。通过图 26.1，我们可以看到一个基本事实，任意脏器活动依赖热机提供的能量，实现自我功能。而这个过程，我们已经在脏器的相互作用关系部分中进行了讨论。

肺、肾、肝、脾等脏器的功能，均是通过物理、化学方法改变血液中的物质，实现对血液的成分进行改变，从而影响其他脏器。这个关系本质上是个信号调制关系。在前面内分泌调谐部分中，我们也用类似的观念进行过讨论。我们把这个关系简化出来，也就构成了图 26.2 所示的关系，即内部脏器通过化学的、物理的方式对血液介质成分水平加以改变，相当于一个调制器，使得对应的调制的化学成分、物理成分发生改变。当这个化学信号成分、物理成分通过血液达到热机终端时，则通过肌肉组织的接收（物质接收、能量的接收）也就翻译出了对应的调制信号。这时，外在的脏器、器官、组织也就构成了调制信号解调器。

第26章 人体脏腑通信模型

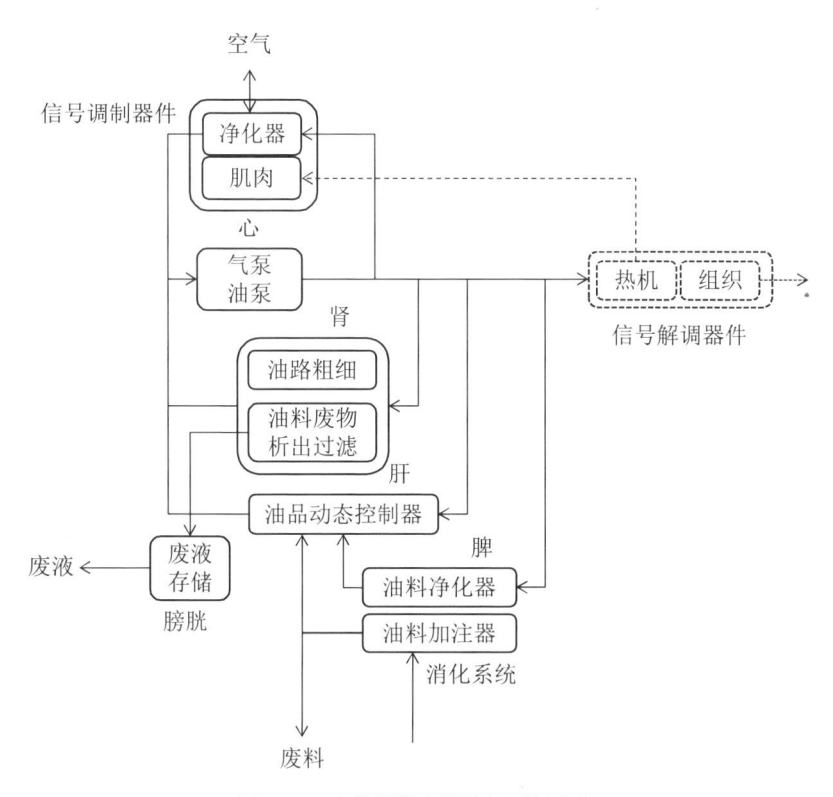

图 26.1 人体脏器功能信号调制关系

图 26.2 人体脏器功能信号调制关系

以血液稳定状态时的化学组分作为参照，则任何一个脏器的活动变化都会诱发对应的化学成分发生变化。设某个器官调制的化学信号记为 x，终端输出的信号为 y。因为血液是平衡介质，该信号注入血液介质中应是对等的，则可以得到：

$$y = x \tag{26.1}$$

设脏器为 o_i，也就是第 i 个脏器，则式（26.1）可以写为

$$y = x(o_i) \tag{26.2}$$

这就意味着，人体脏器的功能活动信息均可以在任意的人体终端中被解调出来。

26.1.2 脏器信号矢量

如果一个脏器输出的信号是多种独立信号，信号的变量可以分别记为 v_i（第 i 个独立信号变量），则这些信号变量就可以用矢量 S_I^{VIS} 来表示，即

$$S_I^{VIS} = \begin{pmatrix} v_1^{VIS} \\ \vdots \\ v_i^{VIS} \\ \vdots \\ v_n^{VIS} \end{pmatrix} \tag{26.3}$$

式中，n 为独立变量的个数。经循环系统，这个信号被传递到外周末端，而被接收到的信号矢量，则记为

$$S_o^D = \begin{pmatrix} d_1^D \\ \vdots \\ d_i^D \\ \vdots \\ d_n^D \end{pmatrix} \tag{26.4}$$

式中，S_o^D 为信号矢量；d_i^D 为第 i 个显示出来的信号变量。因此，循环系统就承担了通信功能，也就是实现把脏器输入到它的信号变换到外周接收端，它可以用一个矩阵来表示，我们称为"脏象矩"，记为 T^{VIS}。它们之间的关系可以表示为

$$S_o^D = T^{VIS} S_I^{VIS} \tag{26.5}$$

这样，我们只要找到了脏器调制信号的矢量，就可以建立这个通信矩阵，也就建立了信号的调制和传递关系。

脏器构成的功能系统向外周和肌肉组织的运动系统进行能量供给，满足组织的代谢需要，在外行为系统实现了杠杆系统的肢体运动，在身体内部则实现了肌肉运动系统的收缩和舒张。

运动系统是一个标准的拮抗系统，利用拮抗属性不断实现功能复位。所以，拮抗系统实现了往复的循环。而人体热机系统需要源源不断地向运动系统进行热力能源和物质的供应。

这个关系决定了，脏器构成的热力供应的输送系统和运动系统之间需要建立通信和控制关系。这个问题，我们称为"运动系统热力控制问题"。这一章，我们重点来讨论这个问题。

26.2 人体脏器调制关系

人体五脏均可以对人的血液实现信号的调制，并在外周各处显现出来。而通信关系则需要借助生物学的人体生理学、生物化学等的基本原理，来建立这个通信关系。因此，在这一节，我们需要根据五脏的功能学原理，建立其和周边的通信关系。

26.2.1 肺信号的调制与解调

肺通过血液循环，实现外周组织和肺之间的气体交换。氧气和二氧化碳是其交换的主要物质。根据前文的机理，这个过程包含以下两个基本过程。

（1）氧气的吸入和交换过程。

（2）二氧化碳气体的排出过程。

从通信原理上看，这是两个不同的过程。前者是肺对血液氧气信号的调制过程；后者则是对二氧化碳的解调过程，如图 26.3 所示。

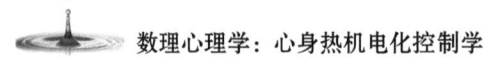

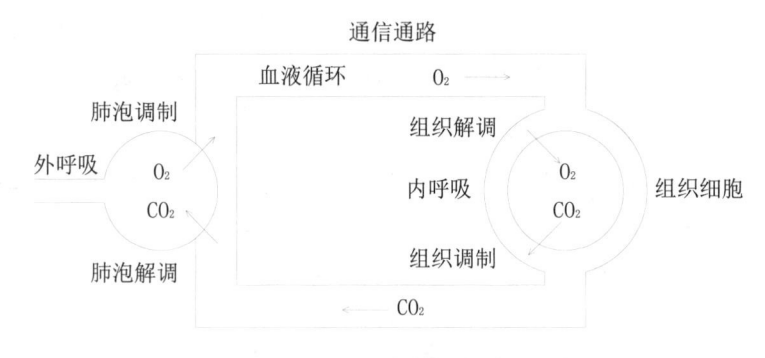

图 26.3 气体交换

肺的功能是实现外界气体的进入和废气输出。根据生化原理，在肺部，血红蛋白（Hb）把携带的二氧化碳释放出来，并和氧气结合。这个过程可以用化学式进行表示：

$$Hb + O_2 \underset{O_2 \text{ 分压降低}}{\overset{O_2 \text{ 分压升高}}{\rightleftharpoons}} HbO_2 \qquad (26.6)$$

根据这个关系，我们可以得到肺实现 1 份氧气的输入，则会实现 1 份氧气在外周输出的结论。因此通信关系可以表示为

$$1O_2 = 1O_2 \qquad (26.7)$$

人体的组织、器官需要氧气实现外周的能量物质的氧化反应，从而实现物质代谢。因此，肺的功能会影响到外周的代谢活动，而这个量就会通过这个关系体现出来。因此，这个方程，我们称为"肺氧信号调制－解调通信关系"。《黄帝内经》提到的"肺主皮毛"，是这一功能的直接反映。

同样地，二氧化碳的调制和解调形式也可以用化学式来表示：

$$HbNH_2 + CO_2 \underset{\text{在肺内}}{\overset{\text{在组织}}{\rightleftharpoons}} HbNHCOO + H^- \qquad (26.8)$$

这个关系的本质是通过组织对二氧化碳的调制，并将二氧化碳加载到血液上，通过肺又解调出二氧化碳。这样，它们之间的关系可以表示为

$$1CO_2 = 1CO_2 \qquad (26.9)$$

设肺和组织的调制信号，用矢量 $\begin{pmatrix} O_2 \\ CO_2 \end{pmatrix}_I$ 来表示：

组织和肺的解调信号,用矢量 $\begin{pmatrix} O_2 \\ CO_2 \end{pmatrix}_O$ 来表示,则它们之间的信息通信关系,可以表示为

$$\begin{pmatrix} O_2 \\ CO_2 \end{pmatrix}_O = \begin{pmatrix} 1 & \\ & 1 \end{pmatrix} \begin{pmatrix} O_2 \\ CO_2 \end{pmatrix}_I \tag{26.10}$$

这个过程清晰地表明,这个通信关系满足物质守恒。

26.2.2 心脏动力信号调制与解调

心脏是血液的驱动机构,利用血液作为流体的特性将血液泵出,这就构成了血流的动力。因此,循环系统就构成了信号的传递的介质,把这个动力情况传递到人体的四周,并被显现出来,这就构成了心脏动力信号的调制与解调。通过这个信号,就可以了解心脏的动力情况。揭示这一机制需要依赖血液流变学。

设在 t_0 时刻,心脏每次泵血输出的能量为 $E_I^H(t_0)$,心脏的跳动频率为 f_I^H,则心脏的输出功率 P 为

$$P = E_I^H(t_0) f_I^H \tag{26.11}$$

如果每次泵出的血液的体积为 v^H,单位体积内的能量为 ρ^H,则可以得到

$$E_I^H(t_0) = \rho^H v^H \tag{26.12}$$

代入式(26.12),则可以得到

$$P = \rho^H v^H f_I^H \tag{26.13}$$

由心脏跳动引起的能量输送经过血管进行分配后到达人体周边的外周位置,记为 $E_O^H(t_0+t)$;设它的衰减系数为 K^H,则可以得到

$$E_O^H(t_0+t) = K^H E_I^H(t_0) \tag{26.14}$$

这个关系,我们称为"心脏动力信号调制与解调通信关系"。《黄帝内经》提到的"肺主血脉"是这一功能的直接反映。

而这时,周边位置心脏传出的跳动频率和心脏相同,记为 $f_O^H = f_I^H$,则

得到的能量功率为

$$P_O^H = K^H E_I^H(t_0) f_O^H \qquad (26.15)$$

可见，这是一个数字化的频率编码。这个输送过程可以用通信的方式来表达，则可以得到下述关系：

$$\begin{pmatrix} P_O^H \\ f_O^H \end{pmatrix} = \begin{pmatrix} K^H E_I^H(t_0) & \\ & 1 \end{pmatrix} \begin{pmatrix} P_I^H \\ f_I^H \end{pmatrix} \qquad (26.16)$$

这个关系，我们称为"心脏周边通信方程"。而在循环系统中，心脏频率的变化可以改变四周的能量获取。《黄帝内经》提到的"心主血脉"是一个关键性的结论。从这个数理关系中，我们可以看到心脏对血液的控制关系。

26.2.3 肝脏信号调制与解调

心脏所泵出去的能量物质主要满足外周的热机所需的能量。而实时地对血液中的能量水平进行调节是肝脏的功能。设心脏输出的能量的平均含量为 $\overline{E_I(t_0)}$，它的动态变化值为 $\Delta E_I(t_0)$，这个值可以是正值，也可以负值，且满足以下关系：

$$E_I^H(t_0) = \overline{E_I(t_0)} + \Delta E_I(t_0) \qquad (26.17)$$

把式（26.17）代入式（26.16）中，则可以得到

$$\begin{pmatrix} P_O^H \\ f_O^H \end{pmatrix} = \begin{pmatrix} K^H \left[\overline{E_I(t_0)} + \Delta E_I(t_0) \right] & \\ & 1 \end{pmatrix} \begin{pmatrix} P_I^H \\ f_I^H \end{pmatrix} \qquad (26.18)$$

从式（26.18）中，我们可以看到，肝脏调节了外周末端的整个机械系统的动态能量变化。而动态能量变化恰恰是整个肌肉系统整体运作的动因，也就是肝脏直接通过"筋"系统实现力的释放。肝主筋的原理也就显现了出来。

26.2.4 脾脏信号调制与解调

脾是人体的主要脏器，它是重要的免疫器官，在生理上，它具有下述

重要功能。

（1）T 细胞和 B 细胞所在的场所。脾是成熟淋巴细胞所在的场所，其中 B 细胞约占脾淋巴细胞总数的 60%，T 细胞约占 40%。

（2）免疫应答发生的场所。作为外周免疫器官，脾与淋巴结的主要区别在于，脾是对血源性抗体原生免疫应答的主要场所，而淋巴结主要对由引流淋巴液而来的抗原产生应答。

（3）过滤作用。体内约 90% 的循环血液经流脾，脾可以使血液得到净化。

（4）合成生物活性物质。脾可合成并分泌某些重要活性物质。

上述四条是脾脏在热机系统中的重要功能，这些功能也决定了它具有为肌肉提供合成生物活性物质，并补充细胞因子等能力。这样，我们就揭示了脾脏对肌肉的控制关系，并揭示了脾脏如何影响肌肉功能的发挥。

《黄帝内经》有"脾主肌肉"的功能性描述。从生化关系上来看，这一关系也在事实上成立。

26.2.5　肾脏信号调制与解调

肾脏的作用主要是对代谢的物质进行过滤，使血液中的物质维持在一定的生化水平。这样，肾脏功能的能力强弱就可以通过对血液代谢物质的滤除能力体现出来，这就构成了肾脏功能的调制信号。在人体生理学中，用清除率来计算肾脏对某一物质的清除情况：

$$C = \frac{UV}{P} \quad (26.19)$$

式中，C 为血液清除率；U 为尿中某物质的浓度；V 为每分钟的尿量；P 为血浆中某物质的浓度。

血液通过肾之后，化学成分发生变化，也就是生化信号发生了变化，则肾脏的排泄功能的信号也就被显现了出来。肾脏就等同于一个"信号的调制器"，对血液信号进行了调制。

这样，我们就得到了五个脏器对血液生化信号的调制关系。

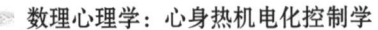

26.2.6 五脏对血液的信号调制

五脏通过对血液循环系统中物质的影响，从而构成了信号通信关系，并对末端组织的代谢产生影响。而脏器的代谢又通过血液进行输送，因而，通过对血液中物质信号的调制，脏器之间也就会发生相互影响。它们对信号的调制关系，用图 26.4 来表示。

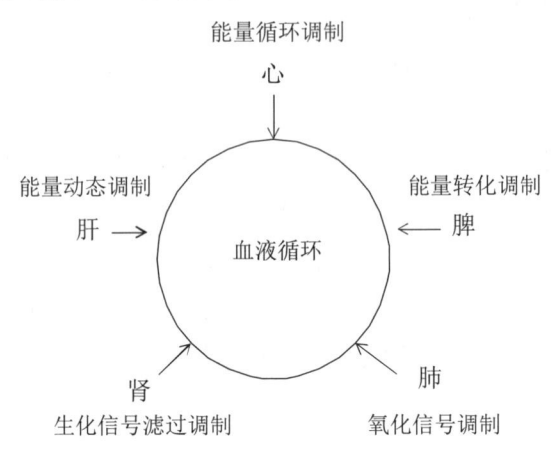

```
                    能量循环调制
                         心
                         ↓
   能量动态调制        ╭─────╮        能量转化调制
       肝  →         │血液循环│         ←  脾
                     ╰─────╯
                    ↗         ↖
                   肾           肺
            生化信号滤过调制   氧化信号调制
```

图 26.4　五脏信息源对血液的信号调制

在这个关系中，肝的能量调制，会影响到心脏泵出去的能量。而心脏功能的强弱，会影响到血液中脾对营养物质的转化。而脾转化的物质，又会影响到物质的氧化，进而影响到肺的功能的发挥。而肺的功能的发挥，又会影响氧化的速度和代谢速度，并进而影响到代谢物质的滤除。而这个生化环境的平衡，又反过来影响肝的进一步能量的转化。

26.3　人体外周运动系统

人体外周的运动系统的本质是骨骼和肌肉形成的杠杆系统。由此我们就可以把它作为一个功能单位，或者说是一个"运动单元单位"，且在人体中具有普遍性意义。我们可以把运动系统热力控制问题加以简化，从而搞清楚这个运动单位的热力控制与供应问题。

26.3.1 运动系统

人的运动系统由骨、骨连结和骨骼肌三种器官组成，以不同形式连结在一起构成骨骼支撑着人体活动需要的生物器官，并构成了人体的基本形态，也就是人体骨架。人体的骨架，也就具有以下几个方面的作用：支撑身体、保护脏器、行为制动。在这里，我们主要讨论它的运动动作的制动。

26.3.1.1 运动系统机械机构

人体的骨架是肌肉的附着物。在肌肉中，运动神经元深入肌肉内部，肌肉在运动神经支配下，进行屈伸和收缩，做出各种复杂的制动动作。这时，形成的动力作用是物理意义的杠杆运动。骨架、肌肉、神经系统是人类运动赖以制动的物质外壳，三者共同构成了生物机械系统的动力控制系统。

26.3.1.2 运动机械原理

人体的骨骼系统主要利用"杠杆原理"完成机械动作。达到运动的目的。杠杆是整个人体中最基本的机械装置。人体的骨骼系统主要包含三类杠杆：等臂杠杆、费力杠杆和省力杠杆。

26.3.1.2.1 等臂杠杆

人的头部在运动时，如做点头或者抬头动作，脊柱顶端形成支点，头颅的重力是阻力，在肌肉拉动下，支点前后的肌肉配合起来，有的收缩有的拉长，形成低头仰头动作，动力臂和阻力臂近乎相等。这时形成的杠杆是一种等臂杠杆，如图 26.5 所示。

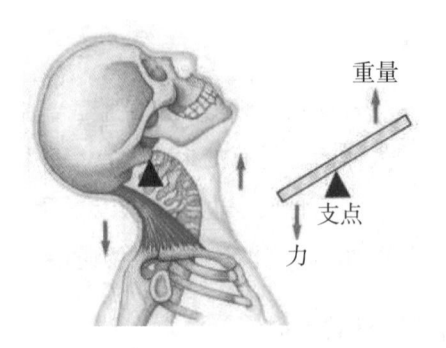

图 26.5　等臂杠杆

26.3.1.2.2　费力杠杆

人的手臂绕肘关节转动是一类典型的费力杠杆。在人的屈肘运动中，肘部成为支点，肱二头肌提供的拉力成为杠杆运动的动力。而在手中的重物则产生了阻力。在这种情况下，根据物理学中的杠杆原理，动力臂小于阻力臂长度。这时，手臂做运动时就比较费力。这时构成的杠杆就成为费力杠杆。这种杠杆可以在极短的时间内产生较大动作，提高了工作效率，如图 26.6 所示。

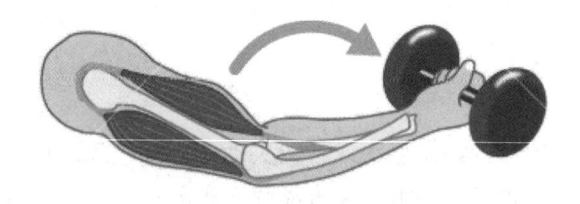

图 26.6　费力杠杆

26.3.1.2.3　省力杠杆

我们走路抬起脚时，脚就是一个杠杆。脚掌根是支点，人体的重力就是阻力，腿肚肌肉产生的拉力就是动力。杠杆模型如图 26.7 所示。这种杠杆可以克服较大的体重，是省力杠杆。

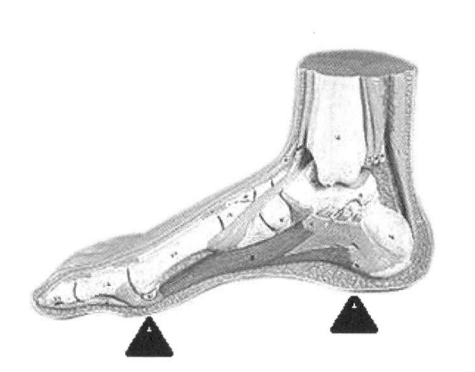

图 26.7　省力杠杆

26.3.1.3　运动系统功能

运动系统的主要功能是，在人脑指挥下完成各种指令动作。从这个意义上讲，运动系统也是人的外周机械行为系统，其功能主要包含以下三条。

（1）运动系统主要的功能是运动。简单的移位和高级活动，如语言、书写等，都是由骨、骨连结和骨骼肌实现的。

（2）运动系统的第二个功能是支持。构成人体基本形态，如头、颈、胸、腹、四肢，维持体姿。

（3）运动系统的第三个功能是保护。人的躯干形成了几个体腔，颅腔保护和支持着脑髓和感觉器官；胸腔保护和支持着心、大血管、肺等重要脏器；腹腔和盆腔保护和支持着消化、泌尿、生殖系统的众多脏器。

26.3.2　运动系统热力控制构成

在杠杆系统基础上，生物组织又附加了各种附件为生物组织的往复运转提供各种保障，这就实现了人的运动系统的热力控制。综上两个原因，运动系统主要由五个部分构成：血液循环系统、肌肉、筋、骨、覆盖的皮肤，如图 26.8 所示。血液循环系统负责整个系统的能量和物质供给。

```
┌─────────────────────────┐
│          皮肤            │
│  ┌───────────────────┐  │
│  │        筋          │  │
→ │  │  ┌─────────────┐ │  │
血液│  │       肌肉      │  │
← │  │  │  ┌───────┐  │ │  │
│  │  │  │   骨   │  │ │  │
│  │  │  └───────┘  │ │  │
│  │  └─────────────┘ │  │
│  └───────────────────┘  │
└─────────────────────────┘
```

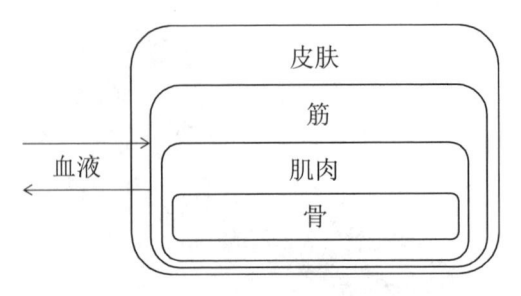

图 26.8　运动系统热力要素结构

在这里，我们采用中医的概念，把肌肉、肌腱、韧带、筋膜、腱鞘、滑囊、关节囊、神经和血管，甚至关节软骨、关节盂缘等，合在一起的结构称为"筋"，它在整体上实现了运动系统的行为动作。皮肤则负责对上述结构进行包裹。

26.3.3　脏象问题

人体的热机系统的本质，是人体脏腑协同、拮抗所形成的人体的热化学的热力学系统。热机系统使得我们看到了人体工作的第一个基本的底层框架。

利用人体热机系统的血液循环形成的闭环环路，实现了对人体的外周系统供能。血液携带的物质是脏器系统工作的结果，每个脏器对血液的供给状态均产生影响，并进而影响到外周系统的状态。从这个始点出发，人体的外周也就携带了人体脏器的信息，这就构成了"脏象"问题。中国的"岐黄理论"就发现了这一基本的生理特征，并成为医学诊疗的关键技术。在这里，我们将从信息科学出发，建立关于脏象的基本数理理论。

26.3.4　肾脏信号调制与解调

肾上腺是一类重要的腺体组织，它通过生化信号的反馈系统，实现对骨生长信号状态的调控。肾上腺激素分泌的糖皮质激素，在细胞生物水平上促进成骨细胞成熟和分化，维持骨合成；但过量时会诱导成骨细胞凋亡，抑制软骨细胞增殖，延长破骨细胞寿命，引发骨矿化减少。它受促肾上腺激素（ATCH）调节。

这样，我们就可以看到肾上腺对骨生长的控制作用。《黄帝内经》提到了"肾主骨"的控制关系，这样，在生化层次上，我们就找到了这个控制的信息环路。因此，我们就找到了《黄帝内经》中的五个脏器对外周器官的控制关系，见表26.1。

表 26.1 五脏信号调制关系

五脏	五脏功能	信号原理
肺	肺主皮毛	氧气调制
心	心主血脉	心跳频率调制
肝	肝主筋	力学调制
脾	脾主肉	营养物调制
肾	肾主骨	骨生长激素调制

26.3.5 外周功能单元的信息学本质

根据上述内容，我们就可以得到一个基本的事实：由循环系统作为基本的信息传递介质，根据生物化学或者物理机制，人体的五个脏器和外周的运动系统之间形成了信号通信关系。这个关系满足通信科学中的调制和解调关系。

（1）五脏承担了信号的调制器角色。它的功能状态通过血液循环系统被传递到外周。

（2）外周的运动系统的功能单元承担了解调器的角色，它的工作状态是五脏工作状态的显示。

26.4 人类象学

脏器功能的变化，通过人的血液循环系统的信号调制，被传递到人的外周系统，这就为观察人类脏器的功能状态提供了渠道。信息学中的调制原理，确立了人类象学的基本原理。这一学科，在中国的古生物学中，建立了它的标准体系，并形成了一个专门的学科分支：脉象学和脏象学。

数理心理学：心身热机电化控制学

26.4.1 脏象学原理

这样，根据脏器的调制和周边的解调原理，就可以建立关于脏器状态观察的基本原理，也就是脏象学原理。在这里，我们将对上述关键性信息过程的指标参量进行数理定义。

26.4.1.1 脏象学原理

根据上述内容，脏象形成的对应关系是对一个完整的外周动力单元系统而言的，包含血液循环、肌肉、皮肤、骨骼、筋五个要素的运动单元系统。利用这个关系就可以找到它们之间的通信映射关系，这是脏象映射的关键。

26.4.1.2 骨原理

骨是上述独立系统的一个基本要素，它是肌肉的基本载体。而事实上，在人体肌肉驱动的运动系统中，并不是每个系统都具有"骨质"意义的骨头。在数理意义上，还存在一类没有"骨质"意义的骨，我们称为"赝骨"。

人的眼球，依靠外部的肌肉拉动眼球做运动，构成了一个独立的运动系统。在这里，我们把通过瞳孔的"视轴"看成一个"骨头"做成的杠杆系统。而把外部眼球的肌肉，理解为固定在这个骨头上的肌肉系统，则就可以根据投射数理关系，建立关于眼部的脏象关系。因此，心对应眼球边角血液的动脉部分，脾对应眼睑的肌肉部分，肝对应瞳孔肌肉括约肌和开大肌，肾则对应穿过瞳孔的视轴，如图26.9所示。

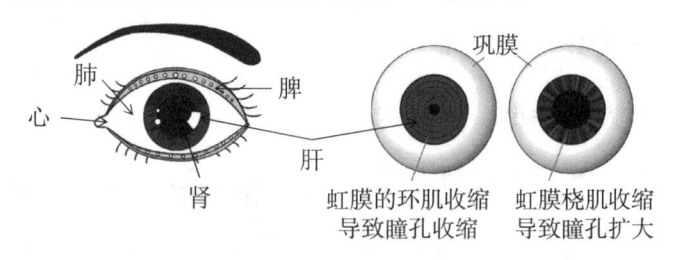

图26.9 眼睛脏象

第 26 章 人体脏腑通信模型

26.4.2 脉象学原理

脉象是相学中的另外一个关键分支。根据血管传递的能量信号和它的波形，就可以获得关于内脏系统加载的各脏器的工作状态，这就形成了脉象。

心脏传递的信号，是以波动的形式传递过来的。根据物理学的相关理论，波的描述需要两个关键参量：波的振幅、波的频率。

心脏形成的脉冲波，就形成了脉搏。脉冲波的波形包含两个主成分：①心脏泵血时形成的冲击波；②脉冲波传递到外周反射形成的回传反射成分，两者叠加，就形成了号脉时的脉搏。如图 26.10 所示。

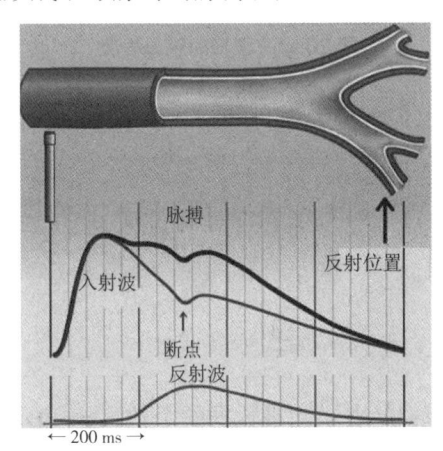

图 26.10 脉象的特征波

根据前面的心脏动力学理论、物理学对于波动的描述和波形的状态，我们将建立关于脉象的功能性理论。

26.4.2.1 波性特征

根据物理学的相关理论，波传递的能量首先和振幅相关。振动能量的大小也是心脏收缩和扩张幅度的反映，包含以下几个关键指标。

26.4.2.1.1 波幅和频率

幅度的大小是关键性的度量指标。在这里，我们把测得的波的最小值和最大值之间的距离称为"波幅"，记为 A^H。心脏跳动的频率也就是波的振动频率 f_1^H。

26.4.2.1.2 狭长程度

波除了振幅和频率之外，还具有一个关键指标，就是它的狭长程度。有的波是又细又长，有的是又矮又胖，如图 26.11 所示。

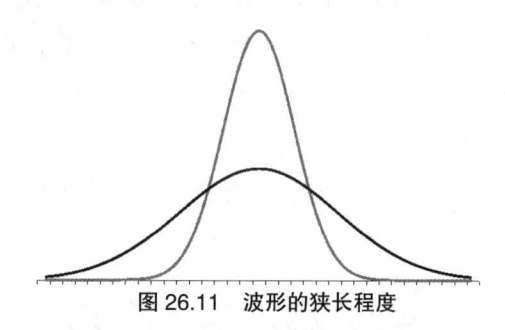

图 26.11　波形的狭长程度

在统计学中，波的狭长程度用四阶矩或峰态量来表示：

$$s^4 = \frac{\dfrac{\sum(x-\bar{x})^4}{N}}{\left[\dfrac{\sum(x-\bar{x})^2}{N}\right]^2}$$

$$= \frac{M_4}{\sigma^4} \qquad (26.20)$$

式中，s^4 表示四阶矩；N 表示测量数据的个数；σ 表示数据的标准差。

$$M_4 = \frac{\sum(x-\bar{x})^4}{N} \qquad (26.21)$$

$$\sigma^2 = \frac{\sum(x-\bar{x})^2}{N} \qquad (26.22)$$

26.4.2.1.3 偏态程度

波形还存在一个波形的峰向某个方向偏向的问题，也就是偏态问题。在统计学中，可以采用偏态量来描述峰的偏态的描述，也就是三阶矩。它的数学表述如下：

$$s^3 = \frac{\dfrac{\sum(x-\bar{x})^3}{N}}{\left[\dfrac{\sum(x-\bar{x})^2}{N}\right]^{1.5}} = \frac{M_3}{\sigma^3} \qquad (26.23)$$

式中，s^3 表示三阶矩；σ 表示标准差；N 表示实验数据的个数。

$$M_3 = \frac{\sum(x-\bar{x})^3}{N} \quad (26.24)$$

$$\sigma = \sqrt{\frac{\sum(x-\bar{x})^2}{N}} \quad (26.25)$$

26.4.2.1.4 波动与心脏功能的对应性

从上述的四个指标中，我们可以发现脉搏和心脏的四个功能相对应。

（1）心脏振动的幅度和脉搏的振幅对应。

（2）心脏振动的频率和脉搏的频率对应。

（3）狭长程度、偏态程度和心脏振动泵出的血量、时间对应。

这四种指标的对应性就和中医的脉象中的波形关联在了一起，并给出了各种波形的名称，如弦脉、浮脉、细脉。弦脉是一个"又矮又胖"的波，如图 26.12 所示。而浮脉则对应着偏态的波形，如图 26.13 所示。细脉则是对称的波形图，如图 26.14 所示。

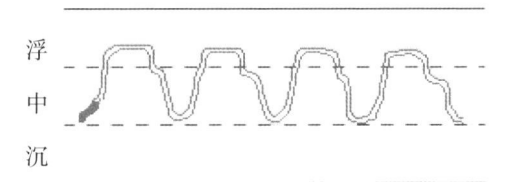

图 26.12 弦脉波形图

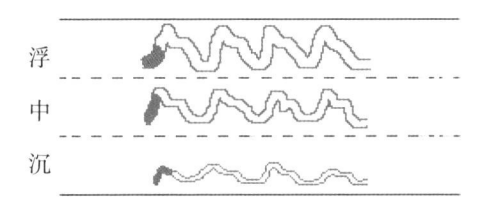

图 26.13 浮脉波形图

数理心理学：心身热机电化控制学

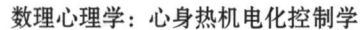

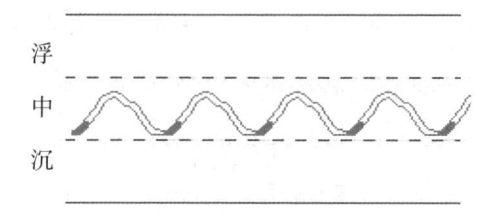

图 26.14　细脉波形图

26.4.2.2　复合脉象

心脏的活动受到各种因素的调谐（见前文调谐方程），使得稳定的心脏的跳动，在基础频率上保持一个稳定的能量状态。它的基础能量状态，使得不同的波形的平衡中心可以出现上下的平移。脉象学中，可以用"浮、中、沉"三个等级来标识平衡中心的变化，如图 26.15 所示为在不同能量等级上的波形。

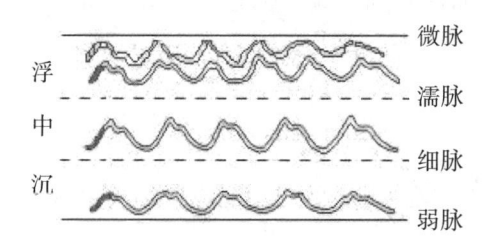

图 26.15　弱脉

把振幅和平衡中心的变化组合在一起，就又可以形成不同的脉象，如图 26.15 所示。例如，弱脉在沉的等级，称为"弱脉"。在中的等级，称为"细脉"。在浮的等级，称为"微脉"和"濡脉"。这种情况我们在数理上称为"复合脉象"。

中医存在数脉的个数的做法，它的本质是脉的传播速度的反映。把脉的振幅和速度结合在一起，就形成了对脉的动力描述，如紧脉。它反映的是动力的张紧程度，如图 26.16 所示。

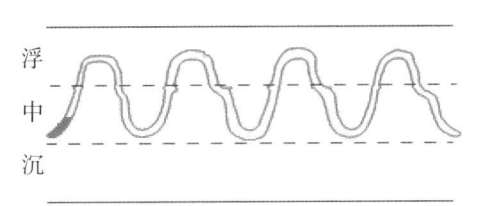

图 26.16　紧脉波形

26.4.3　脏象学数理本质

对于人体的外部而言，手、脸、耳、足等均是血液循环系统的终端。根据血液信息调制理论，人体的脏器功能就可以在上述部分显示出来。中医脏象学根据医学的实践，总结出了脏象映射。图 26.17、图 26.18、图 26.19 所示是人体脏器在手掌、脚掌、耳朵上的映射。

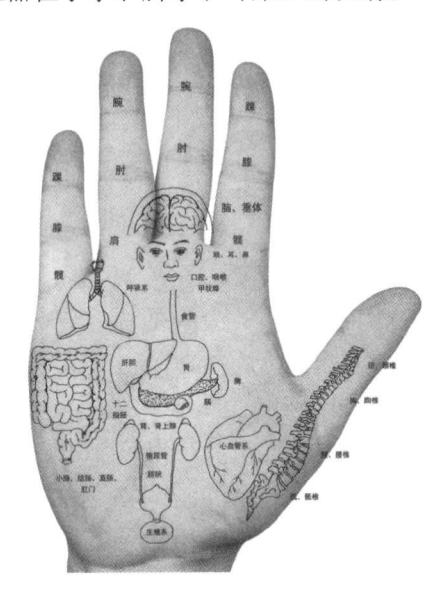

图 23.17　手掌脏器映射

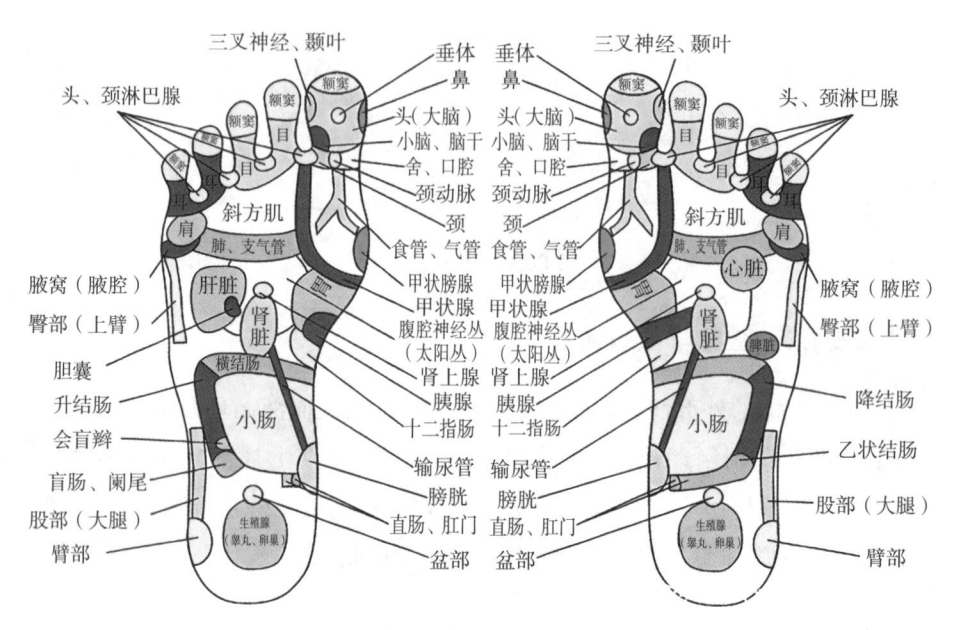

图 26.18 人体脏器在足部的映射

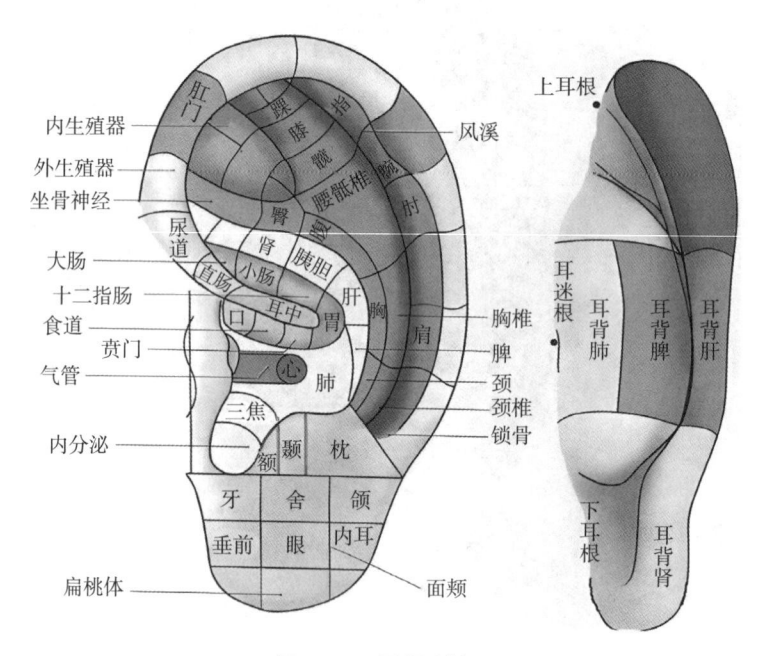

图 26.19 耳部映射

脏象学是中医重要的关键理论。从人体热机的信息学本质来看，它是人体脏器信息在外部的表征，这从根本上揭示了中医脏象学的数理本质。这一机制的揭示也就从根本上给出了另外一个关键依据，即依赖对人体外表的终端信息的观察，是完全有可能观察到脏器的活动情况。这就为中医的脏象学理论提供了直接的现代生物学、信息学与理论科学的依据。

在未来，更精细的脏象的特征学和信息理论的结合和诠释，需要更深层次的数理。它需要进一步形成深度理论。

第 27 章　人体脏器五行作用关系

人体的脏器通过血管联系在一起，并通过内分泌物质，实现通信，使得五脏之间又形成相互促进、相互制约的关系，从而使得五脏形成"热机"系统，在整体上协同而成为平衡系统。岐黄医学中，把这个关系简化出来，就形成了"脏器的五行模型"。

27.1　人体热机相互作用关系

只有人体热机系统各个脏器间协同，才能实现机械系统的配合工作。任何一个脏器部件的失衡都会造成热力系统的失衡。因此，人体热力系统部件之间也就存在相互作用关系。建立它们之间的相互作用关系也就是在整体层次上找到热机系统的系统动力学机制。这里面主要包含两类关系：约束关系和促进关系。

27.1.1　约束关系

热力系统的各个部件之间的工作效能，同时也会受制于其他部件的功能。这类关系，我们称为"约束关系"。约束关系存在才能使系统之间实现平衡。约束性关系主要包含五种类型。我们将根据"血液生化"的基理阐述这五类约束关系。

27.1.1.1 气泵与净化器约束关系

心脏把进入心脏的静脉血泵入肺中,通过肺中的毛细血管扩散,实现氧气(O_2)和二氧化碳(CO_2)的交换。因此,血液中两种成分的浓度决定了肺中气体的扩散方向,这就使得心脏和肺,利用血管建立了约束关系。氧气的输送依赖血红蛋白(Hb)来实现。根据生物化学相关理论,它们之间的关系满足:

$$Hb + O_2 \underset{O_2 \text{ 分压降低}}{\overset{O_2 \text{ 分压升高}}{\rightleftharpoons}} HbO_2 \qquad (27.1)$$

这个结合的过程不受任何酶帮助,只受 O_2 分压的影响。在组织液中,氧气的释放则通过分压方式和血红蛋白分离实现。

二氧化碳的运输过程相对复杂,在生物化学中,这一机制已经清楚。二氧化碳在组织液和血液的结合模式及在肺中解离的模式如图 27.1 所示。因此,在生理学上,二氧化碳的运输也就表现为心脏对肺的一个约束关系,它通过这两个化学关系来实现。

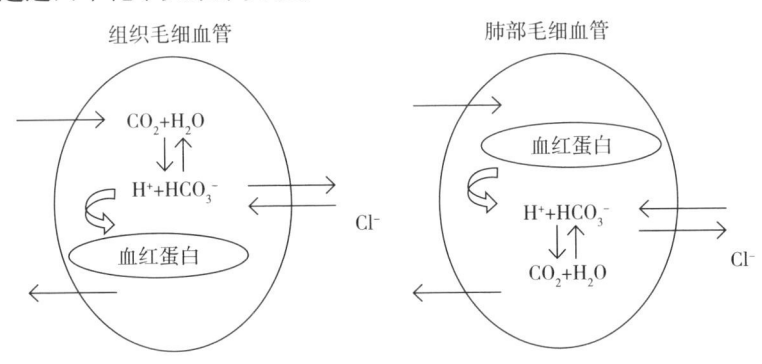

图 27.1 二氧化碳在血液中运输

27.1.1.2 油路控制与油泵关系

心脏负责把来自肺的新鲜血液泵向全身的功能,这是由血管构成的通路来实现的。在这个系统中,血管的通路并不是保持稳定不变的,它的粗细程度受到肾上腺素的调节。也就是,它调制了油路的粗细程度。

肾上腺位于肾脏上部，左右各一个，由肾上腺皮质（adrenal cortex）和肾上腺髓质两部分组成。

肾上腺髓质分泌两种信号介质：肾上腺素、去甲肾上腺素。通过这两种激素使有机体处于准备应激状态，引起出汗、心率加快、外周血管舒张、胃肠血管收缩等与交感神经系统活跃时类似的现象。从本质上讲，这实现了血液循环系统通路的自动化控制，实现消化系统通路收缩性活动的减弱，同时实现了其他通路的舒张。这和神经电控制关系也相配合起来：在心脏获得加强调谐的信号时，消化系统也同时处于抑制状态。

从这个意义上讲，肾上腺提供的循环系统通路管径的粗细控制功能，是心脏泵血的一个物理约束。同时，肾上腺素还作用于网状结构的某些部位，激活交感神经系统，再次促使肾上腺分泌激素，由此形成维持生理活性的循环。

去甲肾上腺素具有肾上腺素的类似作用，由于去甲肾上腺素是交感神经系统中的神经递质，它直接促进交感神经系统的活动，因此，在生理学上，则表现为去甲肾上腺素是肾对心脏功能的一个制约。

27.1.1.3　净化器与动态监测关系

肺是人体的氧气和二氧化碳的净化装置，氧气向血液的注入和二氧化碳的解离、输出均是在肺内实现的。而这两种物质会影响血液介质的酸碱平衡。如果呼吸系统发生病变，氧气降低，过度通气，大量二氧化碳排出，则血液 pH 升高，引起呼吸性碱中毒。如果出现排出障碍，二氧化碳滞留，则血液 pH 下降，则会引起呼吸性酸中毒，也就是使血液介质的平衡性被破坏。酸碱平衡是物质代谢平衡的基础。肝的动态调整功能是建立在平衡性基础之上的动态调整。这就意味净化器功能制约着动态监测的功能，也就是肺的功能制约着肝的功能的发挥。

至此，我们就建立人体热力系统与人的脏器之间的关系。在这一关系下，我们确立了这几个脏器之间的制约关系。

第27章 人体脏器五行作用关系

27.1.1.4 油料加注与油料过滤关系

循环系统要实现的就是通过血液把能量物质输送到各个脏器的终端和人体的终端，这个过程也就是能量的代谢过程。能量代谢过程的基本模式，如图27.2所示。它的本质也就是营养物质在人体内消化的过程。

人体的代谢物质的摄取主要以消化系统为主。代谢物通过血液，循环到人体的四周；通过化学反应，释放出热能。它的生化范式如图27.2所示。在这个方式中，消化系统是人体的燃料注入机构，代谢产物以二氧化碳和水为主。在这个机构中，水和其他代谢物的排出，则通过肾脏的过滤实现。

在这个过程中，脾担负着对血液进行净化的功能，被净化后的血液经肾过滤而排出体外。因此，净化质量的好坏会影响到肾对血液中废物的过滤与排出。这样，脾就构成了对肾过滤进行影响的约束关系。

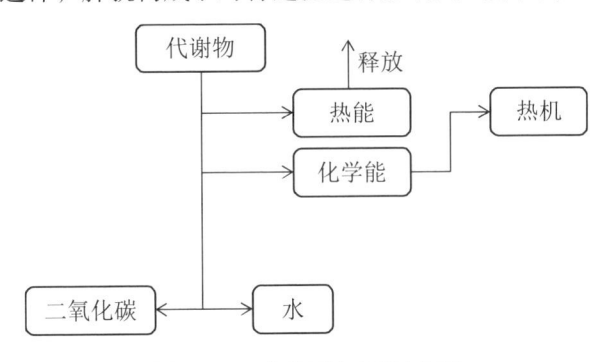

图27.2 二氧化碳在血液中运输

27.1.1.5 油品动态控制与油料注入关系

在血液介质中进行循环的物质，处于相对平衡的状态。但是，这个状态也会发生动态性变化。这就意味着，要维持稳定的能量、物质状态，需要有专门的装置对血液介质中的物质、能量、清洁程度等进行实时的调整。根据生理学相关理论，肝脏及其附属器官，承担着这一基本功能。因此，从生理学的功能出发，我们把肝作为对"物质"和"能量"做实时动态调整的器件。而脾是免疫系统，负责血液的净化，维持血液介质的相对纯净。

人的血液介质主要会出现以下几种形式的变化。

（1）能量的实时波动变化。

（2）毒素的实时波动变化。

（3）营养物质的实时波动变化。

根据生理学和生物化学相关理论，肝具有调制上述物质与能量动态变化的能力，表现为以下几个基本功能。

（1）能量调控功能。它可以把血液中过多的能量转换为糖和脂肪进行存储，在缺乏能量时将糖原和脂肪实时进行释放。

（2）毒素调控功能。它可以监控到血液中毒素的变化，对毒素进行处理，并进行排放。

（3）营养物质调控。它可以实现对维生素等的波动进行响应，在这些物质波动时实现调控。

肝所具有的这个功能可以用图 27.3 来表示。设能量、物质在血液中具有某个平均水平，当这个水平发生变化时，肝实时进行调制：当高于平均水平时，则向下进行调制；反之，则向上调制。调制的信号关系依赖肝脏形成的生化信号的反馈关系，在这里就不再展开了。

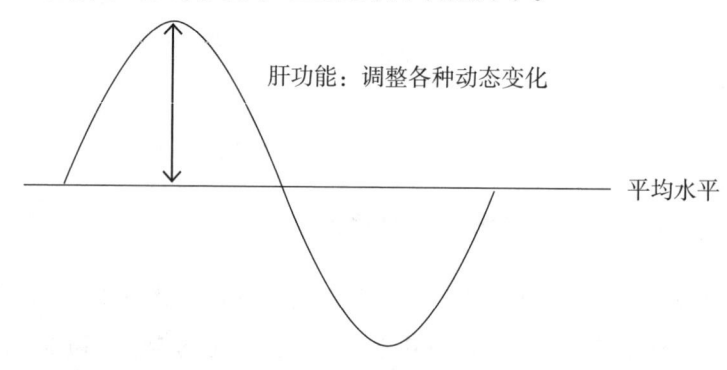

图 27.3　肝的实时动态调整功能

引起血液中代谢物质发生变化的关键原因，是消化系统对外界能量与物质吸收引起的各种物质的动态波动。肝脏对其进行的是负反馈的调谐方式，从而构成了一种物质制约关系。从生理学上讲，这构成了肝对脾功能的制约关系。

第 27 章　人体脏器五行作用关系

27.1.2　五行相克数理本质

在中医中，五行是一个基本的数理关系。在这个关系中，有一个基本的关系：心克肺、肾克心、肝克脾、脾克肾、肺克肝，如图 27.4 所示。而在中医中，脾胃又往往被理解为消化系统。这里为了和现代生物学相一致，进行了修改。因此，这个关系就和上文达成一致。这样，"人体热机模型"和"生化关系"就被揭示出来了。

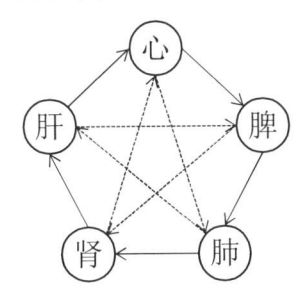

图 27.4　五行相克关系模型

根据上述推理，在人体热机模型中，各个脏器依赖血液作为物质和能量传输的介质，依赖生化产生的功能关系实现脏器之间的相互作用，使得热力系统的各个部件之间形成相互制约关系，从而达到一种约束关系。这样，我们就在数理性上，证明了中医中"脏器相克"的数理底层。这一基础关系的确立也就使得"五行"纳入了现代科学的逻辑架构中。

27.1.3　热机间的促进关系

人体热力学系统的本质是不断实现能量的稳定输出，因此会出现下述的拉动关系。当心脏刺激加速后，输送到外周的能量增加，代谢过程加快。这就意味着，人体免疫系统功能的增强，心则对脾功能起到促进作用。

免疫系统功能的加强意味着进入肺的物质增加，肺的活性得到加强，从而使得人体需要的氧的量加大，加快排出代谢的二氧化碳。如图 27.2 所示，新陈代谢过程中水和有害物质也会增加，肾的析出物质和废液排量也会增加。这是代谢过程的基本要素，即代谢过程要实现加强，气体净化（肺）

·323·

的功能会得到加强，也就是肺促进了肾的功能的加强。肾的功能得到拉动，使得血液保持稳定水平。这时，肝要对血液中各种物质的动态变化调制迅速响应，使得能量物质的输出能够稳定，这个功能是对血液输出品质的一个拉动。这个连锁反应关系，在脏器功能上，也就构成了一个功能上的级联反应。这样，我们就得到图 27.4 中的促进关系，也就是五行中的"相生关系"。而图 27.4 也是"中医"中五行相生相克的关系。这样，我们就在整体上得到了五个脏器之间的基本的数理关系。

27.1.4 消化与腺体相互作用

热机模型存在一个油料加注器件，它是由人的内消化系统及其附件组成的，包含胃、小肠、大肠、胆。这里，我们将讨论它们之间的相互作用关系。

物体在胃部进行初步消化，排入小肠。小肠对营养物质进行吸收。在这个过程中，胆参与其中。胆是胆汁存储机构。肝脏产生胆汁经肝管排出，在胆囊贮存。在进食后尤其是高脂肪食物后，小肠内分泌细胞分泌胆囊收缩素，使胆囊收缩，排出胆汁，促进食物和脂类的吸收。这个关系，就构成了一个基本的促进关系，也就是胆对小肠功能有促进作用。肝产生胆汁的关系，我们记为肝→胆。从数理上讲，这也是一个映射关系。

同理，肾的过滤物是水及矿物质。过滤物的存储机构是膀胱。肾和膀胱在功能上就存在数理的映射关系，我们记为肾→水，或肾→膀胱。

脾和胃，在解剖学上，通过系膜联系在一起。在数理上，这也就形成了一个数理的函数映射关系，记为脾→胃。

小肠的消化依赖营养物质通过表皮细胞的吸收扩散，血液的流量和泵取能力决定了吸收能力，则心脏的泵血能力和小肠吸收之间产生功能性映射，记为心→小肠。

肺是空气的净化和排出装置，也就是排出机构。消化系统同样需要排出机构。因此，二者在功能上的映射关系可以表示为肺→大肠。这样，我们在数理上就得到了函数映射关系。

脏器与映射对象的关系见表 27.1。

第 27 章 人体脏器五行作用关系

表 27.1 脏器与映射对象的关系

序号	脏器	映射对象
1	肝	胆
2	肾	膀胱
3	脾	胃
4	心	小肠
5	肺	大肠

将表 27.1 中的每个脏器用它的映射物来代替，并代入到图 27.4 中，则可以得到如图 27.5 所示的关系，这就是在五行中的另外一层相生相克关系。这样，我们就得到了中医理论中完整的"相生相克关系"。

图 27.5 消化器官与膀胱相互作用

综上所述，我们通过热机模型并结合生物学的基本常识，推理出了中医脏器之间的相生相克关系。这样，它的数理本质也就显现了出来，即脏器间的相生相克本质上是对人体热力系统的协同性能的总概述。

27.2 人体热机功率模型

人体热机是在五个脏器共同作用下形成的一个热力驱动的热机，它们又依赖相互作用关系构成了协同系统。因此，这就需要我们在五个脏器的功能基础上，建立整体水平上的人体整体热机的数理描述模型，这构成了这一节的工作重点。

27.2.1 热功率模型

心脏输出的能量是整个循环系统中能量输出的基础。因此，从心脏的能量输出出发，我们将逐级分解出人体热机的各个要素，从而确立人体热机的数理描述模型。

27.2.1.1 心脏项

设在 t_0 时刻，心脏每次泵血输出的能量为 $E_I^H(t_0)$，心脏的跳动频率为 f_I^H，则心脏的输出功率为

$$P^H = E_I^H(t_0) f_I^H \qquad (27.2)$$

如果每次泵出的血液的体积为 v^H，单位体积内的能量为 ρ^H，则可以得到

$$E_I^H(t_0) = \rho^H v^H \qquad (27.3)$$

代入式（27.2），则可以得到

$$P^H = \rho^H v^H f_I^H \qquad (27.4)$$

这样，我们就得到了心脏对外输出的能量和功率关系。通过频率的控制，心脏实现了对人体供能的影响。我们把 f_I^H 项作为反映心脏动力因素的关键因子，称为"心脏项"。

27.2.1.2 肝脏项

设心脏输出的能量的平均含量为 $\overline{E_I(t_0)}$，它的动态变化值为 $\Delta E_I(t_0)$，这个值可以是正值，也可以为负值，则满足以下关系：

$$E_I^H(t_0) = \overline{E_I(t_0)} + \Delta E_I(t_0) \qquad (27.5)$$

把式（27.4）代入式（27.5）中，则可以得到

$$P^H = \left[\overline{E_I(t_0)} + \Delta E_I(t_0)\right] f_I^H \qquad (27.6)$$

在这个因子项中，肝的因素被引入了进来。设血液中的物质能量平均密度为 $\overline{\rho^H}$，由肝调制引起的能量密度的变化为 $\Delta \rho^H$，且满足 $\overline{E_I(t_0)} = \overline{\rho^H} v^H$，

$\Delta E_1(t_0) = \Delta \rho^H v^H$。则会有以下关系：

$$E_1^H(t_0) = \left(\overline{\rho^H} + \Delta \rho^H\right) v^H \tag{27.7}$$

代入到心脏的输出功率表达式中，则可以得到

$$P^H = \left(\overline{\rho^H} + \Delta \rho^H\right) v^H f_1^H \tag{27.8}$$

式中，$\Delta \rho^H$ 是肝脏调制的结果。因此，我们把这一项称为"肝脏项"，它反映了肝脏对能量的调节作用。

27.2.1.3 肺脾肾项

在上述章节中，我们引入了能量密度，而心脏的能量密度和血液的能量注入因素有关。根据循环系统的工作机制，引起能量变化的因素主要包括肺、脾、肾。

肺和空气交换，排出二氧化碳，吸入氧气，引起能量变化。设单位体积内，由于气体交换，引起的平均能量密度的变化记为 $\overline{\rho^L}$；经过脾进入人的血液的单位体积的平均能量密度记为 $\overline{\rho^S}$；经肾过滤排出各种粒子和代谢物，引起人体的水和粒子浓度发生变化，由此引起的单位体积内平均能量密度记为 $\overline{\rho^K}$；由其他脏器或者腺体引起的血液的平均能量密度发生的变化记为 $\overline{\rho^O}$；则可以得到下述关系：

$$\overline{\rho^H} = \overline{\rho^L} + \overline{\rho^S} + \overline{\rho^K} + \overline{\rho^O} \tag{27.9}$$

由此，我们就得到了热机功率输出的公式：

$$P^H = \left(\overline{\rho^L} + \overline{\rho^S} + \overline{\rho^K} + \overline{\rho^O} + \Delta \rho^H\right) v^H f_1^H \tag{27.10}$$

我们可以看到，人体热机的五个因素在式（27.10）中就被分离了出来。这样，我们就得到了人体热机的热力输出功率的表达。这个公式，我们称为"五行热力公式"。

27.2.2　五行热力公式的意义

根据心脏输出的功率公式，我们建立五脏和热机功率之间的数理关系。它将具有下述几个方面的意义。

五行是中国古人在实践中建立的一个唯象学模型。在这个模型中，五脏的相互作用关系和它们对人体热机的作用关系，被清晰地表达了出来。

五行热力公式中的其他相，实际是其他脏器，包括小肠、大肠等对能量物质的吸收，从而产生的对循环系统中能量的影响。这些可以通过这个项目的分解，实现对其他脏器功能的引入。这就使得这个模型具有了广泛意义的普适性。

五行热力公式是现代生物学、热力学、生物物理学、中医理论相交叉产生的结果。这样，在整体水平上的、脏器关系的、五行唯像学模型，就和脏器工作的微观机制，通过现代的生物化学，连接在了一起，从而具有了数理描述的逻辑模型。这一关系的建立使得中国医学的一个关键性理论基石得到了理论证实。

27.3　食物热力属性假设

食物是人体摄入的基本物质。在中医中有对食物进行冷暖性质的划分。在这里，我们试着用自然科学的基本原理，对人的食物的热属性进行划分。它的科学性则留待科学实验进行有效验证。

27.3.1　物体的热属性

热力学对物体热动性质的描述具有一套独立的科学体系。它的基本量是物体的"温度"，通常用符号 T 来表示。它也是对物体内能描述的关键参量。例如，物体的温度越高，则物体的内能越高。

热容是描述物体吸热和放热的一个量，记为 C。设物体吸收或者放出来的能量为 Q，质量为 m，温度的变化为 ΔT，则吸收和放出的能量为

$$Q = Cm\Delta T \quad (27.11)$$

这是热传导过程，在化学反应中，则会出现能量释放和吸收。设 A 和 B 为参与化学反应的物质，二者反应产生 C；且反应过程中，催化物质为 D，吸收或者放出的能为 w；则这个过程就可以表示为

$$A + B \xrightarrow{D} C + w \tag{27.12}$$

27.3.2 食物与热感假设

我们把对热的感知称为"热感觉"，也就是热感，它是一个"心理量"。这个心理量和外部、内部的刺激物的热属性直接相关。我们根据吃进去食物后产生的热感，将食物分为以下几个种类。

27.3.2.1 热容性食物

如果一个食物，在吃入后，主要由热容属性诱发人的冷热感知，则属于热容性食物，如西瓜。当我们吃西瓜后，西瓜的热容比较大，进入胃部后需要吸入大量热能才能达到和人体温度的平衡。我们吃下去后，则感觉比较凉，因此为凉性食物。这些数据需要在实验中进行测量。

27.3.2.2 析热性食物

如果一个食物在食用后迅速被吸收，并释放出大量的热能。这时，我们感觉到身体迅速暖和。这类食物，我们称为"热性食物"。反之，则称为"凉性食物"。

27.3.2.3 媒热性食物

如果一种食物，它的摄入可以促进化学过程的发生并释放热能，也就是这类食物起到了催化剂或者催化媒的作用，则称这类食物为"媒热性食物"，即作为催化物质 D 的角色来起作用。例如，辣椒发热是因为辣椒中的辣椒素，对哺乳动物有强烈的刺激性会加快新陈代谢，所以吃下去发热。

27.3.2.4 挥发性食物

如果一类物品具有挥发性质，在挥发时迅速吸收能量并引起人的感觉量的变化，则这类物体称为"挥发性食物"。例如，薄荷发凉是因为薄荷中含有薄荷脑，其具有挥发性，挥发会吸热所以感觉凉凉的。冰片、酒精感觉凉凉的也是类似原理。

27.3.2.5 感觉常模

人的感知量可以利用"常模"方式划分等级。在中医中，我们认为"平、温、热、凉、寒"是人主观感知的温度的"主观量"的等级划分，也就是对温度感知的"心理量"的不同大小的等级划分，如图 27.6 所示。

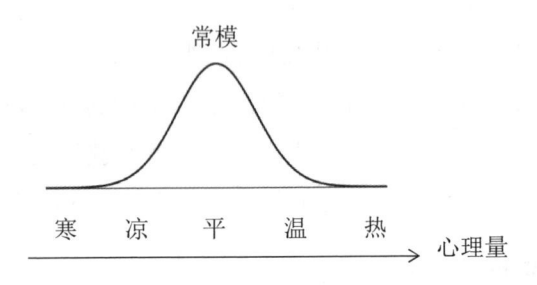

图 27.6 温度感知常模

综上所述，对食物的热力属性的划分是一个依据心理学、物理学关系进行划分的一种假设。这个假设是否成立，需要后来者根据这个设想进行实验属性的验证。

第 28 章 人体热动能量

人体在热力系统驱动下把能量输送到人体的各处，这是人体工作的基础。当我们建立了热动机制后，就可以在整体水平上讨论人体的热动能量流动问题。考虑到人的生物特性、热动特性、物理特性，人的热动能量流动问题也就必然涉及上述三个学科的知识。这就成为本章理论构建的重点。在中国古代科学中，这部分又形成了名为"气论"的唯象学理论。在这里，我们将把这两个体系通过数理理论联系起来，从而成为完备的人体热动能量理论。

28.1 血脉功率方程

人体的血液循环系统是人体的血流输送通道，也是人体的能量输送通道。输送的通道，满足分形几何的特征。这在生物学的实验科学研究中，已经得到这方面的唯象学证据。中国古代科学体系对生物生长进行了总结，并概述为"节气"的规则。节也就是生物体生长的分形单元，气是驱动分形单元生长的能量。因此，它的本质是对生命生长中，能量输送管道的形状与能量驱动关系的描述。在这里，我们将首先建立能量输送、物质输送关系的描述规则。

28.1.1 分形几何形态学

在自然界中，山川、河流、雷电等都具有自己形态，也就是物质形态。

要理解自然地理、生物演化的数理描述，就需要确立分形的基本概念。它的出现使得自然地理、生物形态多样性背后的简单规则被揭示出来。

分形几何是描述分形结构的一种数学。如图 28.1 所示，这是蕨类植物的叶子，这个叶子又由很多的小叶片组成。如果把整个叶子的形状作为一个整体，把其中的一个叶片取出来（二级叶片），就会发现这个小叶片和整个叶片存在相似关系，它们的相似比记为 r。按照这个规则，再把第二级叶片继续往下分，得到第三级叶片。第三级叶片和第二级叶片相比，同样得到一个相似比，依次类推。对于同样一个物种，这个相似比为一个常数。由此，对分形结构的描述，只需要找到两个基本特征：基本的形状单元、相似比。

图 28.1 树叶的分形

也就是说，只要找到了这两个特征量，原则上就可以对分形物体的形状进行描述。因此，设分形中的基本单元的长度为 l_0，相邻两个单位的比例为 r，则第二级的尺寸可以表示为

$$a_2 = l_0 r \tag{28.1}$$

则第 n 级的尺寸，就可以表示为

$$a_n = l_0 r^{n-1} \tag{28.2}$$

28.1.2 脏器结构分形

动物的组织由分形的结构组成。以人体为例，它的分形的结构遍布在

人体的各个系统中。例如，血液循环系统的血管在人体内遍布并构成了树状结构，这些结构形成了分形结构，实现能量的输送。

在人的呼吸系统中，气管是典型的树状结构，如图28.2所示。分形使得脏器器官的通道分布规则而匀称。

图 28.2　肺部器官分形

在这些分形结构中，我们可以观察到一个非常有趣的特征，也就是从自然地理的分形到植物的分形，再到人的脏器的分形，它们之间统一地符合了分形规则。它的内部可能暗示了某种基本的原理。

28.1.3　生物体型与质量关系

动物体的生长过程也就是生物组织的生长过程。生物学对生物生长模式的研究已经有悠久的历史。生物生长也就成了生物科学研究中一个重要的分支。体重和体型关系的研究是一个重要的领域。科学界广泛调查了各类动物的生长，并给出了动物生长的唯象学模式。

分形结构生长的体型和质量之间的关系可以用经验函数来描述。设 Y 是生物体的体型，m 是生物体的质量，则它们之间的函数关系满足[1][2][3]：

$$Y = am^b \tag{28.3}$$

---

① 高闯. 数理心理学：广义自然人文信息力学［M］. 长春：吉林大学出版社，2024.

② THOMPSON D A W. On growth and form［M］. New York：Cambrage university，1945.

③ SERNETZ M，GELLERI B，HOFMANN J. The organism as bioreactor. Interpretation of the reduction law of metabolism in terms of heterogeneous catalysis and fractal structure［J］. Journal of Theoretical Biology，1985，117（2）：209–230.

式中，a 和 b 表示两个常数。

在这个关系中，给出了质量的增加和体型变化之间的关系，满足指数关系。

28.1.4 新陈代谢率与质量关系

任何生物的生长活动总是和新陈代谢有关系，一个朴实的想法是新陈代谢率应该与体型和质量有关系。

Sernetz[①] 讨论了动物代谢率和体型质量之间的关系。设新陈代谢率为 p_m（单位为 J/s），它们考虑到了生物的分形结构。它们的设想是既然身体质量与体积成比例，则体积按照 r^3 比例增减，当 r 是分形的比例因子时，则新陈代谢率应该与身体质量成比例（即与 r^3 成比例）。应该满足下述关系，才能满足线性关系：

$$\log m = b \log m + \log c \quad (28.4)$$

式中，b、c 是常数。

这样，就可以得到

$$p_m = c w^b \quad (28.5)$$

由于 $m \propto r^3$，则可以得到 $p_m \propto r^{3a}$。

上述这些研究，把分形、质量、能量的关系连接起来，极大地推进了生物体结构化演化的研究。它的深层次的研究，我们将在数理心理学的其他分支中进行讨论。

28.1.5 分形形态的推理

设物体的形态为 s，质量为 m，能量消耗的功率为 p_m，设存储的总能量为 W^r。根据一个生长变化过程满足信能方程，则可以得到

[①] SERNETZ M, GELLERI B, HOFMANN J. The organism as bioreactor. Interpretation of the reduction law of metabolism in terms of heterogeneous catalysis and fractal structure [J]. Journal of Theoretical Biology, 1985, 117（2）：209-230.

第28章　人体热动能量

$$\mathrm{d}w_\mathrm{o} = \frac{W^\mathrm{T}}{m}\mathrm{d}m = \frac{W^\mathrm{T}}{p_\mathrm{m}}\mathrm{d}p_\mathrm{m} = \frac{W^\mathrm{T}}{s}\mathrm{d}s \qquad (28.6)$$

式中，w_o 为在生长过程中被转换的输出能量，这是信能方程转换的总能量关系。考虑到中间有能量的损耗，则式（28.6）乘上一个比例系数进行修正，也就是其中一部分的能量，用于生长和代谢。设系数为 λ 和 β，代入式（28.6）可以得到

$$\mathrm{d}w_\mathrm{o} = \frac{W^\mathrm{T}}{m}\mathrm{d}m = \frac{\lambda W^\mathrm{T}}{p_\mathrm{m}}\mathrm{d}p_\mathrm{m} = \frac{\beta W^\mathrm{T}}{s}\mathrm{d}s \qquad (28.7)$$

对式（28.7）积分，则可以得到

$$w_\mathrm{o} = W^\mathrm{T}\ln m = W^\mathrm{T}\lambda\ln p_\mathrm{m} = W^\mathrm{T}\beta\ln s \qquad (28.8)$$

则可以得到关系：

$$\ln m = \lambda\ln p_m \qquad (28.9)$$

和

$$\ln m = \beta\ln s \qquad (28.10)$$

这样，我们就可以得到

$$s = m^{\frac{1}{\beta}} \qquad (28.11)$$

和

$$p_\mathrm{m} = m^{\frac{1}{\lambda}} \qquad (28.12)$$

考虑到分形结构，每一次分形的分叉，下一次分叉结构的质量，是这个质量的一部分，则可以用一个比例因子来表示，这个比例因子，称为分形系数。则上述两个因子，乘以比例系数，可以得到

$$s = k_\mathrm{F} m^{\frac{1}{\beta}} \qquad (28.13)$$

和

$$p_\mathrm{m} = k_\mathrm{F} m^{\frac{1}{\lambda}} \qquad (28.14)$$

式中，k_F 为分形系数。这样，我们就得到了生物学中一个关键的因子与系数。k_F 就是分形的比例系数，也就是 scale 的自相似的比例系数。它体现了两

级之间能量的分配。

28.1.6 血脉能量

信能方程为我们开辟了一个重要的数理通道。从这个角度，我们看到由物质、能量导致的物质形态的变化。人体的血管构成的管道结构逐级实现能量的分配，如图28.3所示。因此，血管中的能量输送和能量分配也必然满足这个分配规则。由于能量由心脏输出，dw_o作为心脏的输出能，血管生长过程的能量分布等均满足下述方程。这个方程就成为理解心脏的能量输送和血管能量分布的关键。

$$dw_o = \frac{W^T}{m}dm = \frac{W^T}{p_m}dp_m = \frac{W^T}{s}ds \quad (28.15)$$

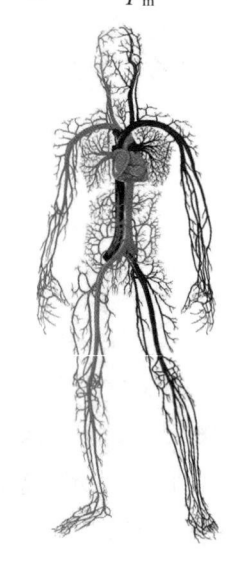

图28.3 人体血管的分形结构

式（28.15）两边同除以dt，可以得到

$$P^H = \frac{dw_o}{dt} = \frac{W^T}{m}\frac{dm}{dt} = \frac{W^T}{p_m}\frac{dp_m}{dt} = \frac{W^T}{s}\frac{ds}{dt} \quad (28.16)$$

式中，P^H为心脏输出功率。而

$$P^H = \left(\overline{\rho^H} + \Delta\rho^H\right)v^H f_I^H \quad (28.17)$$

令 $V^M = \dfrac{dm}{dt}$，$V^{Pm} = \dfrac{dp_m}{dt}$，$V^S = \dfrac{ds}{dt}$，则上式可以简化为

$$P^H = \frac{W^T}{m}V^M = \frac{W^T}{p_m}V^{Pm} = \frac{W^T}{s}V^S \qquad (28.18)$$

这个方程，我们称为"血脉功率方程"。

28.2 营卫信能方程

血液和循环系统输送来的能量达到组织末端，经过血管向组织体液进行扩散，从而为组织代谢提供能量。组织则在这些物质基础上进行能量代谢活动，驱动末端组织的运作，它是靠生化作用来完成的。

28.2.1 营养信能关系

血液提供的物质和能量主要是实现满足生命活动的需要。在这个过程中，它包含两种形式的物质和能量交换：①血液把营养类物质向生物组织的输入；②组织液把代谢类物质或者废料向血液输出，如图 28.4 所示。

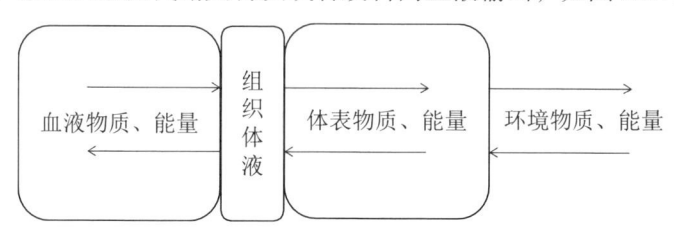

图 28.4 血液的物质和能量交换

向组织液进行扩散的血管是毛细血管。我们将这部分血管存储的能量记为 W_B^T，它的能量变化依赖生物细胞的微观粒子扩散，实现向组织液的进、出。我们把进入组织液的能量的粒子数量个数记为 N_I^M，进入血液的粒子的数量个数记为 N_O^W。考虑到这两个成分并根据信能方程，就可以得到血液的总输出为

$$dw_o = \frac{W_B^T}{N_I^M}dN_I^M - \frac{W_B^T}{N_O^M}dN_O^M \qquad (28.19)$$

对式（28.19）进行积分，则可以得到它的表示形式为

$$w_{\mathrm{o}} = W_{\mathrm{B}}^{\mathrm{T}} \ln \frac{N_{\mathrm{I}}^{\mathrm{M}}}{N_{\mathrm{O}}^{\mathrm{M}}} \qquad (28.20)$$

则组织液的能量变化可以表示为

$$-w_{\mathrm{o}} = W_{\mathrm{B}}^{\mathrm{T}} \ln \frac{N_{\mathrm{O}}^{\mathrm{M}}}{N_{\mathrm{I}}^{\mathrm{M}}} \qquad (28.21)$$

这个关系，我们统称为"营养信能方程"。

28.2.2 体表信能关系

营养物质同样会输入体表。体表是人体的保护组织。这样，我们把体表作为一个系统单位，就可以依据同样的原理建立体表和组织液之间的能量输出关系。

设体液中的总的能量为 $W_{\mathrm{BW}}^{\mathrm{T}}$，体表和组织液之间交换的进入粒子数量和输出的粒子数量分别记为 $N_{\mathrm{I}}^{\mathrm{BW}}$ 和 $N_{\mathrm{O}}^{\mathrm{BW}}$，则可以得到体液总的输出能的表达式为

$$w_{\mathrm{o}} = W_{\mathrm{BW}}^{\mathrm{T}} \ln \frac{N_{\mathrm{I}}^{\mathrm{BW}}}{N_{\mathrm{O}}^{\mathrm{BW}}} \qquad (28.22)$$

同样，体表皮肤层获得的能量的信能表述形式为

$$-w_{\mathrm{o}} = W_{\mathrm{BW}}^{\mathrm{T}} \ln \frac{N_{\mathrm{O}}^{\mathrm{BW}}}{N_{\mathrm{I}}^{\mathrm{BW}}} \qquad (28.23)$$

28.2.3 体表 – 环境信能关系

体表的物质和能量会通过热辐射、对流、汗液等形式向外散失。设皮肤的总的能量为 $W_{\mathrm{S}}^{\mathrm{T}}$，体表和环境之间的交换的进入粒子数量和输出的粒子数量分别记为 $N_{\mathrm{I}}^{\mathrm{S}}$ 和 $N_{\mathrm{O}}^{\mathrm{S}}$，则可以得到体表总的输出能的表达式为

$$w_{\mathrm{o}} = W_{\mathrm{S}}^{\mathrm{T}} \ln \frac{N_{\mathrm{I}}^{\mathrm{S}}}{N_{\mathrm{O}}^{\mathrm{S}}} \qquad (28.24)$$

同样，体表皮肤层获得的能量的信能表述形式为

$$-w_{\mathrm{o}} = W_{\mathrm{S}}^{\mathrm{T}} \ln \frac{N_{\mathrm{O}}^{\mathrm{S}}}{N_{\mathrm{I}}^{\mathrm{S}}} \qquad (28.25)$$

28.2.4 《黄帝内经》气论

在中国古代科学体系中,《黄帝内经》是集成了人文地理、生物学、脏学、医学的一个关键性著作。在这个理论体系中,气论是一个关键性的内容,成为后世医学理论发展的一个重点。根据上述讨论的信能方程,我们就可以建立它和《黄帝内经》的"气论"之间的联系。

28.2.4.1 气动理论

在这里,我们把"气"作为能量。这样,我们就可以看到以下两个关键性的确切论述。

(1) 气随血行。从血脉的功率方程,我们已经看到了它的数理本质,即血液作为物质载体承担了能量输送的任务。也正是基于这一基理,人体热机才能源源不断地运行。

(2) 气滞血瘀。在血液的流变中,如果血液传输系统的能量、动力发生问题,则会出现血流物质的沉积或者淤积,可认为是体虚的体现。它的本质是心脏动力及调谐动力因素导致驱动动力下降,从而影响营养物质的获取和能量的传输。这样,从现在建立的方程体系中,已经可以看到它的全貌。

上述内容,构成了《黄帝内经》气动理论的关键,它的本质是动力学。

28.2.4.2 能量功能分离

《黄帝内经》对能量的功能进行了分类,包括血脉之气、营气、卫气。信能关系给出了它的数理表述形式,这也从数理底层回答了这几种能量的本质,如图28.5所示。

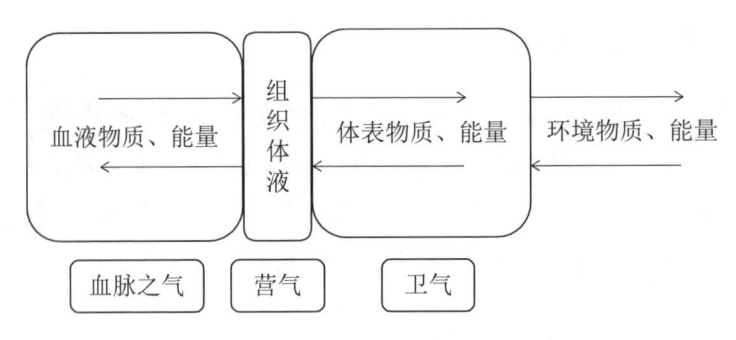

图 28.5 人体气的分类

营气：《黄帝内经》的一个核心概念。在这里，我们把它理解为由血液输送而来的营养物质及其能量。通过体液渗入到组织液和体表，实现能量的供应，也就是由营养物质携带而进入组织液的能量。

卫气：《黄帝内经》的一个核心概念。在这里我们可以看到，它的本质是人体组织表面的保护层，进行代谢活动时的"能量"，它是人体能量的功能形式之一。

28.3 能量耗散过程

上述两节内容揭示了人类官能表层的热力学性质，并把它的信息能量过程显露了出来。这样，我们就可以根据热力学过程来讨论人的组织皮层的能量耗散过程，即了解人体的信息和能量过程，也就理解了人体表层的工作原理。

28.3.1 体表能量耗散模型

为了简化体表能量的耗散过程，我们把组织液和体表皮肤组成的结构统一称为"体表系统"。设这个系统的温度为 T^{WS}，它存储的能量记为 W^{TS}。由于血液输入的能量和体表输入和输出的能量会影响体表系统的温度，这两个外部因素决定了系统是否对外输出能量，并影响到体表的温度，如图 28.6 所示。

第 28 章　人体热动能量

图 28.6　体表能量耗散过程

在这里，体表的温度是一个变量，它的变化影响着能量的输入和输出。设人的恒定温度为 T_0，则根据信能方程，就可以得到体表输出的能量：

$$\mathrm{d}w_\mathrm{o} = \frac{W^\mathrm{TS}}{T^\mathrm{WS} - T_0}\mathrm{d}T \tag{28.26}$$

然后，对式（28.26）进行积分，可以得到

$$w_\mathrm{o} = W^\mathrm{TS} \ln\left(T^\mathrm{WS} - T_0\right) \tag{28.27}$$

28.3.2　外寒因素

从这个方程中，我们可以得到一个关键的表述：如果外部自然环境的温度过低，就会造成体表系统能量的整体外流，使得体表系统温度下降。因此，可能出现以下两种情况。

（1）血液持续供能，保持体表温度恒定。

（2）血液能量失衡，则体表温度迅速下降，并可能影响体表机能的恢复。这时的自然温度的寒冷，就构成了"寒邪"因素。

28.3.3　里寒因素

在考虑到血液供能的情况下，体表温度的维持同样源于血液的供能，而能量一旦不足则体表温度相对较低，这种情况，我们把它称为"体寒"。这需要利用常模的方式来进行统计定标，在这里不进行展开。

第十部分

人体机械动力原理：心身行为

第 29 章　心身关系

心物、心身及与行为之间的关系一直是心理学最为基础的问题之一，并延伸至哲学、生物学。随着对人的整体水平关系的揭示，这三者之间的关系也再次显露了出来上。而在整体水平上，对机械行为特征数理描述也就显露了出来。这时，将心物、心身、机械行为联系在一起就成了一种必然。

在《数理心理学：心理空间几何学》《数理心理学：人类动力学》中，我们已经建立了心理量之间的数理关系并给出了心理学的因果律。在本书中，我们建立了人体控制热动力学机制，并实现了心身动力方程的一个连接，这就使得心物关系、心身动力关系、心身制动行为关系等三个基本关系得到建立。

这样，我们就可以在整体水平上建立整体的人的心理、身体供能（人体热机）、机械运动系统之间的闭环关系，这将是一个大胆的尝试。

29.1　人体感官

人体感官是感觉器、效应器的载体，不仅可以实现信号的获取，同时可以通过效应器的机械制动，完成特定目的的行为动作。因此，要对人体感官进行数理描述，就要在官能层次建立感官之间的功能与配合关系。在人体运动系统机械结构的自由度中，我们已经确立了人体的自由度属性，还需要建立人的感官的功能属性。

29.1.1 感觉器

人体的感官主要包括眼、耳、口、鼻、舌、手、足等，这些感官上分布了视觉感觉器、听觉感觉器、嗅觉感觉器、味觉感觉器、温觉感觉器、触觉感觉器。这些感觉器探测物质客体的属性与特征信息，并通过中枢和心理的反馈信号诱发感觉器官的效应器，实现感官的制动。这就构成了行为反应的闭环。在这个意义上，我们要首先建立关于感官信号的描述集合。

29.1.1.1 视觉描述维度

人的视觉系统可实现物质客体的光信号采集。光的信号包含两个维度：亮度大小、光的波长。任意的光在光的强度上分为黑和白，在颜色成分上，则可以分为 R/G/B 种颜色。

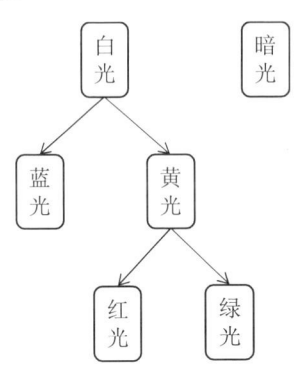

图 29.1 光的完备集

这样，我们就会观察到六种颜色：黑、白、蓝、黄、红、绿。而红绿可以合成黄，则独立的颜色成分就有五种。这就是我们通常说的"五颜六色"。

中医将颜色划分为青、赤、黄、黑、白[①]。青靠近蓝、赤为红，因此在中国唯象学体系中，颜色也就被称为"五色"。

---

① 黄帝. 黄帝内经［M］. 北京：民主与建设出版社，2020.

29.1.1.2 听觉描述维度

人的耳朵是人的听觉器官,它负责采集声音信号。而声音信号是波动信号,对波动信号的描述同样需要两个维度:声音的大小、频率。

耳蜗位于颞骨内,包括骨性结构、膜性结构、耳蜗液、听毛细胞、支持细胞等。耳蜗的骨性结构类似于蜗牛壳,主要由一条骨质的管腔围绕一锥形的骨轴盘旋而成。骨轴中央穿孔可容纳血管和来自听毛细胞的神经纤维,听觉神经纤维以螺旋的方式从骨轴内发出。耳蜗骨管内有两层膜,一为横行的基底膜,一为斜行的前庭膜,此两膜将耳蜗管道分成三个腔,即前庭阶(位于上部)、鼓阶(位于下部)和蜗管(位于中部)。

前庭阶与鼓阶在蜗顶处通过蜗孔相连,内部充满外淋巴液,外淋巴的化学成分与细胞外液(脑脊液)基本相同,即低钾高钠,而前庭阶和鼓阶的钠离子和钾离子浓度略有不同。蜗管充满内淋巴液,与细胞内液相似,即高钾低钠,听毛细胞的毛束位于蜗管的内淋巴液中。而柯蒂氏器淋巴液(柯蒂氏器中细胞间隙充满的液体)的化学成分与外淋巴液相似,充满Nuel氏间隙,听毛细胞浸泡其中(除毛束外),通过网状层与内淋巴液分离。

前庭窗位于前庭阶的开口,这是镫骨踏板的位置。镫骨机械振动,在前庭窗处将振动能量传入内耳。耳蜗很小且充满液体,耳蜗液可看作不可压缩的,犹如一个固体,当镫骨推动耳蜗液做机械运动时,传递到内耳的压力变化在整个耳蜗瞬时发生。圆窗膜位于鼓阶的最基部,配合前庭窗的进出移动。

基底膜与耳蜗骨腔外壁的螺旋韧带和骨螺旋层连接,形成蜗管(中阶)的底部。耳蜗液流动时,基底膜将受到上下腔室的压力作用而上下移动,从而产生行波。耳蜗基部的基底膜较窄较硬,趋向顶端的过程中逐渐变宽变软。这些物理特性决定了基底膜的不同部分对不同频率声波的反应。基底膜的基部对高频声波响应,顶端对低频声波响应。行波的振幅(位移量)在底部相对较小,并逐渐增大,在对刺激频率反应最佳的位置达到峰值;对于所有频率,行波均从底部开始,在其共振频率位置达到峰值后,振幅

第29章　心身关系

迅速下降。基底膜的位移带动听毛细胞运动，进而使其静毛束发生弯曲，导致听毛细胞上的特殊离子通道打开，产生神经脉冲。这样就完成了将声波向神经编码的转换。

耳蜗是人体听觉系统中最重要的结构，它可以作为声音放大器和对不同频率声波敏感的分频器（对声音刺激进行频率辨别）。

从物理上讲，行波是耳蜗管内基底膜及其周围耳蜗液之间的流体结构相互作用（FSI）的产物。基底膜的纵向耦合很小，它可以近似地描述为一个由许多局部纤维组成的集成系统。耳蜗行波响应是复杂的，受流体特性（如流体密度和黏度）、基底膜自身特性和柯蒂氏器中外毛细胞的支持活动的影响。

Von Bekes[①] 表示在一定频率的声波刺激下行波振幅将出现峰值。这时，基底膜发生最大位移的位置取决于刺激频率，并发生在与基底膜的局部固有频率相对应的位置。对于高频声波，峰值发生在更靠近基底膜的底端；而对于低频声波，它发生在更靠近基底膜的顶端。由此，基底膜的每个位置都对应于一个特定的频率，称为"最佳频率"（BF）或"特征频率"（CF）。这种频率-位置对应关系使基底膜成为一个傅里叶变换器，这就形成了耳蜗频率选择性的基础。

基底膜的质量几乎是一个常数，可表示如下：

$$M(x) = M_0 \quad (29.1)$$

式中，M_0 是靠近基底膜底端部位的质量，此时 $x = 0$。

基底膜的刚度通常以指数递减的形式表示：

$$K(x) = K_0 \exp(-\alpha x) \quad (29.2)$$

式中，K_0 是靠近基底膜底端部位的最大刚度，此时 $x = 0$；α 是指数衰减系数。

根据基底膜的物理特性，可建立基底膜上不同位置的共振频率与该位

---

① PURIA S, ROSOWSKI J J. Békésy's contributions to our present understanding of sound conduction to the inner ear [J]. Hearing Research, 2012, 293 (1-2): 21-30.

置基底膜的质量和刚度的数学关系，表达式如下：

$$\omega^2 = \frac{K(x_r)}{M_0} = \frac{K_0}{M_0}\exp(-\alpha x_r) \quad (29.3)$$

式中，ω是角频率；x_r是理论共振点。基底膜的最大位移位置主要取决于其刚度和质量的比率关系。由此可知，不同频率的声波进入耳蜗后，分别达到基底膜的特定位置x_r。

在简谐振动中，单位时间内物体完成全振动的次数叫作频率，用f表示。角频率表示单位时间内物体振动转过的角度。从单位圆上可以看出，物体振动一次转过的弧度是2π。则可以推出，角频率是频率的2π倍，即$\omega=2\pi f$。根据角频率与频率的关系，可写出频率与基底膜位置的关系式：

$$f_0 = \frac{1}{2\pi}\sqrt{\frac{K_0}{M_0}} \quad (29.4)$$

$$f_r = \frac{1}{2\pi}\sqrt{\frac{K_0}{M_0}e^{-\alpha x_r}} \quad (29.5)$$

这就是基底膜上行波的频率-位置对应关系，可实现对复杂声波的频率分区。在人的耳朵内，神经利用半规管采集了高、中、低三个频率成分，并实现换能。因此，人的听觉系统获取声音也就包含两个维度：响度和频率成分。这暗示了声音的描述至少包含了五个独立成分：响度高、低，频率的高、中、低。中国古代发展了完备的声音定标的官方标准，形成了完备的乐理体系，并给出了最为基础的五音——宫、商、角、徵、羽，并利用"黄钟律"来规定声音的一个相对标准。它的本质是也是以声音大小和频率的两个维度来进行描述的。关于中国五音和心物之间是否存在一一对应关系，仍然需要进行证明。

例如，采用竹笛的长短进行音乐的定标，如图29.2所示。这是因为经过竹笛的空气柱，空气柱越长，振动的频率越低，音调也就越低，这时的声音也是最低的。从本质上来讲，竹笛的长度，也就定义了不同的人可以分辨的频率。尽管中国古代没有使用物理的频率的量，但发展了一套频率、声强的标注方法。这在心理物理意义上可以实现描述体系的转换。确切地讲，中国古代的定标标准是物理量–心理量，它是一套"心理物理学标准"。

图 29.2　中国定标声音的竹笛

（资料来源：http://www.360doc.com/content/23/0211/17/35107833_1067187152.shtml）

29.1.1.3　味觉描述维度

舌是探测味觉的器官，它通过味蕾获取关于固体、液体的属性和特征量，在这些物质量的换能下实现对味觉的探测。要了解味觉，首先要知道物质的化学成分维度，也就可以发现味觉的维度。

固体或者液体的成分溶于水形成溶液，具有一定的酸碱度，也就是pH，它由物质的 H^+ 或者 OH^- 来决定。所以，在人的味觉中具有区分酸碱度的感觉器，这就构成了"酸"觉。

在人体摄入的化合物中，盐是一类重要的化合物，它由金属离子和酸根离子组成。因此，探测盐的成分也就成为一类重要的感觉。人的舌头上，恰恰进化出了这一类传感器。

人体摄入的物质主要满足人的能量和物质代谢的需要。因此，糖分是一类重要的物质。区分糖的多少就构成了一个重要的感觉。而在非糖类的有机物中苦味物质是一类重要的物质。区分苦味物质的多少就构成了一个重要的感觉。这样，在人的味觉系统中，我们就可以看到一个标准的按照化学成分形成的味蕾的感觉探测系统，形成的完备集合。而辛辣并不属于味觉探测，它属于痛觉的探测。

29.1.1.4 嗅觉描述维度

鼻子是人的重要的嗅觉器官。嗅觉和味觉一起对物体的三态的化学成分进行成分探测，从而形成完备的信号集合。

鼻腔由鼻甲骨、嗅黏膜构成。嗅黏膜中含有600万个嗅觉感受细胞，即双极神经元，呈筛状板排列，主要功能是受到气味分子的激活后产生并发送电信号。嗅球位于脑的底部，是嗅束末端的突触，主要功能是接收嗅觉感受器输出的电信号。

嗅球内部有大量神经元，即僧帽细胞。每个嗅觉感受细胞发出一个轴突到嗅球，在此处嗅觉感受细胞的轴突与僧帽细胞的树突形成突触连接。这样，来自嗅觉感受器的电信号经由突触连接到僧帽细胞的树突再传送到嗅束并最终传送到脑的高级区域。嗅觉神经结构如图29.3所示。

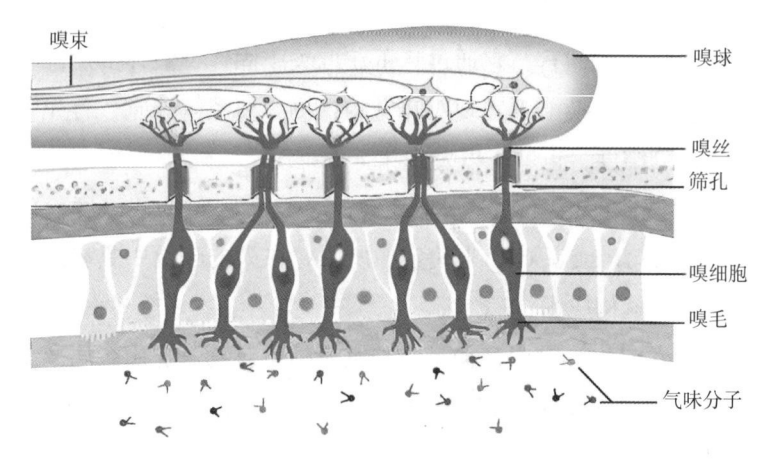

图29.3 嗅觉神经结构

（资料来源：https://news.mydrivers.com/1/706/706768.htm）

嗅觉感受器的电信号可对不同化学成分进行反应，并对不同性质的气体进行换能，由此实现信息编码，之后把信号投射到人的嗅球。这就意味着嗅觉的信息编码结构是二维编码，既要对信息的大小进行编码，同时也要对气体的成分进行区分。

29.1.1.5 触觉描述维度

机械性的活动与皮肤作用会诱发皮肤触觉的反应，称为"触觉"。皮肤内部分布着各种形式的感觉器触点，用于接收机械刺激。

触觉小体存在敏感的神经细胞，当感受到触摸压力时就会产生神经电流信号，电流信号就会随神经纤维到达大脑。这样，大脑可以马上分辨出触摸的程度以及信号的位置。皮肤的触点大小相同，分布在身体的各个不同部位，如腹、头、背、腿等处。腹部的触觉灵敏，而小腿和背部的触觉迟钝。正常皮肤内感知触觉的特殊感受器有三种：迈斯纳小体、梅克尔触盘和Pinkus小体。在有毛皮肤中，毛发感受器是触觉感受器的一种；在无毛发的皮肤中，则主要是迈斯纳小体。

除上述感觉器之外，还存在温觉感受器，这里不再展开讨论。

29.1.2 广义感官模型

29.1.2.1 人体感官结构模型

人的感官系统是一个独立工作的基本单元。根据生物解剖学、人体生理学相关理论，人的感官系统一般包含以下几个关键部分：感觉器、效应器、骨、皮肤等附属组织。在神经、血管供能、营养补给、免疫系统作用下，人的感官系统形成一个完备的独立功能单元。

感觉器主要由神经及探测信号的换能装置构成。肌肉及与之相连的神经末梢或者运动神经元接收神经的促发信号，实现对抗肌的运作或者润滑作用（腺体）。它们合起来称为"效应器"。肌肉组成的整体依靠肌腱和骨头连接，实现器官的杠杆运动，即实现器官运动动作的制动。我们把效应器和骨形成的结构称为"制动器"。

皮肤覆盖在器官的表层，实现对器官的封装和保护。整套系统由血管实现能量和物质供应，并提供免疫类的生理保护。

我们把这个模型称为"人体感官结构模型"，如图 29.4 所示。这个模型，我们可以推广到人体的任意具有独立性质的器官。因此，这个模型就被称为"广义器官模型"。任意独立的器官具有独立的功能构建，形成功能循环往复的生物功能单位。

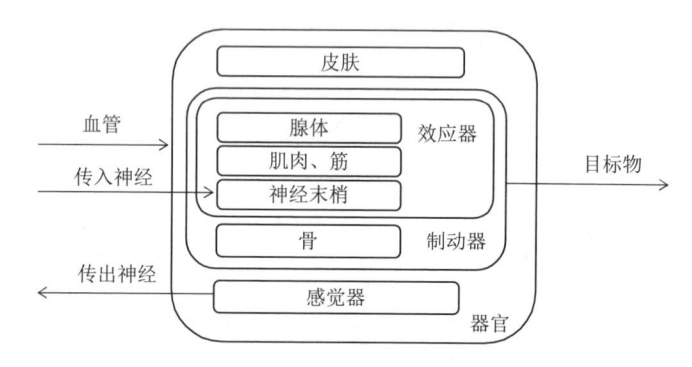

图 29.4　人体感官结构模型

考虑到它的广义性，有些部件如果具有缺省值，则这些项可以为 0。例如人的眼球部件，视轴可以理解为人的肌肉的附着结构，而视为一个假想的骨头，称为"赝骨"；人体的内脏不包含骨头，则把骨作为"零"；其他类同。

29.1.2.2　五官系统

在人体中，人的感官包括眼、耳、口、鼻、舌、手。五官是首–腹自由度中头部重要的感知与响应系统，它独立地构成了 SOR 反射闭环的信号反馈系统。它和人体供能系统相连接，并作为人的"感知"功能与人的高一级精神活动相连接。它包含了三层功能关系：心物关系、心身动力关系、心身制动的行为关系。

因此，对五官动力系统的关系的研究也就构成了对心身研究的关键。建立眼、耳、口、鼻、舌之间的信号处理的完备、自洽关系，是理解人的多个自由度协同关系的关键，也是建立行为主义在机械制动动作上的描述的关键。

29.2 人体感官制动行为描述

人的任意一个感官均是一个独立功能单位，它受五脏驱动，而具有脏象学特征，同时又是一个生物机械系统，可以做出各种制动动作。因此，这个系统通过血管通信连接了供能系统，通过神经系统连接了心理系统，通过感觉器传感使得物和心连接。它的制动也就是行为动作。唯象学建立了心理、身体与行为的对应、相关关系。行为问题是西方心理学的瓶颈问题，行为主义始终未回答心理与行为的关联关系，并给出行为的确切定义，即采用什么样的量来描述行为。

在这里，我们将根据"数理心理学"前期建立的理论，并根据中医理论建立唯象学体系，确立心理、身体供能、五官官能行为之间的数理体系。根据这个体系，解决人的"外行为"数理描述体系。即实现人的运动系统、供能系统的动力行为描述。

29.2.1 心理事件认知监控

人类的认知系统本质是对各种事件进行处理。高闯提出数理心理学理论[1][2]，并从认知成分角度建立了情绪成分和认知之间的关系，使得情绪成分和认知量之间的数理关系得到了确立。在这里，我们将重新回顾这个关系。

根据事件结构方程、行为模式方程，任何一个事件的动态属性都需要认知系统进行监控和评价，其中包含几个关键成分：事件结束时，如果设定的目标物被得到，则促发的情绪是"喜"。而当设定的事件目标不能实现或受阻时，则促发的情绪为"怒"。在事件执行中，事件结构项存在很多不确定性因素，对这些不确定因素进行评价而表现出顾虑，从而促发情绪，则为"忧"。而对危险结果的发生进行评价，表现出"惊恐"，则为"恐"。

---

[1] 高闯. 数理心理学：心理空间几何学［M］. 长春：吉林大学出版社，2021.

[2] 高闯. 数理心理学：人类动力学［M］. 长春：吉林大学出版社，2022.

最后，事件执行之前对事件进行的推理、分析，则就构成了思考。因此，喜、怒、思、忧、恐既是人的认知状态，同时也是人的情绪状态，它是人处理事件的动态状态。

29.2.2 人体供能行为

根据行为模式方程，事件的动态行为促发认知系统产生对应评价，并促发人体供能系统进行反应。而人体的供能系统由五脏组成，这就构成了心理量和动力系统之间的信号调制关系：

$$A = V + \Delta V \tag{29.6}$$

式中，A 表示对某个客体具有功能的价值的评价量，V 表示价值量，ΔV 表示由场景引起的人的评价量的改变。

人在高兴时与神经相连的腺体产生一种神经递质——多巴胺，使得神经兴奋，并促进内分泌系统分泌激素，使得人的兴奋程度进一步提高。人在这时的情绪体验是愉快，使得心脏跳动加速。而当事件结果相反时，则产生相反的负性情绪，导致发怒情绪。这时，对事件的反向情绪，引起人体能量波动，从而进一步诱发肝脏活动，实现对波动能量的调节。

恐慌也是一种负面情绪，人在惊恐时肾上腺激素释放，人这时的体验则是恐慌、心跳加快。而与之相反的，则是对不确定性结果的担忧，产生焦虑的情绪。焦虑导致肢体外周反应不畅，供能系统的热机反应不畅，从而使得氧耗出现问题，诱发肺呼吸反应调节。而思考则一般发生在静态情景中，它是一种中性反应，由脾进行调节。这种心身动力关系见表29.1。

表 29.1 人体供能系统与心理量对应关系

序号	供能系统	心理	数理含义	行为道德规范
1	肝	怒	事件受阻	仁
2	心	喜	目标物获得	义
3	脾	思	事件分析	信
4	肺	忧	不确定顾虑	礼
5	肾	恐	危险结果执行	智

中国古人的文化哲学对事件动态处理给出了基本的行为道德规范标准。

（1）当事件受阻时，要采取"仁"的标准，它的本义是对人友善。

（2）对事件的目标物的获得，则采用"义"的标准，它的本义是指合宜的行为表现，而这种合宜的判断标准是社会公认的准则。

（3）对事件的分析，要采取"信"的规范，即它需要使人信服的分析。

（4）对事件的不确定性，要采取"礼"的规范，并不耻下问，礼貌求教。

（5）遇到危险的情况，要采取"智"的规范，即保持镇定、沉着、随机、动态地处理，并获得好的效果。

29.2.3　五官行为功能

人体五官各自具有独立功能。它们既具有感觉器，又具有效应器，通过传入神经和传出神经实现信息闭环。在这个信息闭环中，感觉器和传入神经担负了心物信号采集的功能，传出神经和效应器担负了心身信号执行的功能。因此，人的五官是物、心、身三类信号的集合载体。这类系统的供能又通过五脏构成的热机系统，来实现能量的输入和热机运行。

眼睛，是动机的驱动的视觉信号，是动机执行的反应。高闯将中央眼发出的注视矢量作为动机矢量[1]。因此，眼睛是个体执行动机的动态性行为的反应。在动态行为时，供能的行为受肝脏动态调制，动态活动也是肝的动态动力供能调整的反映。我们认为，中医中"肝开窍于目"，是一个朴实的表达。

舌，既是味觉信号感觉器的富集载体，也是人的语义信号表达的调节机构。人的语言的布罗卡区和MT区（脑皮层背侧通路）的动作执行结构相连，使得人舌进行语义表达。我们认为，中医中"心开窍于口"，是这

---

[1] 高闯. 数理心理学：人类动力学[M]. 长春：吉林大学出版社，2022.

一机制的行为表达。

脾，是血液重要的过滤机构，大约70%的血液需要经过它的过滤，它影响人的消化，从而影响人的食欲，这需要在生化信号连接中得到证实。因此在这里，我们认为，"脾开窍于口"是《黄帝内经》所涉及的本质含义。

耳，是人的重要的听力机构，它包含两个声音传递的通道：耳道和骨传导。肾上腺的分泌影响着骨的代谢和生长。因此，肾的功能影响人的听力系统。我们认为，这个关系就是中医中所指的"肾开窍于耳"的本质含义。

鼻，是人呼吸时气体通过的通道。在这里，我们认为，"肺开窍于鼻"是《黄帝内经》所涉及的本质含义。

五脏和五官之间的功能关系见表29.2。

表29.2 五脏和五官之间的功能关系

序号	供能系统	五官	腺体反应
1	肝	目	泪水
2	心	舌	汗水
3	脾	口	涎水
4	肺	鼻	鼻涕
5	肾	耳	咽唾液

29.2.4 感官腺体反应

感官的活动往往又促发与之相连的腺体的分泌活动，如眼睛的泪腺可以分泌泪水，舌头可以分泌汗水，口在咀嚼时可以分泌涎水，人在哭啼时鼻子分泌鼻涕。而咽唾液又可以诱发耳朵压力变化。这就构成了五官和腺体反应之间的关联关系，见表29.2。

我们结合前几章讨论的结果，就得到了一个基本的对照表，见表29.3。用中医对应的术语来标注，就得到了五脏、心理、人体行为器官之间的关系。

表 29.3　人体供能系统、心理量、行为系统、五官对应关系

序号	五脏	五腑	五志	五德	五官	五液	五体
1	肝	胆	怒	仁	目	泪水	筋
2	心	小肠	喜	义	舌	汗水	脉
3	脾	胃	思	信	口	涎水	肉
4	肺	大肠	忧	礼	鼻	鼻涕	皮毛
5	肾	膀胱	恐	智	耳	咽唾液	骨

在这个关系中，五脏、五腑本质上是人体的供能系统，五志则是人的认知与情绪系统；五官则是人的行为系统；五液则是各个器官活动时产生的液体；五体则是人的器官的功能结构。

表 29.3 反映了中国古代科学提出的伦理、心理、人体脏器供能、行为反应、器官机械系统之间的相关关系，它和现代心理学、生物学、社会学的理论是一致的。也就是说，《黄帝内经》在整体论水平上达到了唯象学理论的自洽。

29.3　肌肉中枢控制

我们已经找到了人体热机控制的基本原理，并在机械系统的基础上阐述了它的基本数理原理。这就需要我们在整体上，建立从感觉器到神经中枢，再到行为响应的联合控制过程，这就构成肌肉反射性的行为控制。在神经科学中，对神经中枢与行为响应的基本关系的研究已经比较深入，它的基本范式植根于神经的反射弧。因此，在这里，我们就可以讨论肌肉反射的中枢控制问题。

感觉器接收外界刺激的信号，并通过传入神经元把神经信号输入到神经低级中枢和高级中枢。这个过程又经过多级的反馈，从而形成行为响应。要理解这个过程，就需要建立人类行为刺激响应的反馈回路。

在这些反馈回路中，反射弧是最为常见的一类模式。因此，我们首先建立关于"反射弧"的一般性模型，并确立它的通信机制。

29.3.1 反射弧

一般情况下，反射弧开始于感觉器官的感觉器，经传入神经元和神经中枢相连，并经过神经中枢处理后输出运动的指令信号，经运动神经元传出，并到达感觉器官的效应器，也就是肌肉及其制动系统，引起动作反应。这就构成了对外界刺激进行响应的闭环，从而构成反射弧，如图 29.5 所示。

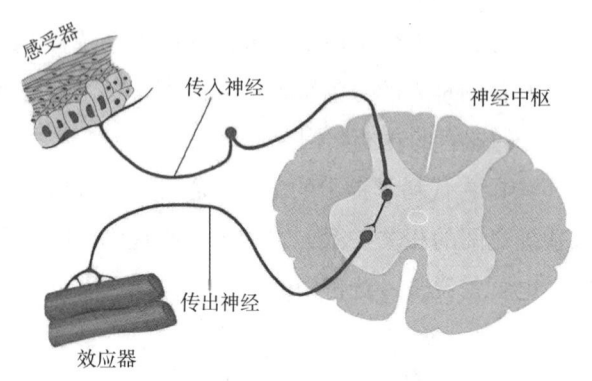

图 29.5 人体反射弧

（资料来源：https://zhidao.baidu.com/question/505346159.html）

29.3.2 反射弧控制

高闯[①] 提出心物神经表征方程组，并给出了神经方程换能形式。在感觉器中，神经利用换能实现外界信号的神经编码，满足

$$P = E_u f_u \tag{29.7}$$

式中，P 为感觉神经细胞胞体的输出功率；E_u 为一个动作电位输出的神经脉冲的能量，f_u 为神经发放的频率。从式（29.7）中，我们得到了神经元

---

① 高闯. 数理心理学：心物神经表征信息学［M］. 长春：吉林大学出版社，2023.

第 29 章 心身关系

信号的功率编码，也就是换能编码关系被找到了。

而在信号传递的过程中，信号的电压会发生衰减，在这个过程中信号传递的电量保持不变，则传递到神经元的尾端时保持了电量的恒定。

传入神经元将神经信号传递到神经中枢，设它传入的总电量为 q_1^C，则神经中枢存在中间神经元，而中间神经元负责处理信号，并把信号传递到运动神经元诱发肌肉的反应。在这里，我们以膝跳反射为例建立神经的反射弧通信方程，如图 29.6 所示。把图 29.6 简化为通信形式，如图 29.7 所示。

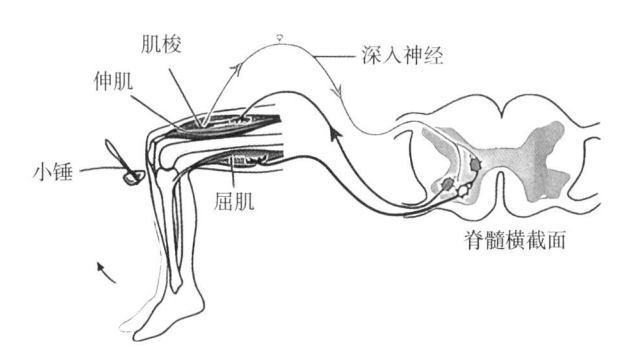

图 29.6　人的膝跳反射

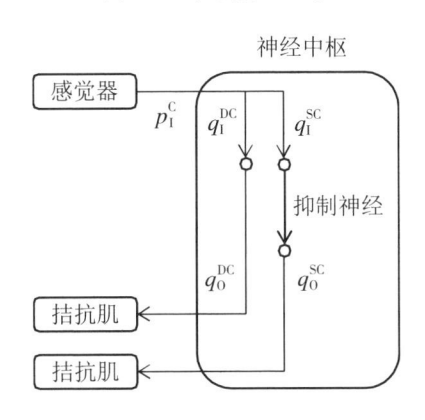

图 29.7　人的膝跳反射

设感觉器输入到神经中枢的功率为 p_1^C，它对应的频率为 f_1^C，每个动作电位携带的电量为 q_1^C，则输入的电流 I_1^C 可以表示为

$$I_1^C = q_1^C f_1^C \qquad (29.8)$$

在神经中枢，电荷的电量被分为两个部分，而输入的频率不发生变化，根据电荷守恒可以得到

$$q_1^C = q_1^{DC} + q_1^{SC} \qquad (29.9)$$

式中，q_1^{DC} 表示神经兴奋输出端动作电位的电量；q_1^{SC} 表示抑制端动作电位的电量。通过抑制端，电压和电位翻转。肌肉往往是配对的拮抗肌，因此，我们考虑最简单的情况，即经过神经中枢输向拮抗肌肉的动作电位的电量。用 q_O^{DC} 表示兴奋性动作电位的电量，而 q_O^{SC} 表示抑制性动作电位的电量，则神经中枢的输入和输出之间的关系可以用矩阵方程来表示：

$$\begin{pmatrix} q_O^{DC} \\ q_O^{SC} \end{pmatrix} = \begin{pmatrix} a^{DC} & \\ & a^{SC} \end{pmatrix} \begin{pmatrix} q_1^{DC} \\ q_1^{SC} \end{pmatrix} \qquad (29.10)$$

这个方程，我们称为"神经中枢控制方程"。如果这个过程满足电荷守恒，没有其他形式的电荷输入和输出，则这个形式满足

$$\begin{pmatrix} q_O^{DC} \\ q_O^{SC} \end{pmatrix} = \begin{pmatrix} 1 & \\ & -1 \end{pmatrix} \begin{pmatrix} q_1^{DC} \\ q_1^{SC} \end{pmatrix} \qquad (29.11)$$

这个形式需要在具体的实验中进行验证。

29.3.3 反射弧信号上传与协同

从感觉器输入神经中枢的信号，除了在神经中枢进行处理之外，还存在以下三种类型的信息流。

（1）需要向人的高级神经中枢传输，也就是上行传输。它是高级阶段对信号知觉的基础。这个动作电位传输的电量记为 q_O^{BC}。

（2）把神经信号传输给自主神经系统，实现对交感神经和副交感神经的调制。这个动作电位的电量记为 q_O^{SFC}。

（3）把信号传到他处，实现其他肌肉系统运动信号的协同。这个动作电位的电量记为 q_O^{OC}。

根据信息流的走向，上述的信号关系和信息处理方程修改为

$$q_1^C = q_1^{DC} + q_1^{SC} + q_O^{BC} + q_O^{SFC} + q_O^{OC} \qquad (29.12)$$

反射弧信号上传与协同如图 29.8 所示。

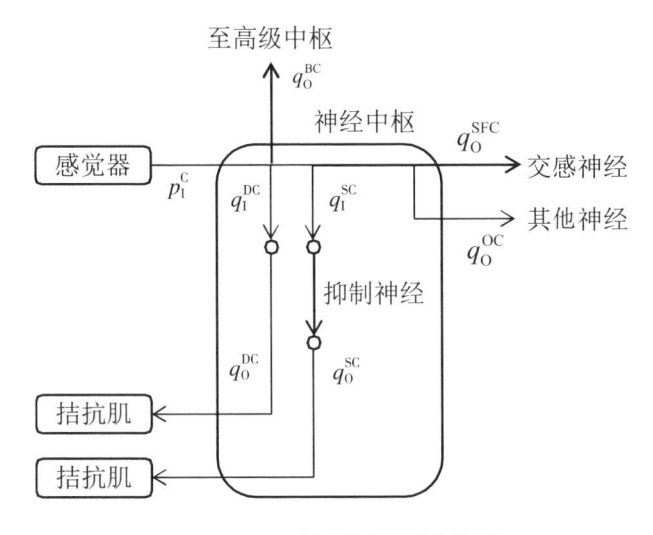

图 29.8　反射弧信号上传与协同

这样，我们就根据信号的这些关系实现了对肌肉的协同控制。综上所述，反射弧是人的神经反射中最为基本的反射模式。利用这个基本的反射模式，我们就可以构造人体中复杂的反射弧形式，这需要根据特定的结构对信息矩阵进行修改。在这里，我们就不进行具体细节的讨论了。

29.4　资源守恒律

人类个体与其他客体发生相互作用，在这个过程中个体付出了"劳"。其他客体由于作用效应，客体属性发生了变化（物质属性或者社会属性变化），也就是功能属性发生了变化。在社会学意义上，功能属性为其他客体所需要，因而具有了资源特性。这就意味着，作用前后的变化，使得客体的资源性发生了变化。我们需要寻找"劳"与资源特性之间的数理关系。

29.4.1　能

人体与其他客体发生相互作用，并诱发事件发生了某种效应，这也就

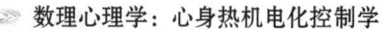

意味着个体具有了改变事件的某种能力，需要我们对人类个体的能力进行定义。

根据事件结构式与因果关系式，任何事件的发生都需要具有一定的"条件"和"事件的规则"，只有这样才能促发某类事件，如式（29.13）所示。

$$\begin{pmatrix} w_1 \\ w_2 \\ t \\ w_3 \\ bt \\ mt \\ c_0 \end{pmatrix} \to \boxed{\text{system}}_{\substack{\text{phy}\\\text{bio}\\\text{psy}}} \to e \tag{29.13}$$

在因果律中，我们已经讨论过这个式子。这就意味着个体具有的事件发生条件要素、掌握的规则构成了事件促发的一种资源条件。只有这些条件与规则满足的情况下，个体才具有促发事件的能力。这些资源表现为个体具有的物质资源条件，具体如下。

（1）个体掌握的事件发生的条件资源；

（2）个体掌握的事件发生的规则资源。

个体掌握的资源并不一定是仅仅满足当前事件的，因此，资源往往作为一种储备的形式而存在。我们把第一类资源称为"事件发生的条件的资源"，由于它往往和事件发生的结构要素联系在一起，我们把每个要素用 f_i 来表示，那么，满足事件发生的各个条件要素的资源，就可以用一个集合的形式表示出来，记为 $[f_i]_{\text{resource}}$。

同样，人所掌握的规则，往往是以人的知识的形式而存在的，如物理规则、生物规则、社会规则等。在心理学中，度量每个学科掌握的知识和能力的大小，又可以用心理得分的形式来表示。无论哪种形式，我们对自然科学统一用 IQ 来表达，对社会知识统一用 EQ 来表达。这两类知识代表了两类人类的智力资源记为 $[\text{IQ} \quad \text{EQ}]_{\text{resource}}$。那么，个体具有的能力实际是围绕事件进行资源调度的能力。我们把这种资源能力命名为"能"，用 Q

来表示。Q 就构成了一个集合：

$$Q=\{[f_i]_{\text{resource}}, [\text{IQ} \quad \text{EQ}]_{\text{resource}}\} \quad (29.14)$$

同样，由于非精神性的客体能够满足人类个体的某种功能性需要，它也就具备某种功能性能力。那么，它的能也可以用式（29.14）来表示，只是 IQ 与 EQ 理解为 0 [非智能性物品、智能性物品仍然满足式（29.14）]。

29.4.2 劳能关系

人类个体与其他个体发生了相互作用，也就是做了功和劳，使得客体诱发的事件发生了变化。事件发生的物质效应使得其他客体的物质资源性发生了改变。例如，工厂的工人通过对产品器件的加工，使得器件的功能性能发生变化，也就是资源性发生了变化。个体与他人发生相互作用，则他人的人力资源性也就发生了变化，也就是 Q 值发生变化。因此，根据劳的定义式对劳进行积分，可以得到

$$\begin{aligned}W_l &= \int_{t_0}^{T} \boldsymbol{F}(\varDelta)_{f\!f-i} \cdot \mathrm{d}\boldsymbol{e} \\ &= Q(T) - Q(t_0)\end{aligned} \quad (29.15)$$

这个关系，我们称为"劳能关系"。这一关系的本质，是建立了劳、能、资源之间的关系。资源性发生了变化，可以通过价值量 v（或评价量）来进行度量，即资源的价值大小用价值量来度量。

29.4.3 资源守恒律

根据上述劳能关系，由于劳的付出，在其他客体上对应的资源性改变也在增加。如果没有心理力的作用，这时 $\boldsymbol{F}(\varDelta)_{f\!f-i}=0$，则可以得到

$$Q(T)=Q(t_0) \quad (29.16)$$

在 $\boldsymbol{F}(\varDelta)_{f\!f-i} \neq 0$ 时，$W_l \neq 0$。这时，个体做的功与劳，会引起其他客体的能与资源的变化（也就是功能的变化）。这个变化，我们记为 Q_i。根据"劳能关系"，我们可以表示为

$$Q(t_0)+Q_i=Q(T) \quad (29.17)$$

在相互作用过程中，Q_i 可以是正值。例如，在商品的生产过程中，个体参与生产活动，商品的价值发生了增加。同样，Q_i 也可以是负值。例如，个体使用某个客体，造成了其他客体的功能性的消耗，也就是"折旧"。这时，客体的资源发生了消耗，价值降低。

在经济学中，存在一个重要的定律：资源守恒律（Hobfoll，1989）。物质具有的资源经过一段时间使用后，剩下的资源是总资源减去用去的资源。我们用 Q_{left} 表示剩下的资源，Q_{resource} 表示总资源，Q_{used} 表示使用掉的资源，则这个关系表示如下：

$$Q_{\text{left}} = Q_{\text{resource}} + Q_{\text{used}} \quad (29.18)$$

这个关系的本质，实际是上述关系的一个变形。这里的 Q_{left} 与 $Q(T)$ 等价，Q_{used} 与 Q_i 等价，Q_{resource} 与 $Q(t_0)$ 等价。这样，资源守恒律背后的数理本质就找到了。

29.4.4 意志过程

功与劳、劳能关系、资源守恒律，建立了人类个体在做事件时对事件推动的价值贡献及其社会关系，它的本质是人类社会运作的"经济关系"。这一关系将人的精神动力、社会经济之间运作的一个基本关系建立了起来，以回答社会运作中人的最为底层的一个价值资源关系。实际是心理力学量在事件发生过程中，在事件变化上的叠加效应。对于力学量，还需要知道心理力学量在时间上的累加效应。

心理力是一个具有目标指向的力学量。当对某一目标长期指向时，就会产生长时期的时间上的积累。我们取一个时间上的小量，则心理力的时间积累量可以表示为

$$d\boldsymbol{m} = \boldsymbol{F}(t) \cdot dt \quad (29.19)$$

由于 $\boldsymbol{F}(t)$ 具有各个分量，我们把每个分量记为 $\boldsymbol{F}(t)_i$，且 $\boldsymbol{F}(t)_i = p_i A_i$。$p_i$ 表示对应的人格分量，A_i 表示对应的评价量。代入式（29.19），就可以得到

$$\mathrm{d}m_i = p_i A_i \cdot \mathrm{d}t \qquad (29.20)$$

这个量是心理力在一个微小时间内的时间积累量，既和心理力的大小有关，也和持续的时间有关。因此，我们把这个量称为"注意状态量"。对式（29.20）进行积分，可以得到

$$I_i = p_i \int_{t_0}^{T} A_i \cdot \mathrm{d}t \qquad (29.21)$$

式中，I 为"意志量"，T 表示心理力终结的时刻；t_0 表示心理力发动的时刻。一般的情况下，A_i 在某段时间内是一个稳定的值，在时间 $[t_0, T]$ 区间内，用 $A_i(t_1)$ 表示这一评价观念持续了 t_1 时间长度，$A_i(t_i)$ 表示这一观念持续的时间长度是 t_i。式（29.21）就可以简化为

$$I_i = p_i A_i(t_1) t_1 + \cdots + p_i A_i(t_i) t_i + \cdots \qquad (29.22)$$

$p_i A_i(t_i) t_i$ 既和力学量有关系，又和时间长度有关系。它反映了个体对目标物注意的水平和维持的时间长度。人类个人的价值体系往往会存在价值观念的驱动，这类观念往往不受外在各类信息的干扰。假设 $A_i(t_i)$ 的某一观念由很多价值观念构成，表示为

$$A_i(t_i) = c_1 + \cdots + c_i + \cdots + \Delta c_i \qquad (29.23)$$

式中，c_i 表示某一价值观念；Δc_i 表示由各种变动信息导致的个体出现的评价的差异性。如果在各类 $A_i(t_i)$ 中，都分离出某类评价的共同项目 c_i，c_i 就可能成为支配某类个体长期的最为核心的价值观念，如事业观念、家庭观念、国家观念等。这就意味着，在上述的时间构成中存在一个最为稳定的动力过程，最长时间限度地贯穿在事件发生的过程中，我们把这一项，表示为

$$I_{\mathrm{will}} = p_i c_i \Delta t \qquad (29.24)$$

这是一个由观念支配的意志过程。它是人类个体在处理事件时，最为顽固的一种力量维持过程，反映了人类个体的坚韧程度。

第 30 章　心理与生物学统一性

人的统一性问题长期备受质疑，在于缺乏一个可见的统一性数理逻辑。随着"数理心理学"的第四个分支出现，它的轮廓也就愈加明晰。而这个明晰并不仅仅能让我们看清楚西方科学发展的底层逻辑，也使得中国古代科学发展的底层逻辑慢慢浮出水面。因此，讨论心理学、生物学的统一性成为可能，讨论东西方科学的差异性也就成为可能。而对东、西方科学认知出现的差异、错误也理应得到纠正。

在数理心理学逐步挺近过程中，它的数理架构逐渐完善，并慢慢形成它的自洽结构。至"心身理论"时，数理心理学已经步入了第四个分支方向。这四个方向既有各自的独立性，又依次构成递进的数理。在每一次数理逻辑向前推进时，它都在数理逻辑上验证前期构建的理论，同时又推出新的理论。

这些结构可能存在各种形式的问题，错误、不自洽都有可能发生，需要不断进行修正。尽管如此，用公理体系、数理体系而形成心理学的统一性架构的科学路途已经是现实可行了。且在学理上，其已经是一个分水岭性质的工作，即利用数理理论建立心理学的数理理论体系的可能性，理应不再怀疑。

从学理性质上，心理学的实验唯象学在事实上已经被推向了理论架构阶段，这一性质同样发生在生物学中。这一性质已经超越了传统心理学理解的边界。这是一个有趣的事情，并在事实上打通了原有学科的边界。

从相对系统的角度对心理学、生物学的统一性进行必要的回顾是非常必要的。对数理心理学已经建立的分支体系之间的逻辑性，进行一次数理逻辑的总概括，并使之呈现全貌性的逻辑，这将使数理心理学在推进统一性时更加能够看清楚统一的路径和前行探索的总方向、优先次序，为未来新学科方向的开拓奠定了基础。

30.1 精神功能统一性

人的精神功能的统一性逻辑的确立始于数理心理学的两个关键工作：心理空间几何学、人类动力学。在精神功能层，数理心理学确立了几个标志方程，统一了心理学的九个学派或者分支，这就使得心理学具有了统一性架构的总逻辑。它在心身、心物方面的物质底层使得人为物质载体的物理性、生物性、精神性开始集成、综合，逻辑开始显现。社会性则是在数理心理学未来的学科中显现。

30.1.1 心理学学派唯象学理论

心理实验唯象学的发展以心理学中关键学派的出现为标志。而数理心理学吸收了这些学派的合理性，并把这些学派整合起来，解决了各个学派的公设困难，并将它们纳入了统一体系。

心理学的各个流派，在对心理机制各个要素揭示时发展了不同的理论。在本质上，各个学派均具有默认的公设，但均未回答"自身公设数理表述"，即公设悬疑难题，具体内容如下。

（1）结构主义公设困难：什么是结构？

（2）机能主义公设困难：什么是功能？

（3）行为主义公设困难：什么是行为？

（4）人本主义公设困难：什么是需要？

（5）格式塔公设困难：什么是信息组织？

（6）认知主义公设困难：什么是信息与信息加工？

（7）精神学派公设困难：什么是精神动力？

（8）操作主义公设困难：什么是操作？

（9）人格心理公设困难：什么是人格？

30.1.2 数理心理学的统一性

在精神功能层次，数理心理学首先建立了自己的公理体系，并给出了四个基本方程，建立了"精神因果律"，从而在功能层，统一心理学。数理心理学的三公理方程，建立了"物理－心理－生物－社会4理学"普朗克链，统一了心物、心身、社会因果律的关系。

30.1.2.1 事件结构方程

$$\begin{cases} E_{\text{phy}} = w_1 + w_2 + i + e + t + w_3 + c_0 \\ E_{\text{psy}} = w_1 + w_2 + i + e + t + w_3 + \text{bt} + \text{mt} + c_0 \end{cases} \quad (30.1)$$

式中，w_1、w_2、i、t、w_3、bt、mt、c_0、e 分别表示客体1、客体2、相互作用介质、时间、地点、行为目标物、内在目标物、初始条件、效应，它们均可以用属性值 p_i 的集合 $\{p_i\}$ 来表示。p_i 构成信号，加号为布尔运算。上述两方程分别表示物理事件、社会事件（或心理事件）。

30.1.2.2 行为模式方程

$$A = V + \Delta V \quad (30.2)$$

式中，A 表示个体对任意事件要素属性的功能评价；V 表示客体价值；ΔV 表示评价与价值偏差，由客体的特征差异引起。评价决定行为，价值观念支配评价，决定行为。价值大小是对需要的度量。常模是价值的社会标尺与度量衡。

30.1.2.3 认知操作变换方程

在任意一级人的信号操作的功能单位中，输入的信号矢量记为 S_1，输

出的信号矢量记为 S_O，信号功能单位的操作矩阵记为 T_O，则认知功能单位的操作变换可以表示为

$$S_O = T_O S_I \quad (30.3)$$

式中，输入和输出的信号均可以用三基元信号的形式来表示，即

$$S_I = \begin{pmatrix} p_i \\ w_3 \\ t \end{pmatrix}, S_O = \begin{pmatrix} p_o \\ w_3 \\ t \end{pmatrix} \quad (30.4)$$

式中，p_i 为输入的属性信号；p_o 为输出的属性信号；w_3 为空间位置；t 为时间。在这里需要说明的是，即便是事件的信号也可以被合并为三基元的形式进行传输和加工。

30.1.2.4 精神动力方程

$$F = PA \quad (30.5)$$

式中，F 表示精神动力；P 表示人格；A 表示个体评价。式（30.5）不仅包含了思维惯性的动力，还包括心身动力。在本书中，心身动力问题已经得到了基本证明。

30.1.3 心理唯象学的统一性

从实验科学发展起来的九个心理学流派或理论，本质上是实验唯象学理论，这构成了对心理学机制的局部理解。数理心理学的心理空间几何学、人类动力学利用数理方程概述了九个学派和理论的本质，如图 30.1 所示。数理心理学的统一方程天然地包含了上述学派的公设，并用数理变量的形式表现了出来。因此，数理心理学可以统一这些学派，在数理上回答了这些学派的天然合理性。

数理心理学：心身热机电化控制学

$$\left.\begin{array}{l} \text{单项布尔运算即组织} \quad \overset{\text{6.格式塔}}{\underset{\text{布尔运算即加工}}{\uparrow}} \quad \overset{\text{7.认知主义}}{\underset{\text{属性量即信号}}{\uparrow}} \\ E_{\text{phy}} = w_1 + w_2 + i + e + t + w_3 + c_0 \\ E_{\text{psy}} = w_1 + w_2 + i + e + t + w_3 + \text{bt} + \text{mt} + c_0 \\ A = V + \Delta V \\ F = PA \end{array}\right\} \begin{array}{l} \text{感知加工功能} \\ \text{推理功能} \\ \text{精神动力功能} \end{array} \begin{array}{l} \text{1.结构主义} \\ \text{2.功能主义} \end{array}$$

3.行为主义　　评价即行为　　　　　价值即需要度量　　4.人本主义

动机即力学矢量　　　人格即个体差异

8.人格心理

5.精神动力学派

三公理方程即心理结构与功能总描述

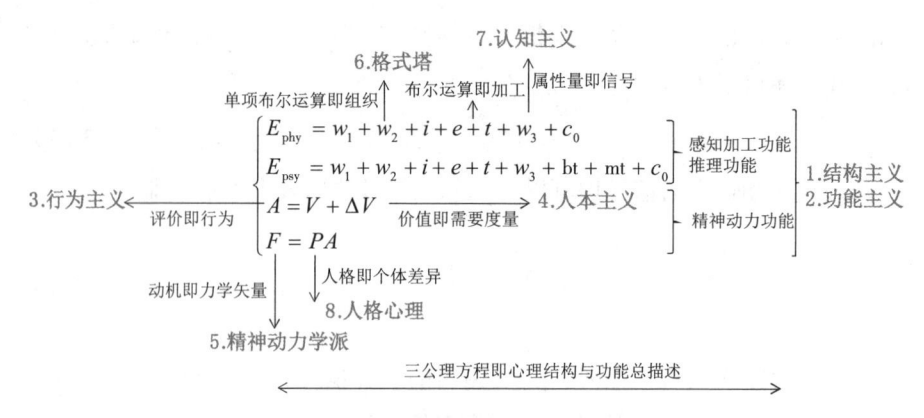

图 30.1　数理心理学方程对心理学学派的统一

30.1.3.1　对行为主义公设回答

行为主义是心理学发展过程中的一个关键阶段，并在行为方面把各种人的内在指标转换为行为的测量。但是，行为主义在数理上并未给出行为的数理定义，也并未给出认知与行为之间的关系，而行为却又是心理的关键度量指标。

在数理心理学中，行为被定义为评价，也就是行为模式方程。这是因为人类的任何精神操作的行为均源于认知驱动的价值观念与场景量的驱动，而人类机械制动动作的驱动也源于评价驱动的动力行为（见精神动力公式），这在事实上就回答了行为主义的本质。这一数理性质可以从公式中得到它的含义。从这个含义出发，就可以把行为理解为评价。这样，就回答了行为模式问题，行为的数理表述问题也就得到了回答。

30.1.3.2　对人本主义公设回答

人本主义最为核心的公设就是把人的需要要素从心理机制中分离出来，需要就构成了人本主义的内核。与以往的理论相同，如何表示需要或者如何度量需要，就成为一个关键。数理心理学将所有的"需要"和具体的物质及其携带的功能关联起来，即需要的是物质载体承载的功能。这样，需要就不再是一个虚幻物。需要的度量就转换为对"物质对象的功能的价值"的度量。因此，价值即需要的度量。这一命题的数理逻辑一旦被找到，人本主义的"需要"公设就转换为可以度量的数理变量。

30.1.3.3　对精神学派公设回答

精神动力学派的内核是对人的动机、人的动力结构的理解（本我、自我和超我）。精神动力是其内核，并在该动力内核中分离了本我、自我和超我的力学模式结构。动力构成了这一学派的公设和内核，在数理心理学中构造了基本的"力学矢量"，并和动机关联了起来，将精神动力作为有大小、方向、诱发物体，并施加到人类个体的力学矢量。这一突破从根本上解决了"心理力学"问题，也在数理上解决了精神动力学派的公设和瓶颈问题。

30.1.3.4　对格式塔公设回答

格式塔是心理学的一个重要分支，它的最大贡献是对心理信息的组织、加工的理解，包含了客体及其特征的提取。在数理心理学中，客体信号组织的机制满足布尔运算，即布尔运算就是信号的组织。这就在客观上回答了格式塔的客体信号组织的机制，也就是格式塔的信息组织问题，即对于格式塔，客体的信息组织满足布尔运算。

30.1.3.5　对认知主义公设回答

认知主义的基本公设是信息与信息加工。但是，在人的认知系统中，信息与信息加工就构成了这一学派的公设。这一理论却未对认知信息内容、信息加工的数理表述给予确切的表达形式，使得什么是信息和信息单位这一问题一直困扰着这一学派。数理心理学给出了信息基本形式。事件结构式所携带的变量形式是信息的基本内容。它的信息加工，遵循事件结构提取的布尔运算。这一表述见事件结构方程。这样，就回答了认知主义关于"信息加工"的问题。在事件结构式中，布尔运算用"+"来表示。

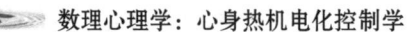

30.1.3.6 对操作主义公设回答

操作主义则注意到了人的信息加工中，并不是对符号本身的认知，它实际是一种操作性的行为，即符号的运算构成了人类认知的一项关键内容。"操作"构成了这一唯象学学派的理论内核。在数理心理学中，任何一级的认知功能单位的符号信息输入和输出之间的变换关系，均被理解为一种操作，它统一用数学方程来表示。这样，任何一个认知的功能单位的变换与操作功能均可以用矩阵 T_0 来表示。由此，操作主义的本质就转换为数理的矩阵来表述。这样，操作主义的公设也就得到了回答。

30.1.3.7 对人格心理公设回答

人格心理学是心理学的一个重要领域。它试图建立关于人格与行为之间的差异关系、人类个体之间的人格差异关系、人格与人的精神动力之间的关系。人格构成了这一领域的基本内核。人格具有的普适性、人格的成分、个体人格之间的差异性成为人格研究的内核。在数理心理学中，建立了人格成分来源、行为、个体差异的度量、动力作用的内核。人格的数理表述得以实现。人格心理则可以用一个数理量 P 来表示。

30.1.3.8 对结构与功能主义公设回答

这样，上述的各个学派公设，均可以被数量化，并通过数理量进行表述，它们之间的关系，用数理心理学的公式连接在了一起。构成了数理心理学方程表述内容的内核。

而这些方程，又是人的心理结构和功能的体现，如图 30.2 所示。在数理心理学中，心理的结构和功能的本质通过这些方程体现出来。因此，这些方程的本质也就是结构主义和功能主义的一个体现。

第 30 章　心理与生物学统一性

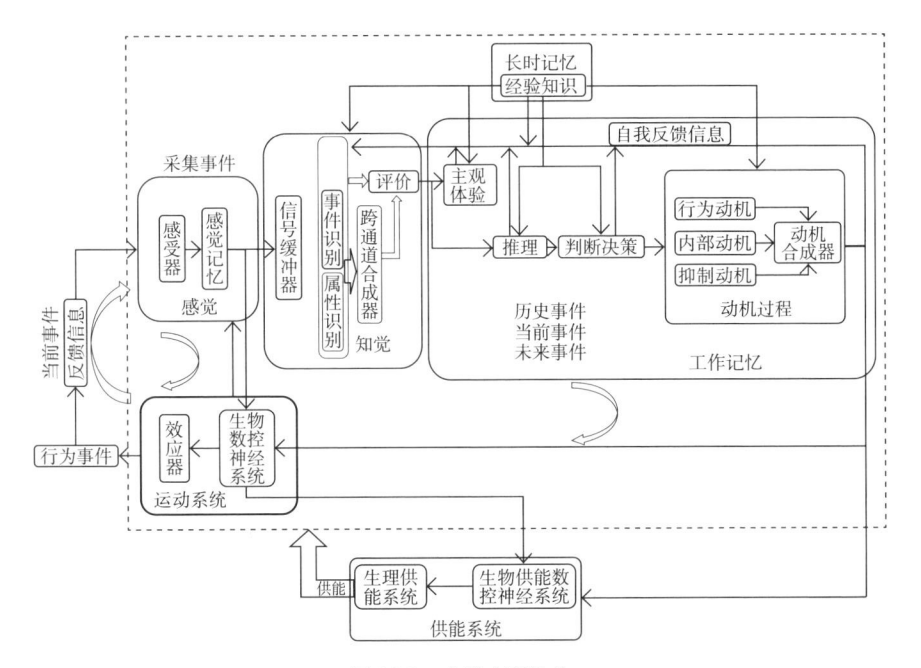

图 30.2　人的心理结构

数理心理学的两个分支——心理空间几何学、人类动力学，提出了四个最为基础的数理方程式。从这四个基本方程式中分离出心理学各个流派的公设，是数理心理学理论在推演中一件令人惊奇、振奋的事情。这一数理逻辑也回答了心理学长期以来各流派之间的争议问题，并在数理上回答了各流派的数理本质，也间接地证明了"统一性"在心理学理论构造中的合理性和可行性。

30.2　认知闭环统一性

SOR 模式是人类个体与物质世界互动的基本范式的表达，而不限于实验室模式。这一模式，同时也是人类认知闭环的高度概括。因此，在数理心理学的两个分支建立了关于精神功能的统一性理论后，它同样可以用数理的方式表述这一体系。对于认知闭环而言，它需要在上述基础上构建对闭环问题的回答，这也就产生了数理心理学的另外两个分支的基本根源。

数理心理学：心身热机电化控制学

闭环是以信号为基础的，在信号和信息的基础上，成为数理心理学中心物神经表征信息学、心身动力电化控制学进行认知闭环构造的出发点，并试图回答心物、心身两个闭环问题。

30.2.1 SOR 行为模式

如图 30.3 所示，刺激的本质是外来作用的事件，它可以用事件结构方程来表述。它是人类认知系统的信息来源。无论是内源性刺激还是内源性刺激，均满足这一形式。

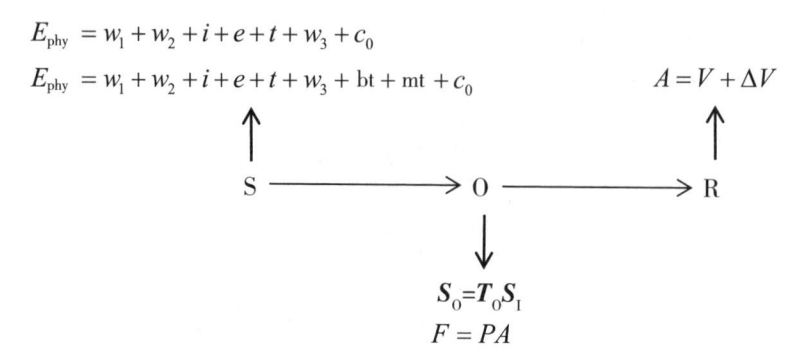

$$E_{\text{phy}} = w_1 + w_2 + i + e + t + w_3 + c_0$$
$$E_{\text{phy}} = w_1 + w_2 + i + e + t + w_3 + \text{bt} + \text{mt} + c_0$$

$$A = V + \Delta V$$

$$S \longrightarrow O \longrightarrow R$$

$$S_O = T_O S_I$$
$$F = PA$$

图 30.3 SOR 模式与数理心理学统一方程关系

O 是心理操作的缩写。在数理心理学中，认知的操作被分解为信息及其功能过程：信息加工过程、信息加工的功能。前者用认知操作变换方程来表示，它回答了任意的认知功能单元中输入和输出信号的变换关系。而后者则通过心理力学方程来回答。由于人的价值观念产生于社会，这个方程也可以称为"社会因果律方程"。

R 是人的行为的反应，人的运动系统及其机械的运动系统，是人的行为外显的表达。它的本质通过人的评价的动力行为来实现，则行为的描述也就是 R 的数理描述，用行为模式方程来表达。

由此，在人的 SOR 行为模式表达中，数理心理学也可以统一性地表述人类这一普遍性的模式。

30.2.2 心物与心身统一性

在 SOR 模式中，蕴含了两个基本关系：① S-O 关系，它是心物发生的过程，我们称为"心物关系"；② S-R 关系，它是心到身的驱动过程，也就是"心身关系"，如图 30.4 所示。心身的行为制动往往是对刺激的反应，则就构成了反馈的闭环。

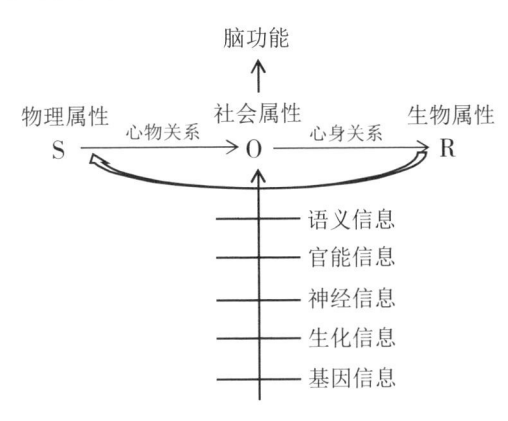

图 30.4 心物与心身统一性本质

从这个信息的反馈闭环中，心理学的统一性就显现出来了，即人的信息系统集成了物理属性、生物属性、社会属性、心理属性。因此，物理学、生物学、社会学通过人的物质载体、生物材料属性，形成物质约束条件。以物质约束、材料属性、信能通信关系的合体，使得心理学机理实现统一。

30.2.2.1 心物关系统一性

人体是人的机械性、精神性的物质载体，它的信息内容包含两个功能性信息流：自下而上的加工、自上而下的加工。其本质上也是心物关系的信息流和心身关系的功能性信息流。

物质属性信息及事件结构信息，通过上行信息通道被神经信号编码和表征，构成了心物神经表征的核心内容。数理心理学中的心物神经表征信息学确立了神经信号表示的关键方程。

（1）神经换能方程：解决了神经的属性信号如何被转换为神经信号，

也就是神经信号的表征信号。

（2）神经编码方程：解决了神经根据能量信息如何实现电信号的频率编码。

（3）逻辑神经元方程：解决了神经的逻辑运算算理。

（4）神经通信方程：解决了神经信号远距离输送的原理。

（5）神经控制方程：解决了神经元信号的逻辑控制的原理。

（6）HH方程：它是神经元的模拟电路方程，回答了上述神经元功能实现的电路机制。

这样，数理心理学提出的5个心物表征的信息学方程和HH方程一起构成了对心物关系理解的神经机制。它适用于所有神经信号与编码机制，因此被称为"神经表征方程组"。

我们把上述方程统一为一个方程组，写为

$$\begin{cases} p_i = p_s + p_u + p_w + p_o + p_{oth} \\ p_o = E_u f_u(t) \\ S_o^{CB}(P_o^{CB}, I_o^{CB}) = F^{CB} A^{CB} S_i^{CB}(E_T^{SY}, Q_T^{SY}) \\ S_o^{AX}(P_o^{AX}, I_o^{AX}) = T^{AX} S_o^{CB}(P_o^{CB}, I_o^{CB}) \\ P_{ji}^{PSY} = \alpha_{kpp} P_{ko}^{AX} \\ P_T^{SY} = f_u^{EP} E_u^{EP} + f_u^{IP} E_u^{IP} \end{cases} \quad （30.6）$$

它统一描述了神经元的信息加工的功能，我们把这组方程统称为"神经表征方程组"。神经表方程组和HH方程、信能方程一起构成了对心物关系的关键理解，使得心物关系得到了根本性突破。

HH方程的表述形式为

$$C\frac{du}{dt} = -\sum_k I_k(t) + I(t) \quad （30.7）$$

式中，C表示细胞膜的电容；u表示膜电容的电压；$\sum_k I_k(t)$表示通过膜的所有粒子电流；$I(t)$表示输入电流。在这条道路上，"心理神经信息学"和"神经计算"的本质也被区分开了。

信能方程所有信息变换过程中，信息变量、信息、能量三者之间关系的表述方程的出现，使得心理学的神经信息、心物信息、语义信息具有了统一的信息表述。

在此基础上，利用这些机制，以及生物器官、核团的解剖学功能结构，通过神经垒砌，就可以建立感觉通道到知觉阶段的心物信号在神经上的表征，从而确立了心物关系的基本原理并进行推演，具体如下。

（1）事件结构方程的每一个属性量如何被编制或者调谐到感觉系统中。

（2）感觉信号在神经变换中，依然遵循了"认知对称律"。

（3）在每次认知变换中，心物之间保持了某种不变性，也就具有了亮度守恒、大小守恒、形状守恒等。

因此，心物神经表征信息学在事实上建立了心理学的心物关系、心理守恒量、格式塔与知觉理论、计算神经、神经科学、行为与神经编码等学科的统一性桥梁。心理量和神经频率量之间的数理逻辑被建立了起来。

30.2.2.2 心身关系统一性

心身动力电化控制学建立了人体的下述几个关键模型。

（1）人体热机模型。

（2）人体供能系统模型。

（3）人体神经点火控制模型。

（4）人体调谐系统。

（5）人体程控原理。

（6）人体动力调谐分解原理。

这些原理的发现，使得人体动力控制系统与心理控制之间的关系得以建立心身关系。在这个过程中，人的信息通信的底层得以显现。生物化学、神经科学、人体生理、生理心理学、官能信息、语义信息之间的逻辑关系被建立。心身的统一性得以建立。我们把上述方程，联立在一起，命名为"心身电化控制方程组"。

$$\begin{cases} p(t)_{Egi} = p(t)_{Egs} + p(t)_{Egw} + p(t)_{Egu} + p(t)_{Ego} \\ p(t)_{Egi}^{SK} = p(t)_{Egs}^{SK} + p(t)_{Egw}^{SK} + p(t)_{Egu}^{SK} + p(t)_{m}^{SK} \\ P_{BI+NI} = P_{S-O} + P_O \\ p(t) = p_{\pm}(t) + p_0(t) \\ P_{\pm} = P_{\pm}^{clock} + P_{\pm}^{ps} + P_{\pm}^{growth} + P_{\pm}^{mind} + P_{\pm}^{other} \\ f_{\pm} = f_{\pm}^{clock} + f_{\pm}^{ps} + f_{\pm}^{growth} + f_{\pm}^{mind} + f_{\pm}^{other} \\ f_{hy\pm} = f_{hy\pm}^{clock} + f_{hy\pm}^{ps} + f_{hy\pm}^{groth} + f_{hy\pm}^{mind} + f_{hy\pm}^{other} \\ Q_{\pm} = Q_{\pm}^{clock} + Q_{\pm}^{ps} + Q_{\pm}^{growth} + Q_{\pm}^{mind} + Q_{\pm}^{other} \\ P_{\pm}^{M} = P_{\pm}^{PFC} + P_{\pm}^{MTL} + P_{\pm}^{SNC} + P_{\pm}^{CB} + P_{\pm}^{HPA} + P_{\pm}^{CEL} + P_{\pm}^{SA} + P_{\pm}^{Other} \end{cases} \quad (30.8)$$

30.2.2.3 人类信息学本质

心物和心身关系的统一性，本质上显露了人类信息功能单元的物理学原理。它采用了物理学的三个守恒律，实现人类通信系统的关键信号控制。

（1）能量守恒。所有功能系统的信号通信，均利用了能量守恒的关系，实现输入信号和输出信号逻辑关系的建立。

（2）电荷守恒。所有生物意义的功能单元如果具有复生的功能，并能恢复原始状态，则在信号传递过程中还遵循电荷守恒。

（3）物质守恒。所有信息功能单元在信号传递过程中携带信号的物质载体不会凭空产生，也不会凭空消失。

这三个守恒律保证了在理想化条件下信息功能单元恢复原状态时，所传递的上述三类信号守恒，它是人类信号系统进行信息传递、精确控制的物理学基础。

因此，心物神经表征、心身动力电化控制，在神经的逻辑底层、人体生理的逻辑底层建立了心物、心身的统一性、普适性原理。这些原理建立了两种关系的神经信号、生化信号的连接，从而使得生物学、心理学的统一性的桥梁被打通。生物学在还原层次建立的信息通信底层，因精神功能的统摄而具有了功能性的信息逻辑。显然，这是整体论方法学的一次有效应用，并实现了还原方法和整体方法的协同。

人的信息系统也将在不同层次上打通，它将包括语义层次信息、官能信息、神经信息、生化信息、基因信息（基因信息尚未被打通）。这样一个以不同层次信息与通信为逻辑主线的统一性逻辑（即横跨心理学、生物学、社会学的总逻辑）就显现出来。

因此，数理心理学确立的心物、心身的两个分支向生物学的延伸，是数理心理学统一性逻辑的又一次大胆尝试，并在数理上取得了一次突破。它为脑科学更高级的神经信息加工机制，铺平了道路并提供了理论方法、方向的指引。

30.3 东西科学统一性

东、西方科学，按照不同方法学、逻辑体系，各自独立形成了唯象学体系，也各自遭遇了学理瓶颈。而在"人"的载体上，开始形成了一个统一性数理体系，并因为相互的互补性，在学理、学史上各自的地位、学术价值也就逐渐显现。因此，仅仅把文艺复兴作为科学的发端，已经不再成立。而在整体性逻辑开始显现时，东西方科学逻辑的对接也已经水到渠成。

东、西方科学在"人"的问题上的连接域以人体解剖学为基石。东、西方对人的心身问题的理解都植根于脏器的解剖学基础之上。在这个基石上，东方的科学体系的系统性，历史久远且完备。东方科学建立了脏器间协同的功能学的唯象学体系，并确立了描述的关键性逻辑体系。

30.3.1 气论

气论就是关于人体的能量流动理论。气论将人的身体内流动的能量分为血脉之气、营气、卫气。而把人体脏器中实现物质、能量转换,命名为"气化"。这里的气指能量，化也就是转化。在物质和能量转换中，将能量的高低状态对人体的影响划分为正气、邪气、浊气、清气。

尽管仍然未有现代科学的能量守恒定律作为支撑。但是，在系统层次上，将"气"这一统一性概念用于人体上，已经建立了能量理论和能量功能理论，并形成了自洽的唯象学体系。这是中国古代科学通过医学实践和反复的实验建立的理论体系之一。

30.3.2　阴阳理论

阴阳是在对物质客体、属性、动力性质的描述中建立的数理描述概念，在《周易》《黄帝内经》中得到全面体现。对于动力学体系，阴阳包含了下述四层的含义。

（1）动力系统中，存在驱动和约束两个动力因子。一个定义为阳，则另外一个定义为阴。

（2）动力系统中，从功能角度，阴和阳均促进动力系统向平衡中心运动，从而表现出相反的效应。

（3）动力系统中，阴阳是相互拮抗的两个动力因子。

（4）在动力系统中，阴阳往往形成两个运动的物质状态，即高能态和低能态。这两个状态可以分别命名为阳和阴。

在对人体脏器的能量状态做划分时，这一思想贯穿始终。例如，食物为阳，人体为阴，这是因为食物向人体进行能量转化。在脏器划分上，肝为阳、胆为阴，这是因为胆汁分泌为高能态，胆汁储存为低能态。

30.3.3　能流理论

在人体内，能量会发生能量的流动，中国古代科学总结出了血脉流动中能量的描述：井、输、荥、经、合。

井和输分别指血脉能量流动中的"源""穴"；刚刚发出的地方为荥；流过的区域为经；血脉交汇为合。这些是从流体角度建立整体性质的流体场特征。现代的流体场的描述也与之相一致。在能流理论和经络基础上，中国古代科学发展了系统的针灸理论，并影响着中国的武术、哲学等一系列理论。

30.3.4 动力学理论

中国古代科学在对人与自然互动的过程中总结出了"五行"相生相克模型，它的本质是"相互作用"关系模型。在这个模型中，五类动力因子相互作用，并形成整体论性质的"动力学"平衡系统。人体的五行模型，是这一模型的基本应用之一。这个模型不仅包含了自然界的动力学相互作用的关系，同时也包含了人体热动系统的动力学关系。并且，这个模型又和还原论的系统整合一致。上述理论和西方的还原论在功能学上达成一致。因此，就这个意义上而言，东方科学是整体论性质的科学，或者说是"统一性质"的科学，而西方科学是还原论性质的科学。二者本质上是统一的。

30.3.5 东西科学性质

从心物关系和心身的统一性理论中，我们已经可以看到东、西方科学在发展过程中形成的两大独立体系的连接。

中国古代科学以整体论为方法学，形成了以人为中心的人与人、人与物、人与组织之间的连接关系，并在整体性质上形成了以《周易》《黄帝内经》为代表的整体论性质的数理逻辑体系。

西方科学以文艺复兴发端为标志，形成了还原论体系和性质的生物学逻辑体系。这一体系系统调查了生物信号、神经信号、官能之间的联系，但在整体水平上遭遇困难。涌现是当代常常提起的方向，它的本质是走向整体，而中国的整体论已经确立了它的标准唯象学体系。这样，东、西方两个并行的科学逻辑体系，在当代，由于统一性，开始走向融合。

参考文献

[1] HALL J E. Guyton and hall textbook of medical physiology, twelfth edition [M]. Guyton and Hall textbook of medical physiology, 2011.

[2] HEESCH C M. Reflexes that control cardiovascular function [J]. Advances in Physiology Education, 1999, 277 (6): S234.

[3] KAUR M, CHANDRAN D S, JARYAL A K, et al. Baroreflex dysfunction in chronic kidney disease [J]. World Journal of Nephrology, 2016, 5 (1): 53.

[4] KLABUNDE R. Cardiovascular physiology concepts [M]. Lippincott Williams & Wilkins, 2011.

[5] LEVY M N, KOEPPEN B M, STANTON B A. Principles of physiology [M]. Elsevier Health Sciences, 2005.

[6] PURIA S, ROSOWSKI J J. Békésy's contributions to our present understanding of sound conduction to the inner ear [J]. Hearing Research, 2012, 293 (1-2): 21-30.

[7] RUSSELL J A. A circumplex model of affect [J]. Journal of Personality and Social Psychology, 1980, 39 (6): 1161.

[8] SCRIDON A, ȘERBAN R C, CHEVALIER P. Atrial fibrillation:

neurogenic or myogenic? [J]. Archives of Cardiovascular Diseases, 2018, 111 (1): 59-69.

[9] SERNETZ M, GELLERI B, HOFMANN J. The organism as bioreactor. Interpretation of the reduction law of metabolism in terms of heterogeneous catalysis and fractal structure [J]. Journal of Theoretical Biology, 1985, 117 (2): 209-230.

[10] SILVERTHORN D U, JOHNSON B R, OBER W C, et al. Human physiology: an integrated approach [M]. Vol.3. Pearson Education Indianapolis, IN, 2013.

[11] THOMPSON D A W. On growth and form [M]. New York: Cambrage university, 1945.

[12] WANG Z, CAI Z, CUI L, et al. Structure design and analysis of kinematics of an upper-limbed rehabilitation robot [C] //MATEC Web of Conferences, 2018, 232: 02033.

[13] 高闯. 数理心理学：广义自然人文信息力学 [M]. 长春：吉林大学出版社, 2024.

[14] 高闯. 数理心理学：人类动力学 [M]. 长春：吉林大学出版社, 2022.

[15] 高闯. 数理心理学：心理空间几何学 [M]. 长春：吉林大学出版社, 2021.

[16] 高闯. 数理心理学：心物神经表征信息学 [M]. 长春：吉林大学出版社, 2023.

[17] 李爱勇. 黄帝内经 [M]. 北京：民主与建设出版社, 2021.

[18] 钱学森, 宋健. 工程控制论（上）[M]. 北京：科学出版社, 2011.

[19] 容成公. 玄隐遗密 [M]. 北京：中医古籍出版社, 2018.

[20] 宋应星. 天工开物译注［M］. 上海：上海古籍出版社，2008.

[21] 孙思邈. 千金方［M］. 北京：民主与建设出版社，2022.

[22] 赵南明，周海梦. 生物物理学［M］. 北京：高等教育出版社，2000.

[23] 朱圣庚，徐长法. 生物化学（上）［M］. 北京：高等教育出版社，2021.

[24] 朱圣庚，徐长法. 生物化学（下）［M］. 北京：高等教育出版社，2021.

[25] 左明雪. 人体及动物生理学［M］. 北京：高等教育出版社，2015.

后　　记

在"数理心理学"的每一个分支结束时，总是会令人沉默良久，静静反思它行走的底层逻辑，并重审"统一性"对心理学、生物学、社会学、物理学的意义。而当走到"心身电化控制问题"时，在"人"这个物质对象上，各个学科规则在人的载体上所表现出的机制被进一步揭示，人的机制也就得到更深一层的理解。

2022年，《数理心理学：心物神经表征信息学》完成前夕，有关心身关系问题的一些想法就慢慢浮现了出来。这是一种源于内心的直觉：上行神经通路的机理是否可以对等地移植到下行通路中？这仅仅是一个猜想。对心身关系问题的理解在人类动力学的理论构建时就奠定了一个功能学的基础，即把人体划分成了机械运动系统、供能系统。幸运的是，人类动力学做出了一个很惊人的假设：心理评价量和心脏谐振系统之间的一个动力方程。这些均为心身关系构造提供了宝贵的切入点，事实上也的确如此。

凭借数理心理学的早期工作中零碎的切入点，笔者开始阅读与生物学的人体生理学、动物生理学、植物生理学相关的经典教材。这些切入点如今看似简单，但是对开拓一条关键思路极具意义。生物学在这些领域的完备性令人惊叹，且它构建的逻辑具有功能性。这些性质，恰恰和数理心理学前期的数理构造的切入点形成了天然兼容接口。它是人类在理解知识时整体功能与还原功能的一次巧妙连接。

数理心理学：心身热机电化控制学

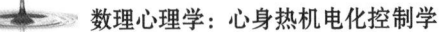

　　人体机械性质的本质既契合了物理学，也契合了生物学，同时人体的通信系统又将物理性和生物性连接在一起。因此，人体与精神功能的逻辑本质也就显现出来了。这个总逻辑基本上贯穿了上述生物学学科的全部。因此，利用机械动力学逻辑确立人体机械原理就成为一个必然。物理学知识背景在该点的优势也就突然被促发，成为突破心身动力问题的天然契机。

　　这项工作在2022年的6月突然启动，一直持续到2022年的9月新学期的开始，之后中断了9周。因为在这9周，数理心理学界举办了华中师范大学心理学院"洗心"活动。这个活动对传统心理学、心院学术传统、组织架构模式等开展了持续性的批判，并进行心理学学理走向的预言。至2022年11月底，以向全国同行通报"数理心理学统一性方程组"达到高潮而结束。

　　在"洗心"活动之前，对人体机械性的研究已经推进到心脏动力学。这也是人体动力学的一个关键路口，即从人体的机械属性转向谐振控制的路口。在此期间，疫情防控政策宽松后，身体转阳，在养病的第三天突然开始有了逻辑上的突破，人体谐振系统的总逻辑显露出来。谐振的调谐方程很快就得到了。解决谐振问题后，人体的生化通信的逻辑开始显露，补充生物化学的资料成为一个绕不过的基础问题。尽管之前，我一直警告自己不涉足这个领域，但在发现生化的通信机制时，我发现这是前期的一次误判。好在，随着逻辑探索的深入，这一误判得到了及时修正。这也得益于生物学、物理学知识体系的完备性与逻辑性，使得科学知识体系可以自行修正。

　　心物奠定的神经通信机制和生化机制开始打通，并使得心身关系的研究进入了通信底层，它已经完全靠近了物理学，甚至趋近于纯粹的物理学。从更高阶的功能层次向下穿透时，生化的通信机制也就不言而喻。程控原理、调谐关系、心身调谐关系的工作，一直持续到2023年农历新年假期的最后一天。所有的理论体系搭建完毕，这一工作的压力才完全消散掉。

　　2023年9月，中医关于五行的论述模型突然又显现出来，这源于数理心理学对八卦图中各个要素的解释。五行中关于脏器的作用关系始终未得

后　记

到合理的揭示。当人体热机系统模型被完全勾画出来，并结合生物化学关系时，相生相克的相互作用关系才在现代的人体生理学、物理学、生物化学、数理心理学前期的交叉点上被揭示出来，并迅速推演到中医的其他理论，至少和热机有关的理论基本奠定完成。经络可能和人体的 SOR 反射或者反馈的闭环有关。这一结果仍然需要新的理论发现来支撑。不过，中医的理论性质已经显现：它是关于人体整体功能的系统层次的唯象学发现，是科学的理论体系。现代生物学从还原层次走向系统层次时，便可以得到中医的理论。这一桥梁打通是东、西方科学体系的一次统一，其意义将会在科学史、思想史、人文史、文化史中产生潜在的影响。这是"心身动力学"在由"唯象学"发展为"理论架构"的一次成功，它是合理的，也是在探索中的偶得。

在这个过程中，凭借着生物学、物理学、神经科学、心理学的功底，笔者竟然能看懂《黄帝内经》底层的数理逻辑。《黄帝内经》集成了天文学、人文地理、生物学、药理学、热力学的整体论的成就，这并不见于西方的科学体系。这一知识体系的成就令我震惊，这才突然醒悟，中国其实有着自己严格的科学体系和探索路径的方法。这个科学体系和探索路径的方法不同于西方。东、西方的数理逻辑的链条开始对接起来，这恰恰是普朗克链条的基本诉求。"李约瑟之问"的本质也就看清楚了，它实际上是一个伪命题，即在东、西方的科学体系中，西方科学体系和东方科学体系沿着不同的方法学发展了各自的理论体系，而当前这两大体系正在走向对接，这是对我思想的一次重大改变。这个改变也让我开始了另外一个研究的重点：审视《周易》的数理体系。它的继承、数理原理建立和东、西方科学的对接，将在社会科学的统一中来完成。所以，数理心理学担负了另外一个任务，即实现东西方科学的对接问题，也就是整体论理论和还原论理论的对接。这并不是自我赋予的一种性质，而是在对"人"的机制进行科学探索时，整体功能性质与还原功能性质交汇所显现出来的一个属性。

这时，中国科学体系和西方科学体系开始建立对接逻辑。这也是本书到最后的一个困惑，即人体整体水平的功能学数理描述是什么？在接

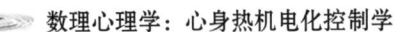

触《黄帝内经》后，笔者对人体生理整体水平的数理机制及其方向也就找到了，尽管构造它的工作仍处于初级阶段。自此，笔者也开始利用自己的理解影响周边的每个人，使他们重新理解中国科学体系，而不是把它作为国学体系。

在整体功能学上，通过建立人体脏器之间的相互作用关系，生物化学和生化信息的功能性开始显现。利用这个问题切口，生物化学、物理化学、人体生理三者之间的信号关系开始连接，最终产生了人体脏器的谐振理论。至此，脏器的谐振、脏器阴阳属性、内分泌与神经之间的信息系统协同关系，才被统一的数理机制连接在一起，这是一个幸运的成果。

心身动力学工作是数理心理学逻辑体系的一部分，也是数理心理学理论框架在知识逻辑推进过程中的就近发展，并以前期基础作为奠基的一个组成部分。"心身神经表征信息学"经历了自博士以来的长期积累和思考，在2021年3月的一次突破中建立了它的数理逻辑体系。而心身关系则是在心身神经表征信息学的基础奠基完成后，在逻辑上的一次直觉性的突破，虽然仅花费三个多月的时间，但它是生物学在这一领域持续实验和长期积累的结果。

截至目前，数理心理学完成了它的四个分支体系：心理空间几何学、人类动力学、心物表征神经信息学、心身热动电化控制学。这四部理论的研究工作，常常令我想起牛顿离开剑桥大学在乡下躲避瘟疫时对微积分的突破，建立了物理学驱动的数理底层。二者的共同之处是科学发现需要安静、独立的思考。

高　闯

2023年9月于华中师范大学